Lecture Notes in Mathematics 1835

Springer-Verlag Berlin Heidelberg GmbH

Oleg T. Izhboldin   Bruno Kahn
Nikita A. Karpenko   Alexander Vishik

Geometric Methods in the Algebraic Theory of Quadratic Forms

Summer School, Lens, 2000

Editor:

Jean-Pierre Tignol

Springer

Authors

Oleg T. Izhboldin
(Deceased April 17, 2000)

Bruno Kahn
Institut de Mathématiques de Jussieu
175-179 rue du Chevaleret
75013 Paris, France
e-mail: kahn@math.jussieu.fr

Alexander Vishik
Institute for Information
Transmission Problems
Russian Academy of Sciences
Bolshoj Karetnyj Pereulok, Dom 19
101447 Moscow, Russia
e-mail: vishik@mccme.ru

Nikita A. Karpenko
Université d'Artois
Rue Jean Souvraz SP 18
62307 Lens, France
e-mail: karpenko@euler.univ-artois.fr

Editor

Jean-Pierre Tignol
Institut de Mathématique Pure et Appliquée
Université catholique de Louvain
Chemin du Cyclotron 2
1348 Louvain-la-Neuve, Belgium
e-mail: tignol@math.ucl.ac.be

Cataloging-in-Publication Data applied for
Bibliographic information published by Die Deutsche Bibliothek
Die Deutsche Bibliothek lists this publication in the Deutsche Nationalbibliografie; detailed bibliographic data is available in the Internet at http://dnb.ddb.de

Mathematics Subject Classification (2000): 11E81, 14C15, 14F42

ISSN 0075-8434
DOI 10.1007/978-3-540-40990-8

Springer-Verlag is a part of Springer Science+Business Media
springeronline.com

MyCopy version of the original edition 2004

Typesetting: Camera-ready TEX output by the author

SPIN: 10976173 41/3142/DU - 543210 - Printed on acid-free paper
www.springer.com/mycopy

In memory of Oleg Tomovich Izhboldin (1963–2000)

Preface

The geometric approach to the algebraic theory of quadratic forms is the study of projective quadrics over arbitrary fields. Function fields of quadrics were a basic ingredient already in the proof of the Arason–Pfister Hauptsatz of 1971 (or even in Pfister's 1965 construction of fields with prescribed level); they are central in the investigation of deep properties of quadratic forms, such as their splitting pattern, but also in the construction of fields which exhibit particular properties, such as a given u-invariant. Recently, finer geometric tools have been brought to bear on problems from the algebraic theory of quadratic forms: results on Chow groups of quadrics led to an efficient use of motives, and ultimately to Voevodsky's proof of the Milnor conjecture.

The goal of the June 2000 summer school at Université d'Artois in Lens (France), organized locally by J. Burési, N. Karpenko and P. Mammone, was to survey three aspects of the algebraic theory of quadratic forms where geometric methods had led to spectacular advances. Bruno Kahn was invited to talk on the unramified cohomology of quadrics, Alexander Vishik on motives of quadrics, and Oleg Izhboldin on his construction of fields whose u-invariant is 9. However, Izhboldin passed away unexpectedly on April 17, 2000. His work was surveyed by Karpenko, who had collaborated with Izhboldin on several papers.

The closely related texts collected in this volume were written from somewhat different perspectives. The reader will find below:

1. The notes from the lectures of B. Kahn [K], A. Vishik [V] and N. Karpenko [K1] prepared and updated by the authors. Additional material has been included, in particular in Vishik's notes.
2. Two papers left unfinished by O. Izhboldin, and edited by N. Karpenko. The first paper [I1] was essentially complete and formed the basis for the first part of Karpenko's lectures. The second [I2] is only a sketch, listing properties and examples that Izhboldin intended to develop in subsequent work.

3. A paper by N. Karpenko [K2] which provides complete proofs for the statements that Izhboldin listed in [I2].

To give a more precise overview, we introduce some notation. Let F be an arbitrary field of characteristic different from 2. To every quadratic form[1] q in at least two variables over F corresponds the projective quadric Q with equation $q = 0$ (which has an F-rational point if and only if q is isotropic). The quadric Q is a smooth variety if q is nonsingular (which we always assume in the sequel); its dimension is $\dim Q = \dim q - 2$, and it is irreducible if q is not the hyperbolic plane $\mathbb{H}$. We may then consider its function field $F(Q)$, which is also referred to as the *function field of* q and denoted $F(q)$.

The field extension $F(Q)/F$ is of particular interest. Much insight into quadratic forms could be obtained if we knew which quadratic forms over F become isotropic over $F(Q)$. This question can be readily rephrased into geometric terms: a quadratic form q' over F becomes isotropic over $F(q)$ if and only if there is a rational map $Q \dashrightarrow Q'$ between the corresponding quadrics. If there are rational maps in both directions $Q \leftrightarrows Q'$, the quadrics are stably birationally equivalent, and the quadratic forms q and q' are also called *stably birationally equivalent.* By the preceding observation, this relation, denoted $q \overset{st}{\sim} q'$, holds if and only if the forms $q_{F(q')}$ and $q'_{F(q)}$ are both isotropic.

A very useful geometric construction is to view the quadric Q as an object in a category where the maps are given by Chow correspondences. We thus get the (Chow-) motive $M(Q)$ of the quadric, whose structure carries a lot of information on the form q. For example, Vishik has shown[2] that the motives $M(Q)$, $M(Q')$ associated with quadratic forms q, q' are isomorphic if and only if every field extension E of F produces the same amount of splitting in q and q', i.e., the quadratic forms q_E and q'_E have the same *Witt index*, a notion which is spelled out next.

Recall from [Sch, Corollary 5.11 of Chap. 1] that every quadratic form q has a (Witt) decomposition into an orthogonal sum of an anisotropic quadratic form q_{an}, called an *anisotropic kernel* of q, and a certain number of hyperbolic planes $\mathbb{H}$,

$$q \simeq q_{\text{an}} \perp \underbrace{\mathbb{H} \perp \ldots \perp \mathbb{H}}_{i_W(q)}.$$

The number $i_W(q)$ of hyperbolic planes in this decomposition (which is unique up to isomorphism) is called the *Witt index* of q. Even if q is anisotropic (i.e., $i_W(q) = 0$), it obviously becomes isotropic over $F(q)$, and we have a Witt decomposition over $F(q)$,

$$q_{F(q)} \simeq q_1 \perp \mathbb{H} \perp \ldots \perp \mathbb{H}$$

---

1 With the usual abuse of terminology, a quadratic form is sometimes viewed as a quadratic polynomial, sometimes as a quadratic map on a vector space or a quadratic space.

2 See [I2, Sect. 1].

where q_1 is an anisotropic form over $F(q)$. Letting $F_1 = F(q)$, we may iterate this construction. The process terminates in a finite number of steps since $\dim q > \dim q_1 > \cdots$. We thus obtain the *generic splitting tower* of q, first constructed by M. Knebusch [Kn],

$$F \subset F_1 \subset \cdots \subset F_h.$$

Clearly, $0 < i_W(q_{F_1}) < i_W(q_{F_2}) < \cdots < i_W(q_{F_h})$. It turns out that for any field extension E/F, the Witt index $i_W(q_E)$ is equal to one of the indices $i_W(q_{F_j})$. The *splitting pattern* of q is the set

$$\{i_W(q_E) \mid E \text{ a field extension of } F\} = \{i_W(q_{F_1}), \ldots, i_W(q_{F_h})\}.$$

Variants of this notion appear in [V] and [I1]: Vishik calls *(incremental) splitting pattern*[3] of q the sequence

$$\mathbf{i}(q) = \big(i_1(q), \ldots, i_h(q)\big)$$

defined by $i_1(q) = i_W(q_{F_1})$ and $i_j(q) = i_W(q_{F_j}) - i_W(q_{F_{j-1}})$ for $j > 1$. The integer $i_j(q)$ indeed measures the Witt index increment resulting from the field extension F_j/F_{j-1}; it is called a *higher Witt index* of q. On the other hand, Izhboldin concentrates on the dimension of the anisotropic kernels and sets

$$\mathrm{Dim}(q) = \{\dim(q_E)_{\mathrm{an}} \mid E \text{ a field extension of } F\}.$$

By counting dimensions in the Witt decomposition of q_E, we obtain

$$\dim q = \dim q_E = \dim(q_E)_{\mathrm{an}} + 2i_W(q_E),$$

hence the set $\mathrm{Dim}(q)$ and the splitting pattern of q carry the same information.

Vishik's contribution [V] to this volume is intended as a general introduction to the state-of-the-art in the theory of motives of quadrics. After setting up the basic principles, he proves the main structure theorems on motives of quadrics. The study of direct sum decompositions of these motives is a powerful tool for investigating the dimensions of anisotropic forms in the powers of the fundamental ideal of the Witt ring, the stable equivalence of quadrics and splitting patterns of quadratic forms. This last application is particularly developed in the last section of [V], where all the possible splitting patterns of odd-dimensional forms of dimension at most 21 and of even-dimensional forms of dimension at most 12 are determined.

The papers of Karpenko [K1, K2] and Izhboldin [I1, I2] are closely intertwined. They also rely less on motives and more on elementary arguments. As mentioned above, [K1] is an exposition of Izhboldin's results in [I1] and on

[3] No confusion should arise since Vishik's splitting patterns are sequences, whereas the "usual" splitting patterns are sets.

the u-invariant. Recall from [Sch, Sect. 16 of Chap. 2] that the u-invariant of a field F is

$$u(F) = \sup\{\dim q \mid q \text{ anisotropic quadratic form over } F\}.$$

Quadratically closed fields have u-invariant 1, but no other field with odd u-invariant was known before Izhboldin's construction of a field with u-invariant 9. In the second part of [K1], Karpenko discusses the strategy of this construction and provides alternative proofs for the main results on which it is based. In the first part, he gives a simple proof of a theorem of Izhboldin on the first Witt index $i_1(q)$ of quadratic forms of dimension $2^n + 3$. Izhboldin's original proof is given in [I1], while [I2] classifies the pairs of quadratic forms of dimension at most 9 which are stably equivalent and lists without proofs assorted isotropy criteria for quadratic forms over function fields of quadrics. The proofs of Izhboldin's claims are given in [K2], which also contains an extensive discussion of correspondences on odd-dimensional quadrics.

In [K], Kahn studies the field extension $F(Q)/F$ from a different angle. The induced scalar extension map in Galois cohomology with coefficients $\mu_2 = \{\pm 1\}$, called the *restriction* map

$$\mathrm{Res}\colon\ H^n(F, \mu_2) \to H^n(F(Q), \mu_2)$$

is a typical case of the maps he considers. For every closed point x of Q of codimension 1, the image of this map lies in the kernel of the residue map

$$\partial_x\colon\ H^n(F(Q), \mu_2) \to H^{n-1}(F(x), \mu_2).$$

Therefore, we may restrict the target of Res to the *unramified cohomology group*

$$H^n_{\mathrm{nr}}(F(Q), \mu_2) = \bigcap_{x \in Q^{(1)}} \mathrm{Ker}\, \partial_x.$$

The kernel and cokernel of the restriction map $H^n(F, \mu_2) \to H^n_{\mathrm{nr}}(F(Q), \mu_2)$ were studied by Kahn–Rost–Sujatha [KRS] and Kahn–Sujatha [KS1, KS2] for $n \leq 4$. In his contribution to this volume, Kahn develops a vast generalization which applies to various cohomology theories besides Galois cohomology with μ_2 coefficients, and to arbitrary smooth projective varieties besides quadrics. If X is a smooth projective variety which is also geometrically cellular, there are two spectral sequences converging to the motivic cohomology of X. Results on the restriction map are obtained by comparing these two sequences, since one of them contains the unramified cohomology of X in its E_2-term. The unramified cohomology of quadrics occurs as a crucial ingredient in the other papers collected here, see [K1, Sect. 2.3], [K2, Lemma 7.5], [V, Lemmas 6.14 and 7.12].

The untimely death of Oleg Izhboldin was felt as a great loss by all the contributors to this volume, who decided to dedicate it to his memory. A tribute to his work, written by his former thesis advisor Alexandr Merkurjev, and posted on the web site `www-math.univ-mlv.fr/~abakumov/oleg/`, is included as an appendix. We are grateful to A. Merkurjev and E. Abakumov for the permission to reproduce it.

References

[K] Kahn, B.: Cohomologie non ramifiée des quadriques. This volume.

[KRS] Kahn, B., Rost, M., Sujatha, R.: Unramified cohomology of quadrics, I. Amer. J. Math., **120**, 841–891 (1998)

[KS1] Kahn, B., Sujatha, R.: Unramified cohomology of quadrics, II. Duke Math. J. **106**, 449–484 (2001)

[KS2] Kahn, B., Sujatha, R.: Motivic cohomology and unramified cohomology of quadrics. J. Eur. Math. Soc. **2**, 145–177 (2000)

[K1] Karpenko, N.A.: Motives and Chow groups of quadrics with application to the u-invariant (after Oleg Izhboldin). This volume.

[K2] Karpenko, N.A.: Izhboldin's results on stably birational equivalence of quadrics. This volume.

[Kn] Knebusch, M: Generic splitting of quadratic forms, I. Proc. London Math. Soc., **33**, 65–93 (1976)

[I1] Izhboldin, O.T.: Virtual Pfister neighbors and first Witt index. This volume.

[I2] Izhboldin, O.T.: Some new results concerning isotropy of low-dimensional forms. (List of examples and results (without proofs)). This volume.

[Sch] Scharlau, W.: Quadratic and Hermitian Forms. Springer, Berlin Heidelberg New York Tokyo (1985)

[V] Vishik, A.: Motives of quadrics with applications to the theory of quadratic forms. This volume.

Louvain-la-Neuve,
September 2003

Jean-Pierre Tignol

Contents

Cohomologie non ramifiée des quadriques

Bruno Kahn

Institut de Mathématiques de Jussieu
175–179 rue du Chevaleret
75013 Paris, France
kahn@math.jussieu.fr

Introduction

Le but de ce texte est de donner un survol de techniques permettant le calcul de la cohomologie non ramifiée de certaines variétés projectives homogènes en poids ≤ 3. Bien que la cohomologie non ramifiée soit un invariant birationnel des variétés propres et lisses (cf. théorème 3.3), ces techniques exigent la donnée d'un modèle projectif lisse explicite.

Dans les §§1, 2 et 3, on rappelle les bases de la théorie : suite spectrale de coniveau, complexes de Cousin, complexes de Gersten, conjecture de Gersten. Ces rappels, essentiellement fondés sur l'article [6], sont formulés pour une « théorie cohomologique à supports » quelconque qui satisfait à certains axiomes convenables. Des exemples de telles théories sont donnés au §4.

À partir du §6, on choisit comme théorie cohomologique la cohomologie motivique étale à coefficients entiers et on suppose que les variétés considérées sont lisses et géométriquement cellulaires (c'est-à-dire admettent une décomposition cellulaire sur la clôture algébrique) : c'est le cas par exemple des variétés projectives homogènes. On introduit le complément indispensable aux suites spectrales de coniveau : les suites spectrales dites « des poids », cf. [13]. La construction de ces suites spectrales repose sur la théorie des motifs triangulés de Voevodsky [44], ce qui oblige pour l'instant à supposer que le corps de base k est de caractéristique zéro.

Si X est une k-variété projective homogène, on souhaite calculer le noyau et le conoyau des homomorphismes

$$H^{n+2}(k,\mathbb{Z}(n)) \to H^{n+2}_{\mathrm{nr}}(X,\mathbb{Z}(n)), n \geq 0. \qquad (*)$$

La méthode est de considérer ensemble la suite spectrale de coniveau et la suite spectrale des poids, chacune en poids n : elles convergent toutes les deux vers la cohomologie motivique de poids n de X. La cohomologie non ramifiée faisant partie du terme E_2 de la première suite spectrale et le terme E_2 de la seconde étant en grande partie calculable, on peut espérer étudier (*) de cette manière. Des exemples sont donnés dans les §§6 à 10 : la plupart concernent l'étude de (*) pour les quadriques et pour $n \leq 3$, faite en collaboration avec Rost et Sujatha. Un bref aperçu de l'application de ces techniques aux groupes SK_1 et SK_2 des algèbres centrales simples est également donné au §9.

1 Partie non ramifiée d'une théorie cohomologique

Définition 1.1 (pour ce mini-cours). a) Soit k un anneau de base (nœthérien régulier). Nous utiliserons la catégorie P/k suivante :

- Les objets de P/k sont les couples (X, Z), où X est un schéma régulier de type fini sur k et Z est un fermé (réduit) de X.
- Un morphisme $f\colon (X', Z') \to (X, Z)$ est un morphisme $f\colon X' \to X$ tel que $f^{-1}(Z) \subset Z'$.

b) Une *théorie cohomologique* (à supports) sur P/k est une famille de foncteurs

$$\begin{aligned}(h^q\colon (\mathsf{P}/k)^o &\to \mathsf{Ab})_{q\in\mathbf{Z}}\\ (X, Z) &\mapsto h^q_Z(X)\end{aligned}$$

vérifiant la condition suivante : pour tout triplet $(Z \subset Y \subset X)$ avec (X, Y), $(X, Z) \in \mathsf{P}/k$, on a une longue suite exacte

$$\dots \to h^q_Z(X) \to h^q_Y(X) \to h^q_{Y-Z}(X - Z) \to h^{q+1}_Z(X) \to \dots$$

fonctorielle en (X, Y, Z) en un sens évident.

On note $h^q(X) = h^q_X(X)$ et on remarque que $h^q_\emptyset(X) = 0$ pour tout (q, X).

Définition 1.2. La théorie h^q vérifie l'*excision Zariski* (resp. *Nisnevich*) si elle est additive :

$$h^q_{Z\amalg Z'}(X \amalg X') = h^q_Z(X) \oplus h^q_{Z'}(X')$$

et si $f^*\colon h^q_Z(X) \xrightarrow{\sim} h^q_{Z'}(X')$ lorsque $f\colon (X', Z') \to (X, Z)$ est donnée par une immersion ouverte (resp. par un morphisme étale) tel que $Z' = f^{-1}(Z)$ et $f\colon Z' \xrightarrow{\sim} Z$.

Si h^* vérifie l'excision Zariski, pour tout recouvrement ouvert $X = U \cup V$ on a une longue suite exacte de Mayer–Vietoris :

$$\dots \to h^q(X) \to h^q(U) \oplus h^q(V) \to h^q(U \cap V) \to h^{q+1}(X) \to \dots$$

Si h^* vérifie l'excision Zariski, on peut construire des *complexes de Cousin* et une *suite spectrale de coniveau* (Grothendieck) :

A) Soit $\vec{Z} = (\emptyset \subset Z_d \subset Z_{d-1} \subset \dots \subset Z_0 = X)$ une chaîne de fermés. Les suites exactes

$$\dots \to h^{p+q}_{Z_{p+1}}(X) \xrightarrow{i^{p+1,q-1}} h^{p+q}_{Z_p}(X) \xrightarrow{j^{p,q}} h^{p+q}_{Z_p - Z_{p+1}}(X - Z_{p+1}) \xrightarrow{k^{p,q}} h^{p+q+1}_{Z_{p+1}}(X) \to \dots$$

définissent un couple exact

$$\begin{array}{ccc} D^{p+1,q-1} & \xrightarrow{i^{p+1,q-1}} & D^{p,q} \\ & {}_{k^{p,q}}\nwarrow \quad \swarrow_{j^{p,q}} & \\ & E^{p,q} & \end{array}$$

(où $k^{p,q}$ est de degré $(0,+1)$), avec $D^{p,q} = h^{p+q}_{Z_p}(X)$, $E^{p,q} = h^{p+q}_{Z_p - Z_{p+1}}(X - Z_{p+1})$. Cela donne une suite spectrale de type cohomologique qui converge vers $D^{0,n} = h^n(X)$, la filtration associée étant

$$F^p h^n(X) = \mathrm{Im}\Big(h^n_{Z_p}(X) \to h^n(X)\Big)$$

avec

$$E_1^{p,q} = E^{p,q}, \quad d_1^{p,q} = kj.$$

B) On suppose X équidimensionnel de dimension d et on ne s'intéresse qu'aux $\vec{Z}$ tels que $\operatorname{codim}_X Z_p \geq p$. On passe à la limite sur ces $\vec{Z}$: on obtient un nouveau couple exact, avec

$$D^{p,q} = \varinjlim_{\vec{Z}} h^{p+q}_{Z_p}(X) =: h^{p+q}_{\geq p}(X)$$
$$E^{p,q} = \varinjlim_{\vec{Z}} h^{p+q}_{Z_p - Z_{p+1}}(X - Z_{p+1}).$$

En utilisant l'excision Zariski, on trouve un isomorphisme

$$\varinjlim_{\vec{Z}} h^{p+q}_{Z_p - Z_{p+1}}(X - Z_{p+1}) \simeq \bigoplus_{x \in X^{(p)}} h^{p+q}_x(X)$$

où $X^{(p)} = \{x \in X \mid \operatorname{codim}_X \overline{\{x\}} = p\}$ et

$$h^{p+q}_x(X) := \varinjlim_{\substack{U \ni x \\ U \text{ ouvert}}} h^{p+q}_{\overline{\{x\}} \cap U}(U)$$

(groupe de cohomologie locale), ce qui donne la forme classique du terme E_1 de la *suite spectrale de coniveau* :

$$E_1^{p,q} = \bigoplus_{x \in X^{(p)}} h^{p+q}_x(X) \Rightarrow h^{p+q}(X). \tag{1}$$

La filtration à laquelle elle aboutit est la filtration par la codimension du support

$$N^p h^n(X) = \bigcup_{\operatorname{codim}_X Z \geq p} \mathrm{Im}\Big(h^n_Z(X) \to h^n(X)\Big)$$
$$= \bigcup_{\operatorname{codim}_X Z \geq p} \mathrm{Ker}\Big(h^n(X) \to h^n(X - Z)\Big).$$

Définition 1.3. a) Le *complexe de Cousin en degré q de h sur X* est le complexe des termes E_1 de la suite spectrale :

$$0 \to \bigoplus_{x\in X^{(0)}} h^q_x(X) \xrightarrow{d_1^{0,q}} \bigoplus_{x\in X^{(1)}} h^{1+q}_x(X) \xrightarrow{d_1^{1,q}} \dots$$

$$\xrightarrow{d_1^{p-1,q}} \bigoplus_{x\in X^{(p)}} h^{p+q}_x(X) \xrightarrow{d_1^{p,q}} \dots$$

b) La *cohomologie non ramifiée de h sur X* (en degré q) est le groupe

$$E_2^{0,q} = \operatorname{Ker}\Big(\bigoplus_{x\in X^{(0)}} h^q_x(X) \xrightarrow{d_1^{0,q}} \bigoplus_{x\in X^{(1)}} h^{1+q}_x(X)\Big) =: h^q_{\mathrm{nr}}(X).$$

Si $X = X_1 \amalg \dots \amalg X_r$, on a $h^q_{\eta_i}(X) = h^q_{\eta_i}(X_i) = \varinjlim_{U\subset X_i} h^q(U)$, où η_i est le point générique de X_i : ce groupe ne dépend que de η_i et nous le noterons habituellement $h^q(\eta_i)$ ou $h^q(K_i)$ si $\eta_i = \operatorname{Spec} K_i$. On a $h^q_{\mathrm{nr}}(X) = \bigoplus_i h^q_{\mathrm{nr}}(X_i)$. Pour X connexe, on a donc

$$h^q_{\mathrm{nr}}(X) = \operatorname{Ker}\Big(h^q(\eta) \to \bigoplus_{x\in X^{(1)}} h^{1+q}_x(X)\Big).$$

2 Pureté ; complexes de Cousin et complexes de Gersten

On se donne une théorie cohomologique graduée

$$h^*\colon (X,Z) \mapsto h^q_Z(X,n), \quad q,n \in \mathbf{Z}.$$

(L'entier n s'appelle le *poids*.)

Définition 2.1. h^* est *pure* si, pour tout $(X,Z) \in P/k$ avec X régulier et Z régulier purement de codimension c dans X, on s'est donné des isomorphismes

$$\pi_{X,Z}\colon h^{q-2c}(Z,n-c) \xrightarrow{\sim} h^q_Z(X,n)$$

contravariants en les (X,Z) comme au-dessus (à c fixé).

(On dit que h^* est *faiblement pure* si la pureté n'est exigée que pour X et Z lisses sur k : si k est un corps parfait, cela revient au même.) Si k est raisonnable (par exemple un corps ou $\operatorname{Spec}\mathbf{Z}$), cette condition entraîne l'excision Nisnevich : c'est évident pour des couples comme dans la définition, et en général on s'y ramène par récurrence nœthérienne en considérant le lieu non régulier de Z, qui est fermé et différent de Z.

Si h^* est pure, la suite spectrale (1) prend la forme peut-être plus familière

$$E_1^{p,q} = \bigoplus_{x\in X^{(p)}} h^{q-p}(\kappa(x), n-p) \Rightarrow h^{p+q}(X). \tag{2}$$

En particulier, les complexes de Cousin deviennent des *complexes de Gersten* (on suppose X connexe pour simplifier) :

$$0 \to h^q(\kappa(X), n) \to \bigoplus_{x \in X^{(1)}} h^{q-1}(\kappa(x), n-1) \to \bigoplus_{x \in X^{(2)}} h^{q-2}(\kappa(x), n-2) \dots$$

et on retrouve une définition plus familière de h_{nr} :

$$h^q_{\mathrm{nr}}(X, n) = \mathrm{Ker}\Big(h^q(\kappa(X), n) \to \bigoplus_{x \in X^{(1)}} h^{q-1}(\kappa(x), n-1)\Big).$$

Remarque 2.2. Dans certains cas, on n'a la pureté qu'à *isomorphisme près* ; pour obtenir des isomorphismes de pureté canoniques, on doit introduire des variantes de la théorie h, à coefficients dans des fibrés en droites. C'est le cas notamment pour les groupes de Witt triangulaires de Barge–Sansuc–Vogel, Pardon, Ranicki et Balmer–Walter ([3], voir aussi [39]).

3 Conjecture de Gersten

Définition 3.1. Pour tout (p, q), on note $\mathcal{E}_1^{p,q}$ le faisceau associé au préfaisceau Zariski

$$U \mapsto E_1^{p,q}(U) = \bigoplus_{x \in U^{(p)}} h_x^{p+q}(U).$$

On a ainsi pour tout q un complexe de faisceaux

$$0 \to \mathcal{H}^q \to \mathcal{E}_1^{0,q} \to \mathcal{E}_1^{1,q} \to \dots \to \mathcal{E}_1^{p,q} \to \dots$$

avec les $\mathcal{E}_1^{p,q}$ *flasques* pour la topologie de Zariski, où $\mathcal{H}^q$ est le faisceau associé au préfaisceau $U \mapsto h^q(U)$.

Définition 3.2. On dit que h vérifie la *conjecture de Gersten* sur X si ce complexe est *exact* pour tout q.

Si c'est le cas, le complexe

$$0 \to \mathcal{E}_1^{0,q} \to \mathcal{E}_1^{1,q} \to \dots \to \mathcal{E}_1^{p,q} \to \dots$$

définit une résolution flasque de $\mathcal{H}^q$, et on peut écrire le terme E_2 de la suite spectrale de coniveau

$$E_2^{p,q} = H^p_{\mathrm{Zar}}(X, \mathcal{H}^q).$$

Théorème 3.3 (Gabber [8], essentiellement). *Supposons que k soit un corps infini. Alors, pour que h vérifie la conjecture de Gersten sur tout X lisse sur k, il suffit que les deux conditions suivantes soient vérifiées :*

(1) h vérifie l'excision Nisnevich.

(2) Lemme clé. *Pour tout n, pour tout ouvert V de $\mathbb{A}^n_k$, pour tout fermé $F \subset V$ et pour tout $q \in \mathbf{Z}$, le diagramme de gauche est commutatif :*

$$\begin{array}{ccc} h^q_{\mathbb{A}^1_F}(\mathbb{A}^1_V) & \xleftarrow{j^*} & h^q_{\mathbb{P}^1_F}(\mathbb{P}^1_V) \\ & {}^{\pi^*}\nwarrow & \downarrow{\scriptstyle s^*_\infty} \\ & & h^q_F(V) \end{array} \qquad \begin{array}{ccc} \mathbb{A}^1_V & \xrightarrow{j} & \mathbb{P}^1_V \\ & {}_{\pi}\searrow & {\scriptstyle\tilde\pi}\downarrow\uparrow{\scriptstyle s_\infty} \\ & & V \end{array}$$

où s_∞ est la section à l'infini.

La condition (2) est vérifiée dans chacun des cas suivants :

(3) h *est* invariante par homotopie *: pour tout V lisse, $h^*(V) \xrightarrow{\sim} h^*(\mathbb{A}^1_V)$ (il suffit que ce soit vrai pour V comme en (2)).*

(4) h *est* «orientable» *: il existe une théorie cohomologique e et, pour tout $(X, Z) \in P_k$, une application*

$$\mathrm{Pic}(X) \to \mathrm{Hom}(e^*_Z(X), h^*_Z(X))$$

naturelle en (X, Z), d'où (pour $(X, Z) = (\mathbb{P}^1_V, \mathbb{P}^1_Z)$) un homomorphisme $\alpha_{V,F}$

$$\begin{array}{ccc} e^*_{\mathbb{P}^1_F}(\mathbb{P}^1_V) & \xrightarrow{[\mathcal{O}(1)]-[\mathcal{O}]} & h^*_{\mathbb{P}^1_F}(\mathbb{P}^1_V) \\ {\scriptstyle\tilde\pi}\uparrow & \nearrow{\scriptstyle \alpha_{V,F}} & \\ e^*_F(V) & & \end{array}$$

et, pour (V, F) comme en (2), l'application

$$h^q_F(V) \oplus e^q_F(V) \xrightarrow{(\pi^*, \alpha_{V,F})} h^q_{\mathbb{P}^1_F}(\mathbb{P}^1_V)$$

est un isomorphisme.

Preuve. Voir [6]. Pour k fini, on s'en tire en supposant l'existence de transferts sur h (pour des revêtements étales provenant d'extensions du corps de base). □

Conséquences pour la cohomologie non ramifiée

Théorème 3.4. *Sous les hypothèses (1) et (2) du théorème 3.3, pour toute variété X lisse sur k :*

a) $h^q_{\mathrm{nr}}(X) \simeq H^0_{\mathrm{Zar}}(X, \mathcal{H}^q) \simeq H^0_{\mathrm{Nis}}(X, \mathcal{H}^q)$, où H^*_{Nis} désigne la cohomologie de Nisnevich (ceci s'étend à tous les termes E_2 de la suite spectrale de coniveau, et ne sera pas utilisé ici).

b) Si X est de plus propre, $h^q_{\mathrm{nr}}(X)$ est un invariant birationnel.

c) Soient X, Y lisses et intègres et $p\colon X \to Y$ un morphisme propre. Supposons que la fibre générique de p soit $k(Y)$-birationnelle à l'espace projectif $\mathbb{P}^d_{k(Y)}$. Alors, $h^q_{\mathrm{nr}}(X) \xrightarrow{p^*} h^q_{\mathrm{nr}}(Y)$ est un isomorphisme.

Preuve. [6]. □

Par conséquent, sous *(1)* et *(2)*, $X \mapsto h^q_{\mathrm{nr}}(X)$ est un *invariant birationnel stable* pour les k-variétés propres et lisses. On le notera souvent $h^q_{\mathrm{nr}}(k(X)/k)$, ou simplement $h^q_{\mathrm{nr}}(k(X))$.

Définition 3.5. Pour K/k un corps de fonctions (ayant un modèle propre et lisse), on note $\eta^q_{K,h}$ l'application

$$h^q(k) \to h^q_{\mathrm{nr}}(K/k).$$

Si K/k est stablement rationnelle ($K(t_1, \ldots, t_r)/k$ est transcendante pure pour r assez grand), $\eta^q_{K,h}$ est un isomorphisme pour tout q. On s'intéressera principalement à l'étude de $\eta^q_{K,h}$ quand K/k est *géométriquement* stablement rationnelle.

4 Exemples de bonnes théories cohomologiques

Les exemples ci-dessous vérifient tous l'excision Nisnevich et sont invariants par homotopie. (4.2) vérifie un théorème de pureté, (4.1) et (4.4) vérifient un théorème de pureté faible ; quant à (4.3), seul un théorème de pureté pour un support de dimension zéro est actuellement démontré (il s'agit d'ailleurs d'un théorème de pureté « tordu », la théorie n'étant pas orientable) : il est suffisant pour les applications.

(4.1) **Cohomologie étale.** $h^q_Z(X, n) = H^q_Z(X_{\text{ét}}, \mu_N^{\otimes n})$, $(N, \operatorname{car} k) = 1$.
Variantes : $H^q_Z(X_{\text{ét}}, (\mathbf{Q}/\mathbf{Z})'(n))$, où $(\mathbf{Q}/\mathbf{Z})'(n) = \varinjlim_{(N,\operatorname{car} k)=1} \mu_N^{\otimes n}$, $H^q_Z(X_{\text{ét}}, \mathbf{Q}_l/\mathbf{Z}_l(n))$, où $\mathbf{Q}_l/\mathbf{Z}_l(n) = \varinjlim \mu_{l^\nu}^{\otimes n}$ pour l premier $\neq \operatorname{car} k$, etc. Le cas particulier le plus intéressant pour nous est $q = n + 1$.

(4.2) **K-théorie algébrique.** $h^q_Z(X) = K^Z_q(X) \simeq K'_q(Z)$ (Quillen).

(4.3) **Les groupes de Witt triangulaires de P. Balmer.** [3, 2]

(4.4) **Cohomologie motivique, Zariski ou étale.** Suslin et Voevodsky ont défini dans [42] des complexes de faisceaux $\mathbb{Z}(n)$ sur $(\mathsf{Sm}/k)_{\mathrm{Zar}}$ (catégorie des k variétés lisses munie de la topologie de Zariski). On prend

$$h^q_Z(X, n) = \mathbb{H}^q_Z(X_{\mathrm{Zar}}, \mathbb{Z}(n))$$

ou

$$h^q_Z(X, n) = \mathbb{H}^q_Z(X_{\text{ét}}, \alpha^*\mathbb{Z}(n))$$

où α est la projection du site étale $(\mathsf{Sm}/k)_{\text{ét}}$ sur $(\mathsf{Sm}/k)_{\mathrm{Zar}}$. Variantes : on prend $\mathbb{Z}_{(l)}(n) := \mathbb{Z}(n) \otimes \mathbf{Z}_{(l)}$, etc. (Si on est en caractéristique p, $\mathbb{H}^q_Z(X_{\text{ét}}, \alpha^*\mathbb{Z}(n))$ ne devient invariant par homotopie et ne vérifie un théorème de pureté qu'après avoir inversé p ; toutefois, cette théorie a les propriétés *(1)* et *(4)* du théorème 3.3 même avant d'inverser p, donc vérifie la conjecture de Gersten.) Dans la suite, on notera en général les groupes de cohomologie motivique avec H plutôt que $\mathbb{H}$.

On a :

$$H^q\big((\operatorname{Spec} k)_{\mathrm{Zar}}, \mathbb{Z}(n)\big) = \begin{cases} 0 & \text{si } q > n \\ K_n^M(k) & \text{si } q = n\,; \end{cases}$$

en caractéristique 0[1] et sous la conjecture de Bloch–Kato (par exemple pour $l = 2$ ou pour $n \leq 2$) :

$$H^n\big((\operatorname{Spec} k)_{\text{ét}}, \mathbb{Z}_{(l)}(n)\big) = K_n^M(k) \otimes \mathbf{Z}_{(l)}$$
$$H^{n+1}\big((\operatorname{Spec} k)_{\text{ét}}, \mathbb{Z}_{(l)}(n)\big) = 0 \quad (\text{« Hilbert 90 »}).$$

Enfin, on a une longue suite exacte, pour $l \neq \operatorname{car} k$:

$$\dots H^q(X_{\text{ét}}, \mathbb{Z}_{(l)}(n)) \to H^q(X_{\text{ét}}, \mathbb{Q}(n)) \to H^q(X_{\text{ét}}, \mathbf{Q}_l/\mathbf{Z}_l(n))$$
$$\xrightarrow{\partial} H^{q+1}(X_{\text{ét}}, \mathbb{Z}_{(l)}(n)) \to \dots$$

où les groupes à coefficients $\mathbf{Q}_l/\mathbf{Z}_l$ sont ceux de (4.1). Pour $X = \operatorname{Spec} k$, on a $H^q(X, \mathbf{Q}(n)) = 0$ pour $q > n$, donc ∂ est un isomorphisme dès que $q \geq n+1$. Le cas qui nous intéresse est $q = n+1$.

5 Cohomologie non ramifiée finie et divisible

Soient X une variété lisse sur k et m un entier premier à $\operatorname{car} k$. On dispose des homomorphismes de comparaison

$$\eta_m^i\colon\ H^i(k, \mu_m^{\otimes(i-1)}) \to H^i_{\mathrm{nr}}(X, \mu_m^{\otimes(i-1)})$$
$$\eta^i\colon\ H^i(k, \mathbf{Q}/\mathbf{Z}(i-1)) \to H^i_{\mathrm{nr}}(X, \mathbf{Q}/\mathbf{Z}(i-1))$$

et d'homomorphismes

$$\operatorname{Ker} \eta_m^i \to \operatorname{Ker} \eta^i, \quad \operatorname{Coker} \eta_m^i \to \operatorname{Coker} \eta^i.$$

Soit δ le pgcd de $\operatorname{car} k$ et des degrés des points fermés de X : alors $\operatorname{Ker} \eta_m^i$ et $\operatorname{Ker} \eta^i$ sont annulés par δ (argument de transfert). On suppose que $\delta \mid m$.

Supposons la conjecture de Bloch–Kato vraie en degré $i-1$ pour tous les facteurs premiers de m. Alors la suite

$$0 \to H^i(k, \mu_m^{\otimes(i-1)}) \to H^i(k, i-1) \xrightarrow{m} H^i(k, i-1)$$

est exacte. On en déduit que $\operatorname{Ker} \eta_m^i \xrightarrow{\sim} \operatorname{Ker} \eta^i$.

[1] Le travail de Geisser et Levine [9] et le fait que la cohomologie motivique de $\operatorname{Spec} k$ coïncide avec ses « groupes de Chow supérieurs » [46] impliquent que cette restriction n'est pas nécessaire.

Pour les conoyaux, supposons pour simplifier que $\delta = 2$ (on trouvera un énoncé général dans [17, §7]). Sous la conjecture de Milnor en degré $i-1$, on a alors une suite exacte

$$0 \to (\operatorname{Ker} \eta_2^i)_0 \to \operatorname{Coker} \eta_2^i \to \operatorname{Coker} \eta^i \tag{3}$$

avec $(\operatorname{Ker} \eta_2^i)_0 = \{x \in \operatorname{Ker} \eta_2^i \mid (-1) \cdot x = 0\}$ [17, prop. 7.4]). De plus, la flèche de droite est surjective si $\mu_{2^\infty} \subset k$ [18, th. 1].

6 Suite spectrale des poids

6.1 Construction de suites spectrales

Soit $\mathcal{T}$ une catégorie triangulée, et soit $X \in \mathcal{T}$: une *filtration sur* X est une suite de morphismes

$$\dots \to X_{n-1} \to X_n \to \dots \to X.$$

Une *tour de sommet* X est une suite de morphismes

$$X \to \dots \to X_n \to X_{n-1} \to \dots$$

On ne s'intéresse qu'aux filtrations et aux tours finies, c'est-à-dire telles que $X_n \to X$ (ou $X \to X_n$) soit un isomorphisme pour n assez grand et que $X_n = 0$ pour n assez petit.

Si on se donne une filtration, on note $X_{n/n-1}$ « le » cône de $X_{n-1} \to X_n$: rappelons qu'il est défini à isomorphisme non unique près. Pour $Y \in \mathcal{T}$, on a de longues suites exactes de groupes abéliens

$$\begin{aligned} \dots \to \operatorname{Hom}(Y, X_{q-1}[n]) \to \operatorname{Hom}(Y, X_q[n]) \to \operatorname{Hom}(Y, X_{q/q-1}[n]) \\ \to \operatorname{Hom}(Y, X_{q-1}[n+1]) \to \dots \end{aligned}$$

d'où, comme au §1, un couple exact et une suite spectrale fortement convergente de type cohomologique

$$E_2^{p,q} = \operatorname{Hom}(Y, X_{q/q-1}[p+q]) \Rightarrow \operatorname{Hom}(Y, X[p+q]).$$

(La numérotation choisie ici est telle qu'on obtient un terme E_2 et non pas un terme E_1.)

Si on se donne une tour, on obtient de même une suite spectrale fortement convergente de type homologique, aboutissant à $\operatorname{Hom}(X[p+q], Y)$.

6.2 La catégorie $DM_{\mathrm{gm}}^{\mathrm{eff}}(k)$ de Voevodsky [44]

C'est une catégorie triangulée tensorielle munie d'un foncteur $M\colon Sm/k \to DM_{\mathrm{gm}}^{\mathrm{eff}}(k)$, vérifiant entre autres

- *Mayer–Vietoris* : Si $X = U \cup V$ est un recouvrement ouvert, on a un triangle exact
$$M(U \cap V) \to M(U) \oplus M(V) \to M(X) \to M(U \cap V)[1].$$
- *Invariance par homotopie* : $M(\mathbb{A}^1_X) \xrightarrow{\sim} M(X)$.
  Ceci permet de montrer une décomposition canonique (qui définit $\mathbb{Z}(1)$)
$$M(\mathbb{P}^1) = \mathbb{Z} \oplus \mathbb{Z}(1)[2]$$
  où l'on a posé $\mathbb{Z} := M(\operatorname{Spec} k)$. (Voir §1 de l'article de Vishik dans ces comptes rendus.)
- *Pureté* : si $Z \subset X$ est un couple lisse de pure codimension c, on a un triangle exact
$$M(X - Z) \to M(X) \to M(Z)(c)[2c] \to M(X - Z)[1]$$
  où $M(Z)(c) := M(Z) \otimes \mathbb{Z}(1)^{\otimes c}$.

Sous la résolution des singularités, il y a aussi un foncteur $M^c\colon Sch/k \to DM_{\mathrm{gm}}^{\mathrm{eff}}(k)$, où Sch/k est la catégorie des schémas de type fini sur k, covariant pour les morphismes propres, contravariant pour les morphismes étales, et vérifiant :

- *Localisation* : si $Z \xrightarrow{i} X$ est une immersion fermée, d'immersion ouverte complémentaire $X - Z \xrightarrow{j} X$, on a un triangle exact
$$M^c(Z) \xrightarrow{i_*} M^c(X) \xrightarrow{j^*} M^c(X - Z) \to M^c(Z)[1].$$
- Il existe un morphisme $M(X) \to M^c(X)$ qui est un isomorphisme si X est propre.
- *Dualité de Poincaré* : si X est lisse de dimension d, on a un isomorphisme
$$M(X)^* \simeq M^c(X)(-d)[-2d]$$
  où $M(X)^*$ est le dual de $M(X)$ dans la catégorie rigide $DM_{\mathrm{gm}}(k)$, obtenue à partir de $DM_{\mathrm{gm}}^{\mathrm{eff}}(k)$ en inversant l'objet de Tate $\mathbb{Z}(1)$.

Définition 6.1. a) Une variété réduite $X \in Sch/k$ de dimension n est *cellulaire* (définition récursive) si elle contient un ouvert U isomorphe à $\mathbb{A}^n_k$ et tel que $X - U$ soit cellulaire.
b) $X \in Sch/k$ est *géométriquement cellulaire* si $\bar{X} := X \otimes_K \bar{k}$ est cellulaire, où $\bar{k}$ est une clôture algébrique de k.

Exemple 6.2. L'exemple principal de variétés géométriquement cellulaires projectives et lisses est celui des variétés projectives homogènes X, c'est-à-dire vérifiant $\bar{X} \simeq G/P$ où G est un groupe réductif (défini sur k) et P est un sous-groupe parabolique de G (non nécessairement défini sur k). Cas particuliers : espaces projectifs, quadriques, variétés de Severi–Brauer, produits assortis d'iceux et icelles...

Supposons k de caractéristique 0, et soit X une variété géométriquement cellulaire. Dans [13], en utilisant une filtration convenable, on construit pour tout $n \geq 0$ une suite spectrale

$$E_2^{p,q}(X,n) = H_{\text{ét}}^{p-q}(k, \mathrm{CH}^q(\bar{X}) \otimes \mathbb{Z}(n-q)) \Rightarrow H^{p+q} \tag{4}$$

munie de morphismes $H^{p+q} \to H_{\text{ét}}^{p+q}(X, \mathbb{Z}(n))$ bijectifs pour $p+q \leq 2n$ et injectifs pour $p+q = 2n+1$. Ces suites spectrales ont des propriétés standard : fonctorialité, produits... Nous les appellerons (sans justifier cette expression) *suites spectrales des poids.*

Si X est projective homogène, les cycles de Schubert généralisés fournissent des **Z**-bases canoniques b_q des groupes $\mathrm{CH}^q(\bar{X})$, permutées par l'action de Galois. En particulier, $\mathrm{CH}^q(\bar{X})$ est canoniquement un G_k-module de permutation. À b_q correspond une k-algèbre étale E_q, et on peut récrire le terme E_2, grâce au lemme de Shapiro :

$$E_2^{p,q}(X,n) = H_{\text{ét}}^{p-q}(E_q, \mathbb{Z}(n-q)). \tag{5}$$

7 Poids 0, 1, 2

On dispose de deux familles de suites spectrales convergeant vers la cohomologie motivique étale d'une variété géométriquement cellulaire lisse X : les suites spectrales de coniveau (2) et les suites spectrales des poids (4). La méthode utilisée ici pour obtenir des renseignements sur la cohomologie non ramifiée de X est de « mélanger » les informations fournies par ces deux suites spectrales. Dans cette section, nous examinons les cas particuliers des poids $0, 1$ et 2 : le cas de poids 3 sera traité dans la section 8.

7.1 Poids 0 et 1

On peut montrer que, pour toute k-variété lisse X, on a des isomorphismes canoniques

$$H_{\text{ét}}^q(X, \mathbb{Z}(0)) \simeq H_{\text{ét}}^q(X, \mathbf{Z})$$
$$H_{\text{ét}}^q(X, \mathbb{Z}(1)) \simeq H_{\text{ét}}^{q-1}(X, \mathbb{G}_m)$$

où $\mathbb{G}_m$ est le groupe multiplicatif. En particulier, $H_{\text{ét}}^q(X, \mathbb{Z}(0)) = 0$ pour $q < 0$ et $H_{\text{ét}}^q(X, \mathbb{Z}(1)) = 0$ pour $q \leq 0$ (cas triviaux de la *conjecture de Beilinson–Soulé motivique*). Le cas de $\mathbb{Z}(0)$ est peu intéressant... Pour $\mathbb{Z}(1)$, la suite spectrale des poids fournit une suite exacte (tous les groupes de cohomologie sont étales)

$$0 \to H^2_{\text{ét}}(X, \mathbb{Z}(1)) \to \mathrm{CH}^1(\overline{X})^{G_k} \xrightarrow{d_2^{1,1}(1)} H^3(k, \mathbb{Z}(1)) \to H^3(X, \mathbb{Z}(1)) \quad (6)$$

qui s'identifie à la suite exacte bien connue

$$\begin{array}{ccccccc}
0 \longrightarrow \mathrm{Pic}(X) & \longrightarrow & \mathrm{Pic}(\overline{X})^{G_k} & \longrightarrow & \mathrm{Br}(k) & \longrightarrow & \mathrm{Br}(X) \\
 & & & & & & \downarrow \wr \\
 & & & & & & H^0_{\mathrm{Zar}}(X, \mathcal{H}^2(\mathbf{Q}/\mathbf{Z}(1)))
\end{array}$$

où l'isomorphisme vertical provient de la suite spectrale de coniveau.

À partir de maintenant, pour alléger les notations nous écrirons $H^q(X, n)$ à la place de $H^q_{\text{ét}}(X, \mathbf{Q}/\mathbf{Z}(n))$; de même $\mathcal{H}^q(n) := \mathcal{H}^q_{\text{ét}}(\mathbf{Q}/\mathbf{Z}(n))$. On suppose que X est une variété projective homogène.

7.2 Poids 2

En utilisant (2), (4) et (5), on obtient un diagramme commutatif [13, 5.3] :

$$\begin{array}{ccccccc}
 & & & & 0 & & \\
 & & & & \downarrow & & \\
 & & H^1_{\mathrm{Zar}}(X, \mathcal{K}_2) & \xrightarrow{\sim} & H^3(Z, \mathbb{Z}(2)) & & \\
 & & & & \downarrow & & \\
 & & & & E_1^* & & \\
 & & & & \downarrow d_2^{2,1}(2) & & \\
 & & & & H^3(k, 2) & \overset{\eta^3}{\searrow} & \\
 & & & & \downarrow & & \\
0 & \longrightarrow & \mathrm{CH}^2(X) & \longrightarrow & H^4(X, \mathbb{Z}(2)) & \longrightarrow & H^0(X, \mathcal{H}^3(2)) \\
 & & & \overset{\xi^3}{\searrow} & \downarrow & & \downarrow \\
H^5(X, \mathbb{Z}(2)) & \longleftarrow & H^4(k, 2) & \overset{d_3^{2,2}(2)}{\dashleftarrow} & \mathrm{CH}^2(X_s)^{G_k} & & 0 \\
 & & & & \downarrow d_2^{2,2}(2) & & \\
 & & & & \mathrm{Br}(E_1). & &
\end{array}$$

Dans ce diagramme, $d_3^{2,2}(2)$ n'est définie que sur le noyau de $d_2^{2,2}(2)$; les flèches η^3 et ξ^3 sont les flèches de fonctorialité évidentes. La suite horizontale est exacte (cf. aussi [12]). La suite verticale est exacte, sauf peut-être en $\mathrm{CH}^2(X_s)^{G_k}$. On en déduit des expressions de $\operatorname{Ker} \eta^3$ et $\operatorname{Coker} \eta^3$ en fonction de ξ^3 ; plus précisément, une suite exacte

$$0 \to H^1_{\mathrm{Zar}}(X, \mathcal{K}_2) \to E_1^* \xrightarrow{d_2^{2,1}(2)} \operatorname{Ker} \eta^3 \to \mathrm{CH}^2(X)_{\mathrm{tors}} \to 0 \tag{7}$$

due originellement à Merkurjev–Peyre [26, 33] et un complexe

$$0 \to \operatorname{Coker} \eta^3 \to \operatorname{Coker} \xi^3 \xrightarrow{d_2^{2,2}(2)} \operatorname{Br}(E_1)$$

qui est exact sauf peut-être en $\operatorname{Coker} \xi^3$. En particulier, $\operatorname{Coker} \eta^3$ est *fini* puisque $\operatorname{Coker} \xi^3$ l'est.

Exemple 7.1. X est la variété de Severi–Brauer d'une algèbre à division D. On a $E_q = k$ pour tout q et on peut montrer que, pour tout $n \geq 0$,

$$d_2^{p,q}(n)(x) = q[D] \cdot x \tag{8}$$

avec $[D] \in \operatorname{Br}(k) = H^3(k, \mathbb{Z}(1))$ [13, th. 7.1]. La suite exacte et le complexe ci-dessus deviennent donc respectivement :

$$0 \to H^1_{\mathrm{Zar}}(X, \mathcal{K}_2) \to k^* \xrightarrow{[D]} \operatorname{Ker} \eta^3 \to \mathrm{CH}^2(X)_{\mathrm{tors}} \to 0,$$

$$0 \to \operatorname{Coker} \eta^3 \to \operatorname{Coker} \xi^3 \xrightarrow{2[D]} \operatorname{Br}(k).$$

Supposons par exemple $2[D] = 0$. En revenant au diagramme ci-dessus, on obtient une suite exacte

$$0 \to \operatorname{Coker} \eta^3 \to \operatorname{Coker} \xi^3 \xrightarrow{d_3^{2,2}(2)} H^4(k, 2).$$

Le groupe $\operatorname{Coker} \xi^3$ s'identifie à $\mathbf{Z}/N$, avec

$$N = \begin{cases} 1 & \text{si } \operatorname{ind}(D) = 2, \\ 2 & \text{si } \operatorname{ind}(D) = 4, \\ 4 & \text{si } \operatorname{ind}(D) \geq 8, \end{cases}$$

([24], [7, lemma 9.4]).

La nullité ou non de $d_3^{2,2}(2)$ dépend peut-être de l'arithmétique de k : cette différentielle est évidemment nulle si $cd_2(k) \leq 3$, mais j'ignore ce qu'il en est en général. (Est-il vrai que $d_3^{2,2}(2)(1) = i([D]^2)$, où i est l'homomorphisme canonique $H^4(k, \mathbf{Z}/2) \to H^4(k, \mathbf{Q}/\mathbf{Z}(2))$?)

Le groupe $\mathrm{CH}^2(X)_{\mathrm{tors}}$ a été étudié en grand détail par Karpenko dans le cas des variétés de Severi–Brauer [21].

Exemple 7.2. Supposons que X soit une quadrique de dimension N, définie par une forme quadratique de dimension $N + 2$. Alors

- Si N est impair, $E_q = k$ pour tout q.
- Si $N = 2m$, $E_q = k$ pour $q \neq m$ et $E_m = E := k[t]/(t^2 - d)$ où $d \in k^*/k^{*2} = H^1(k, \mathbf{Z}/2)$ est le *discriminant à signe* de q.

On aura aussi besoin de l'*invariant de Clifford* $c(q)$: c'est, selon que N est pair ou impair, la classe dans $\operatorname{Br}(k)$ de l'algèbre de Clifford de q ou de sa partie paire. Nous ne l'utiliserons que quand il ne dépend pas du choix de q (N impair ou N pair, $d = 1$) : nous le noterons alors $c(X)$.

On a le résultat général suivant [13, cor. 8.6] :

Théorème 7.3. *Pour tout* $n \geq 0$,

a) *Si* $N \neq 2q-2, 2q-1, 2q$, *on a* $d_2^{p,q}(X,n) = 0$.

b) *Si* $N = 2q$, *alors pour tout* $x \in E_2^{p,q}(X,n) = H^{p-q}(E, \mathbb{Z}(n-q))$, *on a* $d_2^{p,q}(X,n)(x) = \mathrm{Cores}_{E/k}(x \cdot c(X_E)) \in H^{p-q+3}(k, \mathbb{Z}(n-q+1))$.

c) *Si* $N = 2q-1$, *alors pour tout* $x \in E_2^{p,q}(X,n) = H^{p-q}(k, \mathbb{Z}(n-q))$, *on a* $d_2^{p,q}(X,n)(x) = x \cdot c(X) \in H^{p-q+3}(k, \mathbb{Z}(n-q+1))$.

d) *Si* $N = 2q-2$, *alors pour tout* $x \in E_2^{p,q}(X,n) = H^{p-q}(k, \mathbb{Z}(n-q))$, *on a* $d_2^{p,q}(X,n)(x) = x_E \cdot c(X_E) \in H^{p-q+3}(E, \mathbb{Z}(n-q+1))$.

Dans b), c) et d), le cup-produit (par exemple par $c(X_E)$*) est calculé en identifiant (par exemple)* $\mathrm{Br}(E)$ *avec* $H^3(E, \mathbb{Z}(1))$.

Ce théorème donne en particulier

$$d_2^{2,1}(X,2)(x) = \begin{cases} 0 & \text{si } N > 2, \\ \mathrm{Cores}_{E/k}(x \cdot c(X_E)) & \text{si } N = 2, \\ x \cdot c(X) & \text{si } N = 1. \end{cases}$$

Le groupe $\mathrm{CH}^2(X)_{\mathrm{tors}}$ a été entièrement calculé par Karpenko [20] : il trouve

$$\mathrm{CH}^2(X)_{\mathrm{tors}} = \begin{cases} \mathbf{Z}/2 & \text{si } q \text{ est voisine d'une 3-forme de Pfister,} \\ 0 & \text{sinon.} \end{cases}$$

On en déduit en particulier :

Corollaire 7.4. *On a*

$$\mathrm{Ker}\, \eta^3 = \begin{cases} 0 & \textit{si } N > 6, \\ \mathbf{Z}/2 & \textit{si } 2 < N \leq 6 \textit{ et } q \textit{ est une voisine de Pfister,} \\ 0 & \textit{si } 2 < N \leq 6 \textit{ et } q \textit{ n'est pas une voisine de Pfister.} \end{cases}$$

On retrouve ainsi des résultats dûs originellement à Arason [1]. Par cette méthode, on obtient d'autres résultats pour $N \leq 2$, certains également connus antérieurement. En particulier,

Corollaire 7.5. *Pour toute quadrique* X, $\mathrm{Ker}\, \eta_2^3$ *est engendré par ses symboles.*

Passons maintenant à $\mathrm{Coker}\, \eta^3$. On peut supposer q anisotrope (sinon, $k(X)/k$ est transcendante pure et η^i est bijective pour tout i). Le calcul de $\mathrm{Coker}\, \xi^3$ est facile : on trouve

$$\mathrm{Coker}\, \xi^3 = \begin{cases} 0 & \text{si } N > 4, \\ 0 & \text{si } N = 4,\ d \neq 1, \\ \mathbf{Z}/4 & \text{si } N = 4,\ d = 1, \\ \mathbf{Z}/2 & \text{si } N = 2,\ 3, \\ 0 & \text{si } N = 1. \end{cases}$$

D'autre part :

$$d_2^{2,2}(2)(x) = \begin{cases} 0 & \text{si } N > 4, \\ \operatorname{Cores}_{E/k}(x \cdot c(X_E)) & \text{si } N = 4, \\ x \cdot c(X) & \text{si } N = 3, \\ x_E \cdot c(X_E) & \text{si } N = 2, \\ 0 & \text{si } N = 1. \end{cases}$$

Cela donne $\operatorname{Coker} \eta^3 = 0$, sauf peut-être si $N = 4$, $d = 1$ (quadrique dite *d'Albert*). Dans ce cas, on trouve une suite exacte :

$$0 \to \operatorname{Coker} \eta^3 \to \mathbf{Z}/2 \xrightarrow{d_3^{2,2}(2)} H^4(k, 2).$$

En fait, $d_3^{2,2}(2) = 0$ dans ce cas, donc $\operatorname{Coker} \eta^3 = \mathbf{Z}/2$. Exhibons-en un générateur : soit $K = k(X)$. On peut écrire $q_K \sim a\pi$, avec $a \in K^*$ et π une 2-forme de Pfister. Alors $(a) \cdot c(\pi) \in H^3(K, \mathbf{Z}/2)$ est non ramifié et ne dépend que de X : c'est le générateur de $\operatorname{Coker} \eta^3$.

Le calcul ci-dessus de $\operatorname{Coker} \eta^3$ a été fait originellement dans [17] par des méthodes plus compliquées mais plus élémentaires ; en particulier, il est aussi valable en caractéristique positive. Je ne connais pas de démonstration directe que $d_3^{2,2}(2) = 0$ dans le cas d'une quadrique d'Albert : la seule méthode que je connaisse est de démontrer directement que l'élément $(a) \cdot c(\pi)$ ci-dessus est non nul dans $\operatorname{Coker} \eta^3$. C'est fait essentiellement dans [11] (voir aussi [16, Th. 6.4 c)]), en utilisant entre autres le théorème de réduction d'indice de Merkurjev...

8 Poids 3

Dans cette section, k est de caractéristique 0. On utilise la conjecture de Milnor en poids 3 prouvée par Rost et Merkurjev–Suslin [36, 30], la conjecture de Bloch–Kato en poids 3 pour un nombre premier impair étant toujours ouverte à l'heure actuelle.[2] Pour cette raison, *tous les groupes apparaissant dans cette section sont localisés en* 2. En particulier, pour toute extension K de k, on a $H^{i+1}(K, \mathbb{Z}(i)) = 0$ pour $i \leq 3$ (théorème 90 de Hilbert généralisé). Rappelons également les isomorphismes $K_i^M(K) \simeq H^i(K, \mathbb{Z}(i))$ $(i \leq 3)$, $K_3(K)_{\text{ind}} \simeq H^1(K, \mathbb{Z}(2))$.

On se donne une variété projective homogène X et on garde les notations des sections précédentes. Pour plus de détails sur les calculs fournissant les diagrammes ci-dessous, on pourra se référer à [13, 5.1].

[2] Dans [38], M. Rost annonce que la conjecture générale de Bloch–Kato résulte de la conjonction d'un énoncé de Voevodsky dont la démonstration n'a pas été rédigée [14, th. 9.2] et de deux énoncés dont il donne un aperçu partiel de la démonstration.

(9)

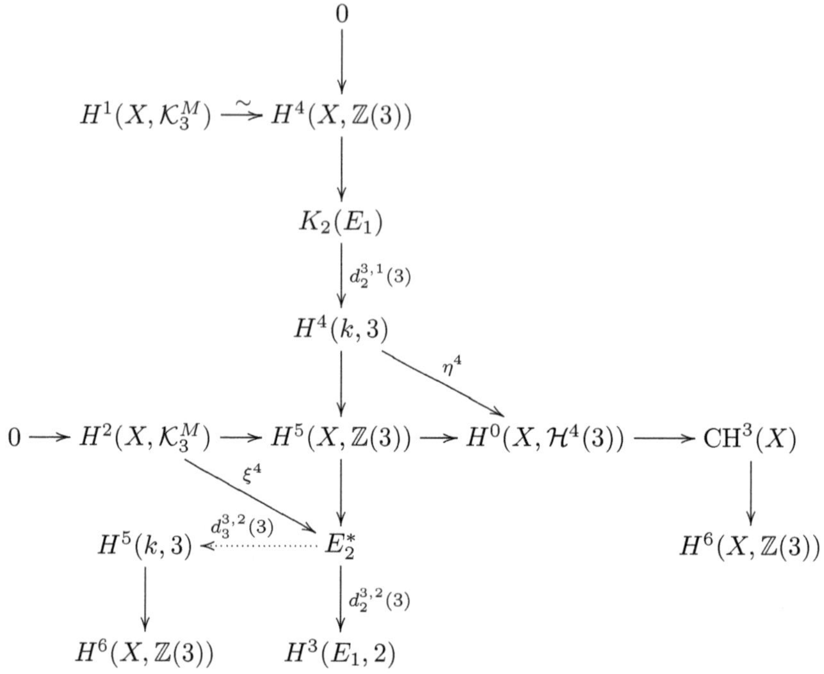

D'après [31, prop. 11.11], $H^i(X,\mathcal{K}_3^M) \to H^i(X,\mathcal{K}_3)$ est un isomorphisme pour $i = 1, 2, 3$. Par fonctorialité, l'homomorphisme ξ^4 s'identifie à l'homomorphisme

$$H^2(X,\mathcal{K}_3) \to H^2(\overline{X},\mathcal{K}_3)^{G_k}.$$

Dans ce diagramme, $d_3^{3,2}(3)$ n'est définie que sur le noyau de $d_2^{3,2}(3)$. La suite verticale est exacte, sauf peut-être en E_2^*. La suite horizontale qui fourche vers le bas est exacte. On en déduit une suite exacte :

$$0 \to H^1_{\mathrm{Zar}}(X,\mathcal{K}_3) \to K_2(E_1) \xrightarrow{d_2^{3,1}(3)} \operatorname{Ker}\eta^4 \to \operatorname{Ker}\xi^4 \to 0 \tag{10}$$

et un complexe

$$0 \to \operatorname{Coker}\eta^4 \to \mathrm{CH}^3(X)_{\mathrm{tors}} \to \operatorname{Coker} d_2^{3,2}(3). \tag{11}$$

Soit K une extension régulière de k (k est algébriquement fermé dans K). D'après Suslin [40, th. 3.6], $K_2(E_1) \to K_2(K \otimes_k E_1)$ est injectif. On déduit de ceci et de (10) une injection

$$H^1_{\mathrm{Zar}}(X,\mathcal{K}_3) \hookrightarrow H^1_{\mathrm{Zar}}(X_K,\mathcal{K}_3). \tag{12}$$

Nous allons appliquer ces résultats généraux à l'étude de deux problèmes : la norme réduite pour les algèbres centrales simples et la cohomologie non ramifiée des quadriques en degré 4.

9 Exemple : norme réduite

Soit A une k-algèbre centrale simple de degré d. On a des applications *norme réduite*

$$\mathrm{Nrd}\colon K_i(A) \to K_i(k) \quad (i \leq 2).$$

Pour $i = 0$, 1, leur définition est classique. Pour $i = 2$ elle est due à Suslin [40, cor. 5.7]. Elles peuvent se décrire uniformément de la manière suivante : soit X la variété de Severi–Brauer de A. D'après Quillen [34], on a un isomorphisme

$$\bigoplus_{r=0}^{d-1} K_i(A^{\otimes r}) \xrightarrow{\sim} K_i(X)$$

pour tout $i \geq 0$. La norme réduite est alors donnée par la composition

$$K_i(A) \to K_i(X) \to H^0(X, \mathcal{K}_i) \xleftarrow{\sim} K_i(k).$$

Dans cette composition, l'isomorphisme de droite est évident pour $i = 0, 1$ et est dû à Suslin [40, cor. 5.6] pour $i = 2$. On définit

$$SK_i(A) = \mathrm{Ker}\Big(K_i(A) \xrightarrow{\mathrm{Nrd}} K_i(k)\Big) \quad (i = 1, 2).$$

Un argument de transfert montre que $eSK_i(A) = 0$, où e est l'indice de A : comme $SK_i(A)$ est Morita-invariant, c'est clair quand $e = 1$. En général, on peut supposer que A est un corps, donc que $d = e$. Choisissons un sous-corps commutatif maximal E de A : on a $[E : k] = e$. Comme A_E est neutre, $SK_i(A_E) = 0$ et donc $ex = \mathrm{Cores}_{E/k} \mathrm{Res}_{E/k}\, x = 0$ pour tout $x \in SK_i(A)$.

Théorème 9.1 (Wang [47]). *Si l'indice de A est sans facteur carré, $SK_1(A) = 0$.*

Preuve. On se réduit d'abord au cas où l'indice de A est un nombre premier p, puis (par un argument de transfert) à celui où toute extension finie de k est de degré une puissance de p. Soit $x \in A$ tel que $\mathrm{Nrd}(x) = 1$. Si x est radiciel sur k, on a $\mathrm{Nrd}(x) = x^p$, donc $x = 1$. Si x est séparable, l'hypothèse sur k implique que $E = k(x)$ est *cyclique* sur k. Soit g un générateur de $\mathrm{Gal}(E/k)$. Par le théorème 90 de Hilbert, on peut écrire $x = gy/y$ pour un $y \in E^*$ convenable. Par le théorème de Skolem–Noether, g se prolonge en un automorphisme intérieur de A, donc x est un commutateur dans A^*. □

Corollaire 9.2. *Pour toute algèbre centrale simple A d'indice e, on a $\frac{e}{\prod p_i} SK_1(A) = 0$, où les p_i décrivent l'ensemble des facteurs premiers de e.*

Preuve. On se réduit encore au cas où A est un corps, e est une puissance d'un nombre premier p et toute extension finie de k est de degré une puissance de p. Choisissons un sous-corps commutatif maximal séparable E de A. L'hypothèse sur k implique que E possède un sous-corps L de degré e/p sur k. Alors l'indice de A_L est égal à p, donc $SK_1(A_L) = 0$ par le théorème de Wang. On conclut par un autre argument de transfert. □

En ce qui concerne SK_2, les résultats sont plus maigres. On a :

Théorème 9.3 (Rost [35], Merkurjev [25]). *Pour toute algèbre de quaternions A, on a $SK_2(A) = 0$.*

Preuve. Soit X la variété de Severi–Brauer de A : c'est une conique. La suite spectrale de Brown–Gersten–Quillen fournit donc dans ce cas une suite exacte courte :

$$0 \to H^1(X, \mathcal{K}_3) \to K_2(X) \to H^0(X, \mathcal{K}_2) \to 0$$

d'où une injection $SK_2(A) \hookrightarrow H^1(X, \mathcal{K}_3)$. Le théorème résulte donc de (12). □

On comparera cette démonstration à celles de [35] et [25]. Malheureusement, même en admettant la conjecture de Bloch–Kato en poids 3, elle ne s'étend pas de manière évidente aux algèbres simples de degré p, p premier > 2. Je suis parvenu avec Marc Levine à démontrer le résultat correspondant pour $p = 3$, par une méthode entièrement différente (travail en préparation).

Exactement comme dans le corollaire 9.2, on déduit du théorème 9.3 que si l'indice e de A est pair, alors $\frac{e}{2} SK_2(A) = 0$.

Un problème important est de donner une interprétation cohomologique de $SK_i(A)$ pour $i = 1, 2$ (Pour $i = 0$, $K_0(A)$ et $K_0(k)$ sont isomorphes à $\mathbf{Z}$ et Nrd s'identifie à la multiplication par l'indice e de A.) En particulier, on recherche des homomorphismes de $SK_1(A)$ et $SK_2(A)$ vers des groupes de cohomologie galoisienne convenables. Ceci a été fait pour SK_1 par Suslin [41], et par Rost (resp. Merkurjev) lorsque A est une algèbre de biquaternions (resp. une algèbre de degré 4 quelconque) [27, 29]. Citons notamment le théorème de Rost :

Théorème 9.4 (Rost [27, th. 4]). *Si A est une algèbre de biquaternions, on a une suite exacte*

$$0 \to SK_1(A) \to H^4(k, \mathbf{Z}/2) \to H^4(k(Y), \mathbf{Z}/2)$$

où Y est la quadrique définie par une forme d'Albert associée à A.

Un résultat analogue a été démontré par Baptiste Calmès pour SK_2, en utilisant entre autres les méthodes exposées ici :

Théorème 9.5 (Calmès [4, 5]). *Supposons que k soit de caractéristique zéro et contienne un corps algébriquement clos. Alors, avec les mêmes notations, on a une suite exacte*

$$\operatorname{Ker}\Big(A_0(Z, K_2) \to K_2(k)\Big) \to SK_2(A) \to H^5(k, \mathbf{Z}/2) \to H^5(k(Y), \mathbf{Z}/2)$$

où Z est une section hyperplane de Y.

(Pour SK_1, le groupe correspondant $\operatorname{Ker}\Big(A_0(Z, K_1) \to K_1(k)\Big)$ est nul d'après un autre théorème de Rost [37].)

On trouvera dans [15] des simplifications et généralisations de ces constructions : elles utilisent les techniques développées ici, mais leur exposition dépasserait le cadre de ce minicours.

10 Exemple : quadriques

Soit X une quadrique de dimension N. Commençons par $\operatorname{Ker}\eta_2^4$. D'après le théorème 7.3, on a :

$$d_2^{3,1}(X,3)(x) = \begin{cases} 0 & \text{pour } N > 2, \\ \operatorname{Cores}_{E/k}(x \cdot c(X_E)) & \text{pour } N = 2, \\ x \cdot c(X) & \text{pour } N = 1. \end{cases}$$

On en déduit

$$\operatorname{Ker}\eta^4 \xrightarrow{\sim} \operatorname{Ker}\xi^4 \qquad \text{pour } N > 2,$$

résultat dû à Rost [27]. En fait, on a :

Théorème 10.1 ([17, 18]). *Pour toute quadrique X, $\operatorname{Ker}\eta_2^4$ est engendré par ses symboles. Pour $N > 6$, $\operatorname{Ker}\eta_2^4 \simeq \mathbf{Z}/2$ si X est définie par une voisine d'une 4-forme de Pfister, et $\operatorname{Ker}\eta_4^2 = 0$ sinon.*

Quelques indications sur la démonstration : le cas $N \leq 2$ nécessite un traitement spécial [18]. Le cas le plus difficile est celui d'une quadrique de dimension 2 et de discriminant non trivial : nous utilisons des lemmes de [25] pour traiter ce cas. A. Vishik a démontré indépendamment que pour une telle quadrique, $\operatorname{Ker}\eta_2^*$ est engendré par ses symboles [43].

Pour $N \geq 3$, tout élément de $\operatorname{Ker}\eta_2^4$ est en fait un symbole. Pour le voir, on se réduit d'abord à $N = 3$, et on calcule alors dans le groupe de Clifford spécial [17]. □

Passons maintenant à $\operatorname{Coker}\eta_2^4$ et $\operatorname{Coker}\eta^4$. Nous avons besoin de décrire plus précisément l'homologie de (11) :

– *en* $\operatorname{Coker}\eta^4$:

$$\operatorname{Ker}\Big(\operatorname{Ker}(\operatorname{Coker}\xi^4 \xrightarrow{d_2^{3,2}(X,3)} H^3(E_1,2)) \xrightarrow{d_3^{3,2}(X,3)} H^5(k,3)\Big).$$

– *en* $\operatorname{CH}^3(X)_{\text{tors}}$: s'injecte dans $\operatorname{Coker} d_3^{3,2}(X,3)$.

Le groupe $\operatorname{Coker}\xi^4$ « s'attrape » à l'aide du cup-produit $\operatorname{CH}^2(X) \otimes k^* \to H^2(X,\mathcal{K}_3)$. On trouve

$$\operatorname{Coker}\xi^4 = \begin{cases} 0 & \text{pour } N > 4 \text{ [17]}, \\ \text{des choses calculables} & \text{pour } N = 2,\, 3,\, 4 \text{ [18]}, \\ 0 & \text{pour } N = 1 \text{ (évident)}. \end{cases}$$

En particulier, on a :

Théorème 10.2 (cf. [18, §3.1]). *Pour $N = 2$, 3, la suite*

$$H^2(X,\mathcal{K}_3) \xrightarrow{\xi^4} k^* \xrightarrow{d_2^{3,2}(X,3)} H^3(E_1,2)$$

est exacte.

Corollaire 10.3. *On a* $\operatorname{Coker}\eta^4 = 0$ *pour* $N < 4$. *Pour* $N > 4$, $\operatorname{Coker}\eta^4$ *s'injecte dans* $\mathrm{CH}^3(X)_{\mathrm{tors}}$.

Ce corollaire rend particulièrement pertinent le théorème suivant de Karpenko :

Théorème 10.4 ([20, 22, 23]). *Pour toute quadrique* X, *le groupe* $\mathrm{CH}^3(X)_{\mathrm{tors}}$ *est d'ordre* 1 *ou* 2. *De plus, on a* $\mathrm{CH}^3(X)_{\mathrm{tors}} = 0$ *pour* $N > 10$.

En particulier (cf. (3) et le théorème 10.1) :

Corollaire 10.5. $\operatorname{Coker}\eta^4 = 0$ *pour* $N > 10$ *et* $\operatorname{Coker}\eta_2^4 = 0$ *pour* $N > 14$.

Le cas manquant dans le corollaire 10.3 est $N = 4$. Pour cette dimension, il y a quatre types de quadriques anisotropes X (on garde les notations de l'exemple 7.2) :

a) Voisine : $d \neq 1$, X_E hyperbolique.

b) Intermédiaire : $d \neq 1$, X_E isotrope, non hyperbolique.

c) Albert : $d = 1$.

d) Albert virtuelle : $d \neq 1$, X_E anisotrope.

Théorème 10.6 ([18]). *Soit* ϕ *une forme quadratique définissant* X *(avec* $\dim X = 4$*).*

- *Dans les cas a) et b),* $\operatorname{Coker}\eta^4 = 0$.
- *Dans le cas c),* $\operatorname{Coker}\eta^4 \simeq k^*/Sn(X)$, *où* $Sn(X)$ *est le sous-groupe de* k^* *engendré par les* $\phi(x)\phi(y)$. *Cet isomorphisme est induit par le cup-produit par le générateur de* $\operatorname{Coker}\eta^3$ *(cf. §7).*
- *Dans le cas d), on a une suite exacte*

$$\operatorname{Coker}\eta_E^4 \xrightarrow{\mathrm{Cores}_{E/k}} \operatorname{Coker}\eta^4 \to \mathrm{PSO}(\phi, k)/R \to 0$$

où R *est la* R*-équivalence de Manin.*

Notons que le cas *d)* est le « premier » où le groupe $\mathrm{PSO}(\phi, k)/R$ peut être non trivial [28]. Ce cas est beaucoup plus dur à traiter que tous les autres réunis !

Pour $N \geq 7$, $\operatorname{Coker}\eta^4$ a été calculé partiellement dans [19] et complètement par Izhboldin dans [10] : dans [19], nous obtenons aussi des cas particuliers en dimensions 5 et 6, non couvertes par Izhboldin. Les méthodes d'Izhboldin sont « meilleures » que celles de [19], sauf pour la démonstration de :

Théorème 10.7 ([19, 10]). *L'application* $\operatorname{Coker}\eta^4 \to \mathrm{CH}^3(X)_{\mathrm{tors}}$ *est bijective pour* $N \geq 7$, *sauf si* X *est définie par une forme quadratique du type* $\pi \perp \langle a \rangle$ *où* π *est une* 3*-forme de Pfister.*

Citons pour terminer une résultat qui se démontre par les méthodes de [45], qui sortent donc du cadre de ce mini-cours (opérations de Steenrod en cohomologie motivique, etc.) :

Théorème 10.8 ([19]). *a)* $\operatorname{Coker}\eta^n = 0$ *pour tout* $n \geq 0$ *si* $\operatorname{car} k = 0$ *et* X *est définie par une voisine de Pfister.*

b) *Sous les mêmes hypothèses, l'application* $I^n k \to I^n_{\mathrm{nr}}(k(X)/k)$ *est surjective pour tout* $n \geq 0$.

La méthode de démonstration de ce théorème fournit d'ailleurs une démonstration de la conjecture de Milnor « quadratique » purement par les techniques de [45] (rappelons que cette conjecture est démontrée dans [32]), cf. [19, Remark 3.3].

Références

1. Arason, J. : Cohomologische Invarianten quadratischer Formen. J. Algebra, **36**, 448–491 (1975)
2. Balmer, P. : Witt cohomology, Mayer–Vietoris, Homotopy invariance and the Gersten Conjecture. K-Theory, **23**, 15–30 (2001)
3. Balmer, P., Walter, C. : A Gersten–Witt spectral sequence for regular schemes. Ann. Sci. Éc. Norm. Sup., **35**, 127–152 (2002)
4. Calmès, B. : SK_2 d'une algèbre de biquaternions et cohomologie galoisienne. Thèse de doctorat, Université Paris 7, juin 2002
5. Calmès, B. : Le groupe SK_2 d'une algèbre de biquaternions. Prépublication, 2002
6. Colliot-Thélène, J.-L., Hoobler, R.T., Kahn, B. : The Bloch–Ogus–Gabber theorem. Fields Institute for Research in Mathematical Sciences Communications Series **16**, 31–94, A.M.S., 1997
7. Esnault, H., Kahn, B., Levine, M., Viehweg, E. : The Arason invariant and mod 2 algebraic cycles. J. Amer. Math. Soc. **11**, 73–118 (1998)
8. Gabber, O. : Gersten's conjecture for some complexes of vanishing cycles. Manuscripta Math. **85**, 323–343 (1994)
9. Geisser, T., Levine, M. : The Bloch–Kato conjecture and a theorem of Suslin–Voevodsky. J. reine angew. Math. **530**, 55–103 (2001)
10. Izhboldin, O. : Fields of u-invariant 9. Ann. of Math. **154**, 529–587 (2001)
11. Kahn, B. : Lower $\mathcal{H}$-cohomology of higher-dimensional quadrics. Arch. Math. (Basel) **65**, 244–250 (1995)
12. Kahn, B. : Applications of weight-two motivic cohomology. Doc. Math. **1**, 395–416 (1996)
13. Kahn, B. : Motivic cohomology of smooth geometrically cellular varieties. Proc. Symp. Pure Math. **67**, 149–174, A.M.S.
14. Kahn, B. : La conjecture de Milnor (d'après V. Voevodsky). Sém. Bourbaki, exp. 834 (année 1996/97), Astérisque **245**, 379–418 (1997)
15. Kahn, B. : Cohomological approaches to SK_1 and SK_2 of central simple algebras. En préparation.
16. Kahn, B., Laghribi, A. : A second descent problem for quadratic forms. Prépublication, 2002
17. Kahn, B., Rost, M., Sujatha, R. : Unramified cohomology of quadrics, I. Amer. J. Math. **120**, 841–891 (1998)

18. Kahn, B., Sujatha, R.: Unramified cohomology of quadrics, II. Duke Math. J. **106**, 449–484 (2001)
19. Kahn, B., Sujatha, R.: Motivic cohomology and unramified cohomology of quadrics. J. Eur. Math. Soc. **2**, 145–177 (2000)
20. Karpenko, N.: Invariants algebro-géométriques de formes quadratiques (en russe). Algebra i Analiz **2**, 141–162 (1990) Traduction anglaise : Leningrad Math. J. **2**, 119–138 (1991)
21. Karpenko, N.: Codimension 2 cycles on Severi-Brauer varieties. K-Theory **13**, 305–330 (1998)
22. Karpenko, N.: Cycles de codimension 3 sur une quadrique projective (en russe). Zap. Nauchn. Sem. Leningrad. Otdel. Mat. Inst. Steklov. (LOMI) **191**, Voprosy Teor. Predstav. Algebr i Grupp. **1**, 114–123, 164 (1991) Traduction anglaise : J. Soviet Math. **63**, 357–379 (1993)
23. Karpenko, N.: Chow groups of quadrics and index reduction formula. Nova J. Algebra Geom. **3**, 357–379 (1995)
24. Karpenko, N.: On topological filtration for Severi–Brauer varieties. Proc. Symp. Pure Math. **58** (2), 275–277 (1995)
25. Merkurjev, A.S.: Le groupe SK_2 pour les algèbres de quaternions (en russe). Izv. Akad. Nauk SSSR **32** (1988) Traduction anglaise : Math. USSR Izv. **32**, 313–337 (1989)
26. Merkurjev, A.S.: Le groupe $H^1(X, \mathcal{K}_2)$ pour les variétés projectives homogènes (en russe). Algebra i analiz. Traduction anglaise : Leningrad (Saint Petersburg) Math. J. **7**, 136–164 (1995)
27. Merkurjev, A.S.: K-theory of simple algebras. In: Jacob, W., Rosenberg, A. (eds) K-theory and algebraic geometry: connections with quadratic forms and division algebras. Proceedings of Symposia in Pure Mathematics **58** (I) A.M.S., Providence, RI (1995)
28. Merkurjev, A.S.: R-equivalence and rationality problem for semi-simple adjoint classical algebraic groups. Publ. Math. IHES **84**, 189–213 (1996)
29. Merkurjev, A.S.: Invariants of algebraic groups. J. reine angew. Mathematik **508**, 127–156 (1999)
30. Merkurjev, A.S., Suslin, A.A.: L'homomorphisme de reste normique en degré 3 (en russe). Izv. Akad. Nauk SSSR **54**, 339–356 (1990) Traduction anglaise : Math. USSR Izv. **36**, 349–368 (1991)
31. Merkurjev, A.S., Suslin, A.A.: Le groupe K_3 pour un corps (en russe). Izv. Akad. Nauk SSSR **54** (1990) Trad. anglaise : Math. USSR Izv. **36**, 541–565 (1991)
32. Orlov, D., Vishik, A., Voevodsky, V.: An exact sequence for $K_*^M/2$ with applications to quadratic forms. Prépublication, 2000
33. Peyre, E.: Corps de fonctions de variétés homogènes et cohomologie galoisienne. C. R. Acad. Sci. paris **321**, 136–164 (1995)
34. Quillen D.: Higher algebraic K-theory, I. Lect. Notes in Math. **341**, 85–147, Springer, 1973
35. Rost, M.: Injectivity of $K_2(D) \to K_2(F)$ for quaternion algebras. Prépublication, Regensburg, 1986
`http://www.math.ohio-state.edu/~rost/papers.html`

36. Rost, M.: Hilbert's theorem 90 for K_3^M for degree-two extensions. Prépublication, Regensburg, 1986
`http://www.math.ohio-state.edu/~rost/papers.html`

37. Rost, M.: On the spinor norm and $A_0(X, K_1)$ for quadrics. Prépublication, 1988 `http://www.math.ohio-state.edu/~rost/papers.html`

38. Rost, M.: Norm Varieties and Algebraic Cobordism. Actes du Congrès international des Mathématiciens (Pékin, 2002), Vol. II, 77–85, Higher Ed. Press (2002)

39. Schmidt, M.: Wittringhomologie. Thèse, Regensburg, 1997 (non publié)

40. Suslin, A.A.: Torsion in K_2 of fields. K-theory **1**, 5–29 (1987)

41. Suslin, A.: SK_1 of division algebras and Galois cohomology. Adv. in Soviet Math. **4**, 53–74 (1991)

42. Suslin, A., Voevodsky, V.: Bloch–Kato conjecture and motivic cohomology with finite coefficients. The arithmetic and geometry of algebraic cycles (Banff, AB, 1998), 117–189, NATO Sci. Ser. C Math. Phys. Sci., **548**, Kluwer Acad. Publ., Dordrecht, 2000

43. Vishik, A.: Integral Motives of Quadrics. MPIM-preprint, 1998 (13), 1–82

44. Voevodsky, V.: Triangulated categories of motives over a field. In Cycles, transfers and motivic cohomology theories, Annals of Math. Studies **143**, 2000

45. Voevodsky, V.: Motivic cohomology with $\mathbf{Z}/2$ coefficients. À paraître aux Publ. Math. IHÉS.

46. Voevodsky, V.: Motivic cohomology groups are isomorphic to higher Chow groups in any characteristic. Int. Math. Res. Notices **2002**, 351–355

47. Wang, S.: On the commutator group of a simple algebra. Amer. J. Math. **72**, 323–334 (1950)

Motives of Quadrics with Applications to the Theory of Quadratic Forms

Alexander Vishik

Institute for Information Transmission Problems R.A.S.,
Moscow 101447, Bolshoj Karetnyj Pereulok, Dom 19, Russia
vishik@mccme.ru

Introduction

This text is the notes of my lectures at the mini-course "Méthodes géométriques en théorie des formes quadratiques" at the Université d'Artois, Lens, June 26–28, 2000. However, some extra material is added. I tried to make the material more accessible for the reader. So, complicated technical proofs are presented in a separate section. Applications are discussed in the last two sections. In particular, splitting patterns of quadratic forms of odd dimension ≤ 21 or of even dimension ≤ 12 are determined in the last section.

Acknowledgement. Part of this text was written while I was visiting the Max-Planck Institut für Mathematik, and I would like to express my gratitude to this institution for the support and excellent working conditions. The support of CRDF award No. RM1-2406-MO-02 and RFBR grants 02-01-01041 and 02-01-22005 is also gratefully acknowledged.

Contents

1 Grothendieck Category of Chow Motives

Let k be any field, and $\mathit{SmProj}(k)$ the category of smooth projective varieties over k. We define the category of correspondences $C(k)$ in the following way: the set $\mathrm{Ob}(C(k))$ is identified with the set $\mathrm{Ob}(\mathit{SmProj}(k))$ (the object corresponding to X will be denoted by $[X]$), and if $X = \amalg_i X_i$ is the decomposition into a disjoint union of connected components, then

$$\mathrm{Hom}_{C(k)}([X],[Y]) := \bigoplus_i \mathrm{CH}_{\dim X_i}(X_i \times Y),$$

where $\mathrm{CH}_{\dim X_i}(X_i \times Y)$ is the Chow group of $\dim X_i$-dimensional cycles on $X_i \times Y$. The composition of morphisms is defined as follows: if X, Y and Z are smooth projective varieties over k, and $\varphi \in \mathrm{Hom}_{C(k)}([X],[Y])$, $\psi \in \mathrm{Hom}_{C(k)}([Y],[Z])$, then $\psi \circ \varphi \in \mathrm{Hom}_{C(k)}([X],[Z])$ is defined by the formula

$$\psi \circ \varphi := \pi_{XZ*}\big(\pi_{XY}^*(\varphi) \cap \pi_{YZ}^*(\psi)\big),$$

where

$$\pi_{XY}\colon X \times Y \times Z \to X \times Y, \qquad \pi_{YZ}\colon X \times Y \times Z \to Y \times Z,$$
$$\pi_{XZ}\colon X \times Y \times Z \to X \times Z$$

are the partial projections. $C(k)$ is naturally a tensor additive category, where $[X] \oplus [Y] := [X \amalg Y]$ and $[X] \otimes [Y] := [X \times Y]$. There is a natural functor

$\mathit{SmProj}(k) \to C(k)$, which sends X to $[X]$ and every algebro-geometric morphism $f\colon X \to Y$ to the class of the graph $\Gamma_f \subset X \times Y$.

Now one can define the *category of effective Chow motives* $\mathit{Chow}^{\text{eff}}(k)$ as the pseudo-abelian envelope of the category $C(k)$. In other words, the set $\text{Ob}(\mathit{Chow}^{\text{eff}}(k))$ consists of pairs $([X], p_X)$, where X is a smooth projective variety over k, and $p_X \in \text{Hom}_{C(k)}(X, X)$ is a projector ($p_X \circ p_X = p_X$); $\text{Hom}_{\mathit{Chow}^{\text{eff}}(k)}\big(([X], p_X), ([Y], p_Y)\big)$ is identified with the subgroup

$$p_Y \circ \text{Hom}_{C(k)}([X], [Y]) \circ p_X \subset \text{Hom}_{C(k)}([X], [Y]),$$

and the composition $\circ$ is induced from the category $C(X)$. The category $\mathit{Chow}^{\text{eff}}(k)$ inherits the structure of tensor additive category from $C(k)$. We have the natural functor of tensor additive categories $C(k) \to \mathit{Chow}^{\text{eff}}(k)$ sending $[X]$ to the pair $([X], \text{id}_X)$. The composition $\mathit{SmProj}(k) \to C(k) \to \mathit{Chow}^{\text{eff}}(k)$ will be called the *motivic functor* $X \mapsto M(X)$.

It appears that the object $M(\mathbb{P}^1) \in \mathit{Chow}^{\text{eff}}(k)$ is decomposable into a nontrivial direct sum

$$M(\mathbb{P}^1) = ([\mathbb{P}^1], p_1) \oplus ([\mathbb{P}^1], p_2),$$

where p_1 is defined by the cycle $\mathbb{P}^1 \times \text{pt} \subset \mathbb{P}^1 \times \mathbb{P}^1$ and p_2 by the cycle $\text{pt} \times \mathbb{P}^1 \subset \mathbb{P}^1 \times \mathbb{P}^1$. It is easy to see that $([\mathbb{P}^1], p_1)$ is isomorphic to $M\big(\text{Spec}(k)\big)$; this object is called the *trivial Tate motive* and will be denoted by $\mathbb{Z}$. And the complementary direct summand $([\mathbb{P}^1], p_2)$ is called the Tate motive $\mathbb{Z}(1)[2]$. So,

$$M(\mathbb{P}^1) = \mathbb{Z} \oplus \mathbb{Z}(1)[2].$$

For any nonnegative m, one can define $\mathbb{Z}(m)[2m] := (\mathbb{Z}(1)[2])^{\otimes m}$. The tensor product by the object $\mathbb{Z}(i)[2i]$ defines the additive functor $U \mapsto U(i)[2i] := U \otimes \mathbb{Z}(i)[2i]$. It is not difficult to show that

$$M(\mathbb{P}^m) = \mathbb{Z} \oplus \mathbb{Z}(1)[2] \oplus \cdots \oplus \mathbb{Z}(m)[2m].$$

The category of Chow motives $\mathit{Chow}(k)$ can now be defined as follows: $\text{Ob}(\mathit{Chow}(k))$ consists of pairs (A, l), where $A \in \text{Ob}(\mathit{Chow}^{\text{eff}}(k))$ and $l \in \mathbf{Z}$;

$$\text{Hom}_{\mathit{Chow}(k)}\big((A, l), (B, m)\big) := \lim_{n \geq max(-l,-m)} \text{Hom}_{\mathit{Chow}^{\text{eff}}(k)}\big(A(l+n)[2l+2n], B(m+n)[2m+2n]\big).$$

The natural functor $\mathit{Chow}^{\text{eff}}(k) \to \mathit{Chow}(k)$ sending A to the pair $(A, 0)$ is a full embedding, since the tensor product with $\mathbb{Z}(1)[2]$ defines an isomorphism $\text{Hom}_{\mathit{Chow}^{\text{eff}}(k)}(A, B) \cong \text{Hom}_{\mathit{Chow}^{\text{eff}}(k)}\big(A(1)[2], B(1)[2]\big)$. The composition $\mathit{SmProj}(k) \to \mathit{Chow}^{\text{eff}}(k) \to \mathit{Chow}(k)$ will also be called the *motivic functor* and denoted by M.

If X and Y are smooth projective varieties (connected, for simplicity), then $\text{Hom}_{\mathit{Chow}(k)}\big(M(X), M(Y)\big)$ is naturally identified with $\text{CH}_{\dim X}(X \times Y)$, and $\mathrm{Hom}_{\mathit{Chow}(k)}\big(M(X), M(Y)(i)[2i]\big)$ with $\mathrm{CH}_{(\dim X)-i}(X \times Y)$ (i here can be any integer). In particular, $\mathrm{Hom}_{\mathit{Chow}(k)}\big(\mathbb{Z}(i)[2i], M(X)\big) = \mathrm{CH}_i(X)$ and $\mathrm{Hom}_{\mathit{Chow}(k)}\big(M(X), \mathbb{Z}(i)[2i]\big) = \mathrm{CH}^i(X)$.

2 The Motive and the Chow Groups of a Hyperbolic Quadric

From this point on we will assume that our base field k has characteristic different from 2.

Suppose the quadratic form q is isotropic, i.e. $q = \mathbb{H} \perp p$ for some quadratic form p, where $\mathbb{H}$ is the hyperbolic plane. Then the projective quadric Q with equation $q = 0$ has a k-rational point x, and the projective quadric of lines on Q passing through x is isomorphic to P, the quadric with equation $p = 0$. This has the following consequence for the structure of the motive of Q.

Proposition 2.1 (M. Rost [23]). *Let $q = \mathbb{H} \perp p$. Then*

$$M(Q) \cong \mathbb{Z} \oplus M(P)(1)[2] \oplus \mathbb{Z}(n)[2n],$$

where $n = \dim Q$.

Proof. Let z, z', u be k-rational points such that z, $z' \in Q$, $u \in \mathbb{P}(V_q) \setminus Q$ and z, z', u are colinear. Consider the cycle $\Phi_z \in \mathrm{CH}^n(Q \times Q)$ defined as $\{(x, y) \mid x, y, z \text{ are colinear}\}$. In the same way, the cycle Φ_u is defined.

We have $\Phi_u = [\Delta_Q] + [\Gamma_{T_u}]$, where Δ_Q is the diagonal and Γ_{T_u} is the graph of the reflection T_u from $O(q)$ with center u. On the other hand, $\Phi_z = [\Delta_Q] + \Omega_2 + \Omega_3 + \Omega_4$, where $\Omega_2 = [Q \times z]$, $\Omega_3 = [z \times Q]$, and $\Omega_4 = \{(x, y) \mid x, y \in T_{Q,z} \cap Q;\ x, y, z \text{ are colinear}\}$. Let τ_u, ω_2, ω_3, $\omega_4 \in \mathrm{End}_{\mathit{Chow}(k)} M(Q)$ be the corresponding endomorphisms.

Since Φ_z, Φ_u belong to an algebraic family of cycles parametrized by $\mathbb{P}^1 = l(z, z', u)$, they are rationally equivalent. So, $\tau_u = \omega_2 + \omega_3 + \omega_4$. The maps ω_2 and ω_3 are projectors, giving direct summands $\mathbb{Z}$ and $\mathbb{Z}(n)[2n]$ of $M(Q)$, and all three ω_i are mutually orthogonal. So, $\mathrm{id} = \tau_u^{\circ 2} = \omega_2 + \omega_3 + \omega_4^{\circ 2}$, and $\omega_4^{\circ 2}$ is a projector too. Thus, $M(Q) = \mathbb{Z} \oplus \mathbb{Z}(n)[2n] \oplus ([Q], \omega_4^{\circ 2})$.

The quadric P can be identified with the intersection $T_{Q,z} \cap T_{Q,z'} \cap Q \subset Q$ and also with the projective quadric of lines on Q passing through z (or through z'). We get the cycle $\Psi \in \mathrm{CH}^{n-1}(Q \times P)$: $\{(x, l) \mid x \in l\}$. It defines maps $\psi\colon M(Q) \to M(P)(1)[2]$ and $\psi^\vee\colon M(P)(1)[2] \to M(Q)$.

Then, $\omega_4 = \psi^\vee \circ \psi$, and $\psi \circ \tau_u \circ \psi^\vee = \mathrm{id}_{M(P)}$. But ψ and $\psi^\vee$ are orthogonal to ω_2 and ω_3. Thus, $\mathrm{id}_{M(P)} = \psi \circ \tau_u \circ \psi^\vee = \psi \circ (\omega_2 + \omega_3 + \omega_4) \circ \psi^\vee = \psi \circ \omega_4 \circ \psi^\vee = \psi \circ \psi^\vee \circ \psi \circ \psi^\vee$. On the other hand, $\psi^\vee \circ \psi \circ \psi^\vee \circ \psi = \omega_4^{\circ 2}$. Thus, the maps ψ and $\psi^\vee \circ \psi \circ \psi^\vee$ define an isomorphism between $([Q], \omega_4^{\circ 2})$ and $M(P)(1)[2]$. □

Applying Proposition 2.1 inductively we get the following.

Proposition 2.2 (M. Rost [23]). *Let Q be a completely split quadric of dimension n. Then*

$$M(Q) = \begin{cases} \sum_{i=0}^{n} \mathbb{Z}(i)[2i] & \text{if } n \text{ is odd;} \\ \left(\sum_{i=0}^{n} \mathbb{Z}(i)[2i]\right) \oplus \mathbb{Z}(n/2)[n] & \text{if } n \text{ is even.} \end{cases}$$

In particular, we see that the motive of the smooth odd-dimensional completely split projective quadric is isomorphic to the motive of the projective space of the same dimension.

Because $\mathrm{CH}_i(\mathrm{Spec}(k)) = 0$ for $i \neq 0$, and $\mathrm{CH}_0(\mathrm{Spec}(k)) \cong \mathbf{Z}$, we get that

$$\mathrm{Hom}_{\mathit{Chow}(k)}(\mathbb{Z}(i)[2i], \mathbb{Z}(j)[2j]) \cong \begin{cases} 0 & \text{if } i \neq j; \\ \mathbf{Z} & \text{if } i = j. \end{cases} \qquad (*)$$

Thus, we can compute the Chow groups of a completely split quadric.

Observation 2.3. *Let Q be a completely split quadric of dimension n. Then*

$$\mathrm{CH}_r(Q) = \begin{cases} 0 & \text{if } r < 0 \text{ or } r > n; \\ \mathbf{Z} & \text{if } 0 < r < n, \text{ and } r \neq n/2; \\ \mathbf{Z} \oplus \mathbf{Z} & \text{if } r = n/2. \end{cases}$$

In the situation of a completely split quadric the natural basis for $\mathrm{CH}_r(Q)$ is given by h^{n-r}, the class of a plane section of codimension $n - r$ in the case $r > n/2$, by l_r, the class of a projective subspace of dimension r if $r < n/2$, and by $l^1_{n/2}$, $l^2_{n/2}$, the classes of $n/2$-dimensional projective subspaces from the two different families for $r = n/2$.

Definition 2.4. Let $\overline{k}$ be an algebraic closure of k. For an arbitrary quadric Q we define the linear function

$$\overline{\deg}_Q\colon\ \mathrm{CH}_*(Q|_{\overline{k}}) \to \mathbf{Z}/2$$

by the rule that it takes the value 1 on each of the canonical generators described above.

Remark. Clearly, the particular choice of generators is important only in the case where $\operatorname{rank} \mathrm{CH}_r(Q|_{\overline{k}}) = 2$, i.e. $r = n/2$.

If for some smooth projective variety X, the motive $M(X)$ is a direct sum of Tate motives, then the pairing

$$\left(\mathrm{End}_{\mathit{Chow}(k)} M(X)\right) \otimes \mathrm{CH}_r(X) \to \mathrm{CH}_r(X)$$

defines a natural identification

$$\mathrm{End}_{\mathit{Chow}(k)} M(X) = \prod_r \mathrm{End}_{\mathbf{Z}} \mathrm{CH}_r(X).$$

(This follows from (*).) In particular, since over an algebraically closed field every quadric is completely split, we get item (2) of the following Proposition. In the same way, since $\mathrm{CH}_i(P) = 0$ for $i < 0$ and for $i > \dim P$, we get item (1). Item (2) can be also obtained via an inductive application of (1).

Proposition 2.5 (M. Rost [24]).

(1) *Let* $q = \mathbb{H} \perp p$, *then*

$$\mathrm{End}\, M(Q) = \mathbf{Z} \times \bigl(\mathrm{End}\, M(P)\bigr) \times \mathbf{Z},$$

where the first $\mathbf{Z}$ *is identified with* $\mathrm{End}_{\mathbf{Z}}\, \mathrm{CH}_0(Q)$, *and the last* $\mathbf{Z}$ *with* $\mathrm{End}_{\mathbf{Z}}\, \mathrm{CH}^0(Q)$.

(2) $\mathrm{End}\, M(Q|_{\overline{k}}) = \prod_r \mathrm{End}_{\mathbf{Z}}\, \mathrm{CH}_r(Q|_{\overline{k}})$.

We will also need the converse of Proposition 2.1.

Proposition 2.6. *Suppose* q *is a quadratic form such that* $M(Q)$ *contains* $\mathbb{Z}(l)[2l]$ *as a direct summand. Let* $m = \min(l, (\dim Q) - l)$. *Then*

$$q = (m+1) \times \mathbb{H} \perp q'$$

for some quadratic form q'.

Proof. If $M(Q)$ contains $\mathbb{Z}(l)[2l]$ as a direct summand, then it also contains $\mathbb{Z}(\dim Q - l)[2\dim Q - 2l]$ (if $pr \in \mathrm{CH}^{\dim Q}(Q \times Q)$ is the corresponding projector, then we can consider the dual one $pr^{\vee}$, obtained by switching the factors in $Q \times Q$). So, we can assume that $m = l \leq (\dim Q)/2$.

We have maps $\varphi\colon M(Q) \to \mathbb{Z}(l)[2l]$ and $j\colon \mathbb{Z}(l)[2l] \to M(Q)$ such that $\varphi \circ j = \mathrm{id}_{\mathbb{Z}(l)[2l]}$. Via the identifications $\mathrm{Hom}(M(Q), \mathbb{Z}(l)[2l]) = \mathrm{CH}^l(Q)$ and $\mathrm{Hom}\bigl(\mathbb{Z}(l)[2l], M(Q)\bigr) = \mathrm{CH}_l(Q)$ our maps φ and j correspond to cycles $A \in \mathrm{CH}^l(Q)$ and $B \in \mathrm{CH}_l(Q)$. Then $\varphi \circ j \in \mathrm{Hom}(\mathbb{Z}(l)[2l], \mathbb{Z}(l)[2l]) = \mathrm{CH}_0\bigl(\mathrm{Spec}(k)\bigr) = \mathbf{Z}$ is given by the degree of the intersection $A \cap B \in \mathrm{CH}_0(Q)$. So, $\deg(A \cap B) = 1$. This implies that if $l < (\dim Q)/2$, then $\deg B$ is odd, and if $l = (\dim Q)/2$ then at least one of $\deg A$, $\deg B$ is odd. Now, everything follows from:

Lemma 2.7. *Let* $0 \leq l \leq (\dim Q)/2$, *and suppose* Q *has an* l*-dimensional cycle of odd degree. Then* $q = (l+1) \times \mathbb{H} \perp q'$ *for some quadratic form* q'.

Proof. If $l = 0$ then, by Springer's Theorem (see [19, VII, Theorem 2.3]), we get a rational point on Q. So, q is isotropic.

Suppose the statement is proven for any quadratic form p, and for any $0 \leq a < l$. By taking the intersection of A with the plane section of codimension l, we get a zero-cycle of odd degree on Q. So, q is isotropic, $q = \mathbb{H} \perp q'$ for some quadratic form q'. Let x be any rational point on $Q \setminus A$ (the set of rational points on an isotropic quadric is dense), then Q' can be identified with the projective quadric of lines on Q passing through x. The union of all lines on Q passing through x is the cone over a quadric Q' with vertex x, and it is just the intersection $R := Q \cap T_x$, where T_x is the tangent space to Q at x. We have the natural projection $\pi\colon R \setminus x \to Q'$. Then $\pi_*(A \cap T_x)$ will be an $(l-1)$-cycle of odd degree on Q'. By induction, q' is l times isotropic. So, q is $(l+1)$ times isotropic. The lemma is proven. □

Proposition 2.6 is proven. □

Let us finish this section with the definition of the higher Witt indices and the splitting pattern of a quadric. Since this notion plays an important role throughout the paper, I should emphasize that the definition of splitting pattern I use somewhat deviates from the common usage. To make it explicit, let k be a field of characteristic different from 2 and let q a quadratic form defined over k. We construct a sequence of fields and quadratic forms in the following way. Set $k_0 := k$, $i_0(q) := i_W(q)$, the Witt index of q, and $q_0 := q_{\mathrm{an}}$, the anisotropic kernel of q. Now if we have the field k_j and an anisotropic form q_j defined over k_j, we set

$$\begin{aligned} k_{j+1} &:= k_j(Q_j), \text{ the function field of the projective quadric } q_j = 0; \\ i_{j+1}(q) &:= i_W(q_j|_{k_{j+1}}); \\ q_{j+1} &:= (q_j|_{k_{j+1}})_{\mathrm{an}}. \end{aligned}$$

Since $\dim q_{j+1} < \dim q_j$, this process will stop at some step h, namely, when $\dim q_h \leq 1$. This number h is called the *height* of q. As a result, we get a tower of fields $k = k_0 \subset k_1 \subset \cdots \subset k_h$, called the *generic splitting tower* of M. Knebusch (see [16, §5]), and a sequence of natural numbers $i_0(q)$, $i_1(q)$, $\ldots$, $i_h(q)$. The number $i_j(q)$ is called the *j-th higher Witt index* of q, and the set $\mathbf{i}(q) := (i_1(q), \ldots, i_h(q))$ will be called the *(incremental) splitting pattern* of the quadric Q. Note that $i_j(q) \geq 1$ for each $j \geq 1$. This definition of splitting pattern is not the one commonly used, since usually the set $\{i_1, i_1 + i_2, \ldots, i_1 + \cdots + i_h\}$ is called by this name. But it seems that many properties of quadratic forms are much more transparent when we see the higher Witt indices rather than $i_W(q|_{k_t})$. I hope the reader will agree with me after looking at the tables in Sect. 7. For this reason, in the current article we will stick to our nonstandard terminology.

3 General Theorems

Let now Q be an arbitrary smooth projective quadric. The following theorem, which will be called Rost Nilpotence Theorem in the sequel (RNT for short), gives a very important tool in the study of the motive of Q. As above, we denote by $\overline{k}$ an algebraic closure of k.

Theorem 3.1 (M. Rost [24]). *Let* $\varphi \in \operatorname{End} M(Q)$.

(1) *If* $\varphi|_{\overline{k}} = 0$, *then* φ *is nilpotent.*

(2) *If $\varphi|_{\overline{k}}$ is an isomorphism then φ is an isomorphism.*

As an immediate corollary we get

Corollary 3.2 ([25, Lemma 3.12]). *Let $\xi \in \operatorname{End} M(Q)$ be some map such that $\xi|_{\overline{k}}$ is a projector. Then, for some d, ξ^{2^d} is a projector.*

Proof. Let $x := \xi^2 - \xi \in \operatorname{End} M(Q) = \mathrm{CH}^m(Q \times Q)$. Since $\xi|_{\overline{k}}$ is a projector, $x|_{\overline{k}} = 0$. In particular, $2^s \cdot x = 0$ for some s, since Q is hyperbolic over some Galois extension F/k of degree 2^s, and $\mathrm{Tr}_{F/k} \circ j_{F/k}(x) = [F:k] \cdot x$ (here $j_{F/k}$ and $\mathrm{Tr}_{F/k}$ are the restriction and corestriction maps on Chow groups). By Theorem 3.1, we have $x^t = 0$ for some t.

That means that for some large d

$$\binom{2^d}{j} \cdot x^j = 0 \qquad \text{for all } j > 0.$$

From the equality $\xi^2 = \xi + x$ (and the fact that ξ and x commute), we get

$$\xi^{2^{d+1}} = \sum_{0 \le j \le 2^d} \binom{2^d}{j} \xi^{2^d - j} \cdot x^j = \xi^{2^d}.$$

So, ξ^{2^d} is a projector. □

Also we get:

Corollary 3.3. *If N is a direct summand of $M(Q)$ such that $N|_{\overline{k}} = 0$, then $N = 0$.*

We call a direct summand N of $M(Q)$ *indecomposable* if it cannot be decomposed into a nontrivial direct sum $N = N_1 \oplus N_2$. Since $M(Q|_{\overline{k}})$ is a direct sum of $2[(\dim Q)/2] + 2$ indecomposable Tate motives, we get in the light of Corollary 3.3:

Corollary 3.4. *Any direct summand of $M(Q)$ is a direct sum of finitely many indecomposable direct summands.*

For a direct summand N of $M(Q)$ we will denote by $j_N \colon N \to M(Q)$ and $\varphi_N \colon M(Q) \to N$ the corresponding natural morphisms, and by $p_N \in \operatorname{End} M(Q)$ the corresponding projector $j_N \circ \varphi_N$. We can define

$$\mathrm{CH}_r(N) := p_N \cdot \mathrm{CH}_r(Q) \subset \mathrm{CH}_r(Q),$$

where p_N acts on $\mathrm{CH}_r(Q)$ via the pairing

$$\mathrm{CH}^{\dim Q}(Q \times Q) \otimes \mathrm{CH}_r(Q) \to \mathrm{CH}_r(Q).$$

In other words, $\mathrm{CH}_r(N) = \mathrm{Hom}(\mathbb{Z}(r)[2r], N)$.

$N|_{\overline{k}}$ being a direct summand of $M(Q|_{\overline{k}})$ is isomorphic to a direct sum of Tate motives. In particular, $\mathrm{CH}_r(N|_{\overline{k}})$ is a free abelian group of rank ≤ 2, and if $\operatorname{rank} \mathrm{CH}_r(N|_{\overline{k}}) = 2$, then $r = (\dim Q)/2$ (in particular, $\dim Q$ is even), and the natural embedding $\mathrm{CH}_r(N|_{\overline{k}}) \to \mathrm{CH}_r(Q|_{\overline{k}})$ is an isomorphism.

Also, the pairing $\mathrm{Hom}(\mathbb{Z}(r)[2r], N) \otimes \mathrm{Hom}(N, N) \to \mathrm{Hom}(\mathbb{Z}(r)[2r], N)$ defines an isomorphism

$$\mathrm{End}_{Chow(k)}(N|_{\overline{k}}) \to \prod_r \mathrm{End}_{\mathbf{Z}} \mathrm{CH}_r(N|_{\overline{k}}).$$

For a given morphism $\psi \in \mathrm{End}\, N$ we denote by $\psi_{(r)} \in \mathrm{End}_{\mathbf{Z}} \mathrm{CH}_r(N|_{\overline{k}})$ the r-th component of $\psi|_{\overline{k}}$ in this decomposition.

Let us choose some basis for $\mathrm{CH}(N|_{\overline{k}})$. In the case $\operatorname{rank} \mathrm{CH}_r(N|_{\overline{k}}) = 1$, we choose an arbitrary generator of this group (so, it is canonical up to sign), and in the case $\operatorname{rank} \mathrm{CH}_r(N|_{\overline{k}}) = 2$, we take $\varphi_N(l^1_{(\dim Q)/2})$ and $\varphi_N(l^2_{(\dim Q)/2})$ as basis elements. Now we can represent $\psi_{(r)}$ as a square matrix of size ≤ 2.

Define the canonical linear function

$$\overline{\deg}_N\colon\ \mathrm{CH}(N|_{\overline{k}}) \to \mathbf{Z}/2$$

by the rule that it takes the value 1 on each basis element.

Proposition 3.5. *Let N be an indecomposable direct summand in $M(Q)$, and $\psi \in \mathrm{End}\, N$ be an arbitrary morphism. Then either*

$$\overline{\deg}_N \circ \psi = \overline{\deg}_N, \qquad \text{or} \qquad \overline{\deg}_N \circ \psi = 0.$$

In particular, to show that $M(Q)$ is decomposable it is sufficient to exhibit a morphism $\psi \in \mathrm{End}\, M(Q)$ such that $\overline{\deg}_Q \neq \overline{\deg}_Q \circ \psi \neq 0$.

The proof of Proposition 3.5 is in Sect. 5.2.

Examples. (1) Suppose the form q is isotropic: $q = q' \perp \mathbb{H}$, i.e. the projective quadric Q has a rational point z. Then the cycle $Q \times z \subset Q \times Q$ defines a morphism $\rho \in \mathrm{End}\, M(Q)$ such that $\rho_{(0)} = 1$ and $\rho_{(r)} = 0$, for all $r \neq 0$. So, $\overline{\deg}_Q \circ \rho$ coincides with $\overline{\deg}_Q$ on the group $\mathrm{CH}_0(Q|_{\overline{k}})$ and is zero on the other Chow groups. Thus, $M(Q)$ is decomposable. Actually, ρ is a projector, defining the direct summand $\mathbb{Z}$ in the decomposition

$$M(Q) = \mathbb{Z} \oplus M(Q')(1)[2] \oplus \mathbb{Z}(m)[2m]$$

(as usual, $m := \dim Q$).

(2) Let $q = \langle\langle a, b \rangle\rangle$ be a two-fold Pfister form, and C be the conic defined by the form $\langle 1, -a, -b \rangle$. It is not difficult to show that $Q = C \times C$ as an algebraic variety. In particular we get a (algebro-geometric!) map $Q \overset{pr_1}{\to} C \overset{\Delta}{\to} Q$. It induces a motivic map $\psi \in \mathrm{End}\, M(Q)$. Clearly, $\psi_{(0)} = 1$ and $\psi_{(2)} = 0$. So, $M(Q)$ is decomposable. Actually, ψ is the projector defining the direct summand $M(C)$ in the Rost decomposition $M(Q) = M(C) \oplus M(C)(1)[2]$.

Using Proposition 3.5 we can show that the existence of reasonable maps between indecomposable motives N_1 and N_2 implies their isomorphism. Namely, we have:

Theorem 3.6 (cf. [25, Lemma 3.25]). *Let N_1 and N_2 be indecomposable direct summands in $M(Q_1)(d_1)[2d_1]$ and $M(Q_2)(d_2)[2d_2]$ respectively, for some d_1, d_2. Suppose there exist morphisms $\alpha\colon N_1 \to N_2$ and $\beta\colon N_2 \to N_1$ such that the map $\overline{\deg}_{N_1} \circ\beta\circ\alpha\colon\ \mathrm{CH}(N_1|_{\overline{k}}) \to \mathbf{Z}/2$ is nonzero. Then $N_1 \cong N_2$.*

The proof is given in Sect. 5.3.

Corollary 3.7. *Let Q be a smooth projective quadric of dimension m, and N_1, N_2 be indecomposable direct summands of $M(Q)$. If for some $r \neq m/2$, $\mathbb{Z}(r)[2r]$ is a direct summand of $N_1|_{\overline{k}}$ and $N_2|_{\overline{k}}$, then $N_1 \cong N_2$.*

Proof. Under our assumptions, $\operatorname{rank} \mathrm{CH}_r(Q|_{\overline{k}}) = 1$ and the natural embeddings $\mathrm{CH}_r(N_1|_{\overline{k}}) \to \mathrm{CH}_r(Q|_{\overline{k}}) \leftarrow \mathrm{CH}_r(N_2|_{\overline{k}})$ are isomorphisms. Then the composition

$$\overline{\deg}_{N_1} \circ(\varphi_{N_1} \circ j_{N_2}) \circ (\varphi_{N_2} \circ j_{N_1})\colon\ \mathrm{CH}_r(N_1|_{\overline{k}}) \to \mathbf{Z}/2$$

is nonzero. According to Theorem 3.6, $N_1 \cong N_2$. □

Theorem 3.8 ([25, Lemma 3.26]). *Let Q_1, Q_2 be some smooth projective quadrics, and*

$$\alpha \in \mathrm{Hom}(M(Q_1)(d_1)[2d_1], M(Q_2)(d_2)[2d_2]),$$
$$\beta \in \mathrm{Hom}(M(Q_2)(d_2)[2d_2], M(Q_1)(d_1)[2d_1])$$

be morphisms such that the composition

$$\overline{\deg}_{Q_1} \circ\beta \circ \alpha\colon\ \mathrm{CH}_r(M(Q_1)(d_1)[2d_1]|_{\overline{k}}) \to \mathbf{Z}/2$$

is nonzero for some r. Then there exist indecomposable direct summands N_1 of $M(Q_1)(d_1)[2d_1]$ and N_2 of $M(Q_2)(d_2)[2d_2]$ such that $N_1 \simeq N_2$, and $\mathbb{Z}(r)[2r]$ is a direct summand in $N_i|_{\overline{k}}$.

See Sect. 5.4 for a proof. Here are two important cases of such a situation.

Corollary 3.9. *Let Q_1, Q_2 be smooth projective quadrics such that $Q_1|_{k(Q_2)}$ and $Q_2|_{k(Q_1)}$ are isotropic (in other words, there exist rational maps $Q_1 \dashrightarrow Q_2$ and $Q_2 \dashrightarrow Q_1$). Then there are indecomposable direct summands N_1 of $M(Q_1)$ and N_2 of $M(Q_2)$ such that $N_1 \cong N_2$ and $N_1|_{\overline{k}}$ contains $\mathbb{Z}$ as a direct summand.*

Proof. The rational maps $Q_1 \dashrightarrow Q_2$ and $Q_2 \dashrightarrow Q_1$ define motivic maps $\alpha\colon M(Q_1) \to M(Q_2)$ and $\beta\colon M(Q_2) \to M(Q_1)$ such that $(\beta\circ\alpha)_{(0)} = 1$. Now we need only to apply Theorem 3.8. □

The next statement makes use of the higher Witt index i_1 defined at the end of Sect. 2.

Corollary 3.10. *Let Q be a smooth anisotropic projective quadric, and N be an indecomposable direct summand of $M(Q)$ such that $N|_{\overline{k}}$ contains $\mathbb{Z}$ as a direct summand. Then for all $0 \leq i < i_1(Q)$, $N(i)[2i]$ is isomorphic to a direct summand of $M(Q)$.*

Proof. Let $0 \leq i < i_1(Q)$. Then the quadric $Q|_{k(Q)}$ has a projective subspace L of dimension i. Let $A \subset Q \times Q$ be the closure of $L \subset \big(\operatorname{Spec} k(Q)\big) \times Q \subset Q \times Q$. We have $\dim A = \dim Q + i$, so A defines a map $\alpha\colon\ M(Q)(i)[2i] \to M(Q)$. Let now $\rho^i\colon\ M(Q) \to M(Q)(i)[2i]$ be the map defined by a plane section of codimension i embedded diagonally into $Q \times Q$. It is easy to see that $(\rho^i \circ \alpha)_{(i)} = 1$. Hence, $\overline{\deg} \circ h^i \circ \alpha\colon\ \mathrm{CH}_i(M(Q)(i)[2i]) \to \mathbf{Z}/2$ is nonzero and, by Theorem 3.8, $M(Q)(i)[2i]$ contains an indecomposable direct summand N_1, and $M(Q)$ contains an indecomposable direct summand N_2 such that $N_1 \cong N_2$ and $\mathbb{Z}(i)[2i]$ is a direct summand of $N_1|_{\overline{k}}$. But, on the other hand, $N(i)[2i]$ is an indecomposable direct summand of $M(Q)(i)[2i]$ and $\mathbb{Z}(i)[2i]$ is a direct summand of $N(i)[2i]|_{\overline{k}}$. By Corollary 3.7, $N_1 \cong N(i)[2i]$ (we can clearly assume that $\dim Q > 0$, so that the Chow group in question will not be the middle one). Thus, $M(Q)$ contains a direct summand isomorphic to $N(i)[2i]$. □

Theorem 3.11. *Let $N_1, \ldots, N_s$ be non-isomorphic indecomposable direct summands of $M(Q)$. Then $\oplus_{i=1}^{s} N_i$ is isomorphic to a direct summand of $M(Q)$.*

The proof is in Sect. 5.1.

Example. Let $\alpha = \{a_1, \ldots, a_n\}$ be a pure symbol in $K_n^M(k)/2$, and Q_α be the Pfister quadric corresponding to the form $\langle\langle a_1, \ldots, a_n\rangle\rangle$. We can use the results above to get the Rost decomposition of $M(Q_\alpha)$.

Theorem 3.12 (M. Rost [24]). *Let Q_α be anisotropic. Then*

$$M(Q_\alpha) \cong \bigoplus_{i=0}^{2^{n-1}-1} M_\alpha(i)[2i] = M_\alpha \otimes M(\mathbb{P}^{2^{n-1}-1}),$$

where M_α is an indecomposable motive, and $M_\alpha|_{\overline{k}} = \mathbb{Z} \oplus \mathbb{Z}(2^{n-1}-1)[2^n-2]$.

Proof. Let M_α be an indecomposable direct summand of $M(Q_\alpha)$ such that $\mathbb{Z}$ is a direct summand of $M_\alpha|_{\overline{k}}$. Then, by Corollary 3.10, $M_\alpha(i)[2i]$ is isomorphic to a direct summand of $M(Q)$, for any $0 \leq i < i_1(q_\alpha) = 2^{n-1}$. Clearly, for $i \neq j$, $M_\alpha(i)[2i]$ is not isomorphic to $M_\alpha(j)[2j]$ (since they are not isomorphic even over $\overline{k}$). By Theorem 3.11, $\oplus_{i=0}^{2^{n-1}-1} M_\alpha(i)[2i]$ is a direct summand of $M(Q)$. We will need the following easy Lemma.

Lemma 3.13. *Let Q be a smooth projective quadric, and L be a direct summand of $M(Q)$ such that $L|_{\overline{k}} = \mathbb{Z}$. Then Q is isotropic.*

Proof. Let $A \subset Q \times Q$ be the cycle representing the projector

$$p_L \in \operatorname{End} M(Q) = \mathrm{CH}^{\dim Q}(Q \times Q).$$

Then $A|_{\overline{k}}$ must be rationally equivalent to $Q \times \mathrm{pt}$. In particular, $[A \cap A^{\vee}|_{\overline{k}}]$ represents the class of a rational point on $Q \times Q|_{\overline{k}}$. So, the degree of the 0-cycle $[A \cap A^{\vee}]$ is 1 and, by Springer's theorem, Q is isotropic. □

Lemma 3.13 implies that $M_\alpha|_{\overline{k}}$ consists of at least two Tate motives. Then $\oplus_{i=0}^{2^{n-1}-1} M_\alpha(i)[2i]|_{\overline{k}}$ contains at least as many Tate motives as $M(Q_\alpha)|_{\overline{k}}$ does. By Corollary 3.3, $M(Q) \cong \oplus_{i=0}^{2^{n-1}-1} M_\alpha(i)[2i]$. Clearly, $M_\alpha|_{\overline{k}} = \mathbb{Z} \oplus \mathbb{Z}(r)[2r]$, and $r = 2^{n-1} - 1$. □

The motive M_α is called a *Rost motive*. For $n = 1$, $M_{\{a\}} = M\big(k(\sqrt{a})\big)$, and for $n = 2$, $M_{\{a,b\}} = M(C_{\{a,b\}})$, where $C_{\{a,b\}}$ is the conic corresponding to the form $\langle 1, -a, -b\rangle$.

4 Indecomposable Direct Summands in the Motives of Quadrics

In this section we will present some results on the structure of indecomposable direct summands of the motives of quadrics.

Let Q be a smooth projective quadric of dimension m. By Proposition 2.2, $M(Q|_{\overline{k}})$ is a direct sum of Tate motives. Let us choose this decomposition in some fixed way. If $l \neq m/2$, then the direct summand $\mathbb{Z}(l)[2l]$ of $M(Q|_{\overline{k}})$ is defined uniquely. And for $l = m/2$, we choose the corresponding projectors as

$$(l^2_{m/2} - l^1_{m/2}) \times l^{\overline{2}}_{m/2} \subset (Q \times Q)|_{\overline{k}} \quad \text{and} \quad l^1_{m/2} \times (l^2_{m/2} + l^1_{m/2}),$$

where

$$\overline{2} = \begin{cases} 2 & \text{if } m \equiv 0 \pmod 4, \\ 1 & \text{if } m \equiv 2 \pmod 4. \end{cases}$$

We call the corresponding motives $L_{lo} \cong \mathbb{Z}(m/2)[m]$ and $L^{up} \cong \mathbb{Z}(m/2)[m]$ the *lower* and the *upper motives*, respectively. In particular, the restriction $\overline{\deg}_Q\colon \ \mathrm{CH}_{m/2}(L^{up}) \to \mathbf{Z}/2$ is zero, and the restriction $\overline{\deg}_Q\colon \ \mathrm{CH}_{m/2}(L_{lo}) \to \mathbf{Z}/2$ is surjective.

Let us denote the set of fixed Tate-motivic summands specified above as $\Lambda(Q)$. It follows from Definition 5.5 and Theorem 5.6 that for an arbitrary direct summand N of $M(Q)$, there exists a direct summand N' isomorphic to N such that $N'|_{\overline{k}}$ being a summand of $M(Q)|_{\overline{k}}$ is a direct sum of some part of these fixed Tate motives.

For the direct summand N of $M(Q)$ let us denote by $\Lambda(N)$ the subset of $\Lambda(Q)$ consisting of fixed Tate motives from the decomposition of $N'|_{\overline{k}}$.

Lemma 4.1. *Let Q be a smooth non-hyperbolic projective quadric. Then the subset $\Lambda(N) \subset \Lambda(Q)$ does not depend on the choice of N', and so, is well defined and depends only on the isomorphism class of N.*

Proof. Suppose that $N' \cong N \cong N''$, and the sets of fixed Tate motives in the decomposition of $N'|_{\overline{k}}$ and $N''|_{\overline{k}}$ are different. Let $\mathbb{Z}(l)[2l]$ be some fixed Tate motive from the decomposition of $N'|_{\overline{k}}$ which is not in $N''|_{\overline{k}}$. Then $l = m/2$ (because in all other degrees there is only one Tate motive available, and $N' \cong N''$). Also, $N'|_{\overline{k}}$ and $N''|_{\overline{k}}$ should contain only one Tate motive of the type $\mathbb{Z}(m/2)[m]$ each. So, we assume that $N'|_{\overline{k}}$ contains L^{up}, and $N''|_{\overline{k}}$ contains L_{lo}. Now we can assume that N is indecomposable. If Q is not hyperbolic, then (by Lemma 3.13) both $N'|_{\overline{k}}$ and $N''|_{\overline{k}}$ should contain at least one more (this time, common) Tate motive $\mathbb{Z}(r)[2r]$, where $r \neq m/2$. Then the map

$$\overline{\deg}_{N'} \circ (\varphi_{N'} \circ j_{N''}) \circ (\varphi_{N''} \circ j_{N'}) \colon \ \mathrm{CH}_r(N'|_{\overline{k}}) \to \mathbf{Z}/2$$

is nonzero. By Proposition 3.5,

$$\overline{\deg}_{N'} \circ (\varphi_{N'} \circ j_{N''}) \circ (\varphi_{N''} \circ j_{N'}) \colon \ \mathrm{CH}_{m/2}(N'|_{\overline{k}}) \to \mathbf{Z}/2$$

should be nonzero as well. But the map $(\varphi_{L_{lo}} \circ j_{L^{up}}) \colon L^{up} \to L_{lo}$ is zero: contradiction. □

Clearly, in the hyperbolic case, there is a problem only with the middle-dimensional part.

We can now state the more precise version of Corollary 3.7.

Lemma 4.2. *Let Q be a smooth non-hyperbolic projective quadric, and N, M be non-isomorphic indecomposable direct summands of $M(Q)$. Then $\Lambda(N) \cap \Lambda(M) = \emptyset$.*

Proof. Suppose $\mathbb{Z}(i)[2i] \in \Lambda(N) \cap \Lambda(M)$. By Corollary 3.7, $i = m/2$. Without loss of generality, we may assume

$$\operatorname{rank} \mathrm{CH}_{m/2}(M|_{\overline{k}}) \leq \operatorname{rank} \mathrm{CH}_{m/2}(N|_{\overline{k}}).$$

Then the map $\overline{\deg}_M \circ (\varphi_M \circ j_N) \circ (\varphi_N \circ j_M) \colon \ \mathrm{CH}_i(M|_{\overline{k}}) \to \mathbf{Z}/2$ is nonzero, so, by Theorem 3.6, M must be isomorphic to N, a contradiction. □

Lemma 4.2 evidently implies:

Theorem 4.3. *Let $\mathbb{Z}(i)[2i]$ and $\mathbb{Z}(j)[2j]$ be some elements of $\Lambda(Q)$. The following conditions are equivalent:*

(1) *For any direct summand N of $M(Q)$ the conditions $\mathbb{Z}(i)[2i] \in \Lambda(N)$ and $\mathbb{Z}(j)[2j] \in \Lambda(N)$ are equivalent.*
(2) *There exists an indecomposable direct summand N such that $\mathbb{Z}(i)[2i] \in \Lambda(N)$ and $\mathbb{Z}(j)[2j] \in \Lambda(N)$.*

If these conditions are satisfied we say that $\mathbb{Z}(i)[2i]$ *and* $\mathbb{Z}(j)[2j]$ *are* connected. *Clearly, this is an equivalence relation.*

Let $Z(Q)$ be the set of isomorphism classes of indecomposable direct summands of $M(Q)$, and N_z be a representative of the class z. We have the following:

Corollary 4.4. *Let Q be a non-hyperbolic quadric. Then*

(1) $\Lambda(Q) = \coprod_{z \in Z(Q)} \Lambda(N_z)$,
(2) $M(Q) \cong \oplus_{z \in Z(Q)} N_z$.

The $\Lambda(N_z)$ for $z \in Z(Q)$ are exactly the connected components of $\Lambda(Q)$.

We can visualize this decomposition by denoting each Tate motive from $\Lambda(Q)$ by a $\bullet$, and connecting the $\bullet$'s for which Tate motives are connected.

Example. $M(Q_{\{a_1,a_2,a_3\}})$ looks like

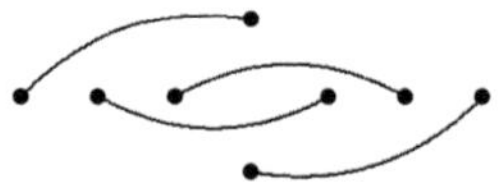

(here we put L^{up} above L_{lo}, and the degrees of Tate motives are increasing from left to right).

We already saw (Lemma 3.13) that the direct summand L of an anisotropic quadric cannot be a *form* of a Tate motive, that is, $L|_{\overline{k}}$ consists of at least two Tate motives. It appears that $L|_{\overline{k}}$ is always the direct sum of an even number of Tate motives, and we can provide some restrictions on their degrees.

The following result is basic here. Recall that i_1 denotes the first higher Witt index defined at the end of Sect. 2.

Proposition 4.5 (cf. [26, proof of Statement]). *Let Q be an anisotropic quadric of dimension m with $i_1(q) = 1$. Let N be a direct summand of $M(Q)$ such that $N|_{\overline{k}}$ contains $\mathbb{Z}$. Then N contains $\mathbb{Z}(m)[2m]$.*

In other words, if $i_1(q) = 1$, then $\mathbb{Z}$ is connected to $\mathbb{Z}(m)[2m]$.

The proof is given in Sect. 5.5.

Definition 4.6. Let Q be a smooth projective quadric and N be some direct summand of $M(Q)$. Define

$$a(N) := \min(r \mid \mathrm{CH}_r(N|_{\overline{k}}) \neq 0);$$
$$b(N) := \max(r \mid \mathrm{CH}_r(N|_{\overline{k}}) \neq 0);$$
$$\mathrm{size}\, N := b(N) - a(N).$$

Clearly, $a\big(M(Q)\big) = 0$, $b\big(M(Q)\big) = \dim Q$ and $\mathrm{size}\, M(Q) = \dim Q$.

We can reformulate Proposition 4.5 as follows: If $i_1(Q) = 1$, then for every direct summand N of $M(Q)$, the condition $a(N) = 0$ is equivalent to the condition $b(N) = \dim Q$.

From Proposition 4.5 it is not difficult to deduce:

Corollary 4.7. *Let Q be a smooth anisotropic projective quadric, and N be an indecomposable direct summand of $M(Q)$ such that $a(N) = 0$. Then*

$$\operatorname{size} N = \dim Q - i_1(q) + 1.$$

The proof is in Sect. 5.6.

Proposition 4.8. *Let Q be a smooth anisotropic projective quadric of dimension m, and N be a direct summand of $M(Q)$ such that the map*

$$\overline{\deg}_Q\colon \ \mathrm{CH}_a(N|_{\overline{k}}) \to \mathbf{Z}/2$$

with $0 \le a \le i_1(q)$ is nonzero (in other words, $\mathbb{Z}_{lo}(a)[2a]$ belongs to $\Lambda(N)$). Then $N|_{\overline{k}}$ contains $\mathbb{Z}(a)[2a] \oplus \mathbb{Z}(b)[2b]$ as a direct summand, where

$$b = m - i_1(q) + 1 + a.$$

See Sect. 5.7 for a proof.

Corollary 4.9 ([26, Corollary 3]). *Let P and Q be smooth anisotropic quadrics over the field k.*

(1) *If $q|_{k(P)}$ and $p|_{k(Q)}$ are isotropic, then*

$$\dim q - i_1(q) = \dim p - i_1(p).$$

(2) *If $P \subset Q$ is a subquadric such that $p|_{k(Q)}$ is isotopic, then*

$$\operatorname{codim}(P \subset Q) < i_1(q).$$

(3) *In the situation of* (2), $i_1(p) = i_1(q) - \operatorname{codim}(P \subset Q)$.

Proof. (1) Since $q|_{k(P)}$ and $p|_{k(Q)}$ are isotropic, by Corollary 3.9, there exist isomorphic direct summands N of $M(Q)$, and M of $M(P)$ such that $a(N) = 0$. By Corollary 4.7, $\operatorname{size} N = \dim Q - i_1(q) + 1$, and $\operatorname{size} M = \dim P - i_1(p) + 1$. Since $N \simeq M$, we get the equality.

(2) and (3) follow from (1), taking into account that $i_1(p) \ge 1$. □

Let $k = F_0 \subset F_1 \subset \cdots \subset F_{h(q)}$ be the generic splitting tower of fields for the quadric Q (see the end of Sect. 2). Recall that i_W denotes the Witt index. Applying Proposition 4.8 to the form $q_t := (q|_{F_t})_{\mathrm{an}}$, we get:

Proposition 4.10 ([26, Statement]). *Let Q be a smooth anisotropic quadric of dimension m, and N be a direct summand of $M(Q)$ such that the map $\overline{\deg}_Q\colon \ \mathrm{CH}_a(N|_{\overline{k}}) \to \mathbf{Z}/2$ is nonzero for some integer a such that $i_W(q|_{F_t}) \le a < i_W(q|_{F_{t+1}})$. Then $N|_{\overline{k}}$ contains $\mathbb{Z}(a)[2a] \oplus \mathbb{Z}(b)[2b]$ as a direct summand, where*

$$b = m - i_W(q|_{F_t}) - i_W(q|_{F_{t+1}}) + 1 + a.$$

Proposition 4.10 shows that all Tate motives in $M(Q|_{\overline{k}})$ come in pairs, and the structure of these pairs is determined by the splitting pattern of the quadric.

Example. For the motive of a quadric Q with splitting pattern[1] $(3,1,3)$ we have the following necessary connections (not to be confused with the decomposition into connected components):

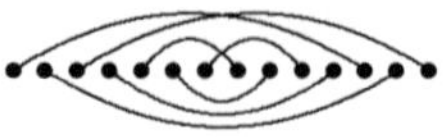

Corollary 4.11. *Let Q be a smooth anisotropic quadric, and N be a direct summand of $M(Q)$. Then $N|_{\overline{k}}$ consists of an even number of Tate motives.*

Certainly, the binary connections specified in Proposition 4.10, in general, are not all the existing connections among the elements of $\Lambda(Q)$. For example, if Q is the generic quadric (given by the form $\langle x_1, \ldots, x_n\rangle$ over the field $k(x_1, \ldots, x_n)$), then $M(Q)$ is indecomposable, and so, all the elements of $\Lambda(Q)$ are connected. Nevertheless, we have a situation where all indecomposable direct summands are binary.

Example. Let Q be an excellent quadric (see [17, Definition 7.7]). Then, by a result of M. Rost ([23, Proposition 4]), $M(Q)$ is a direct sum of binary Rost motives. For example, if

$$q = (\langle\langle a,b,c,d\rangle\rangle \perp -\langle\langle a,b,c\rangle\rangle \perp \langle\langle a,b\rangle\rangle \perp -\langle 1\rangle)_{\mathrm{an}},$$

then $M(Q)$ looks like

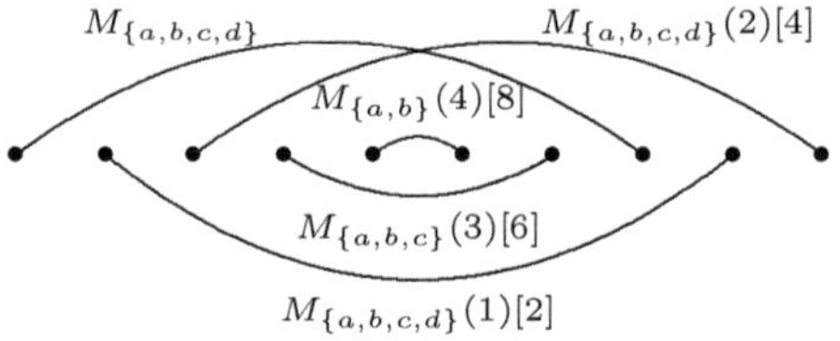

Hypothetically, the excellent quadrics should be the only ones having this property.

Conjecture 4.12. *Let Q be a smooth anisotropic projective quadric. The following two conditions are equivalent:*

(1) *$M(Q)$ consists of binary motives,*
(2) *Q is excellent.*

At the same time, we have some results which guarantee that particular elements of $\Lambda(Q)$ are not connected. Namely, Corollary 3.10 together with Lemma 4.2 shows that the Tate motives $\mathbb{Z}$, $\mathbb{Z}(1)[2], \ldots, \mathbb{Z}(i_1(q)-1)[2i_1(q)-2]$ all belong to different connected components of $\Lambda(Q)$. Here is a generalization of this result.

[1] The (incremental) splitting pattern of a quadratic form or a quadric is defined at the end of Sect. 2

Theorem 4.13 ([26, Corollary 2]). *Let Q be a smooth projective quadric, and N be an indecomposable direct summand of $M(Q)$ such that $i_W(q|_{F_t}) \leq a(N) < i_W(q|_{F_{t+1}})$. Then for each $i_W(q|_{F_t}) \leq j < i_W(q|_{F_{t+1}})$, the motive $N(j - a(N))[2j - 2a(N)]$ is isomorphic to a direct summand of $M(Q)$.*

The proof is given in Sect. 5.8.

Theorem 4.13 implies that if there exists a direct summand N of $M(Q)$ such that $i_W(q|_{F_t}) \leq a(N) < i_W(q|_{F_{t+1}})$, then the Tate motives $\mathbb{Z}(j)[2j]$, for different j with $i_W(q|_{F_t}) \leq j < i_W(q|_{F_{t+1}})$, are not connected. In particular, the binary connections specified above will be the only connections among the elements of $\Lambda(Q)$ if and only if, for arbitrary $1 \leq t \leq h(q)$, there exists a direct summand N_t of $M(Q)$ such that $i_W(q|_{F_t}) \leq a(N_t) < i_W(q|_{F_{t+1}})$.

Combining Theorem 4.13 with Proposition 4.10 and Corollary 3.7, we get

Corollary 4.14 ([26, Statement]). *Let Q be a smooth projective anisotropic quadric, and N be an indecomposable direct summand of $M(Q)$ such that $i_W(q|_{F_t}) \leq a(N) < i_W(q|_{F_{t+1}})$. Then*

$$\operatorname{size} N = \dim Q - i_W(q|_{F_t}) - i_W(q|_{F_{t+1}}) + 1.$$

In particular, $i_W(q|_{F_t}) \leq \dim Q - b(N) < i_W(q|_{F_{t+1}})$.

Corollary 4.14 shows that the size of the indecomposable direct summand is determined by the place where it starts and the splitting pattern of the quadric. See Sect. 5.8 for a proof.

The following statement provides a sufficient condition for the existence of a direct summand L with $a(L) = l$.

Theorem 4.15 ([26, Proposition 1]). *Let Q and P be smooth projective quadrics, and $l \in \mathbf{N}$. Suppose that for every field extension E/k the conditions $i_W(p|_E) > 0$ and $i_W(q|_E) > l$ are equivalent. Then $M(Q)$ has an indecomposable direct summand L and $M(P)$ has an indecomposable direct summand N such that $a(L) = l$, $a(N) = 0$, and $L \cong N(l)[2l]$.*

The proof is given in Sect. 5.9.

The natural question arises: is the converse true as well?

Question 4.16 ([26, Question 1]). *Are the following conditions equivalent?*

(1) *Q contains a direct summand L with $a(L) = l$,*
(2) *There exists a quadric P/k such that for every field extension E/k the conditions $i_W(p|_E) > 0$ and $i_W(q|_E) > l$ are equivalent.*

The following stronger version of Theorem 4.15 is often useful.

Theorem 4.17. *Let Q and P be smooth projective quadrics, and n, $m \in \mathbf{N}$. Suppose that for every field extension E/k the conditions $i_W(p|_E) > n$ and $i_W(q|_E) > m$ are equivalent. Suppose $M(P)$ has an indecomposable direct summand N such that $a(N) = n$. Then $M(Q)$ has an indecomposable direct summand $M \cong N(m - n)[2m - 2n]$. In particular, $a(M) = m$.*

See Sect. 5.9 for a proof. As a corollary we get the criterion of motivic equivalence for quadrics.

Theorem 4.18 ([25, Theorem 1.4.1], see also [13]). *Let P and Q be smooth projective quadrics of the same dimension. Then the following conditions are equivalent:*

(1) $M(P) \cong M(Q)$,
(2) *for every field extension* E/k, $i_W(p|_E) = i_W(q|_E)$.

Proof. (1) $\Rightarrow$ (2): By Proposition 2.1 and Proposition 2.6, $i_W(p|_E)$ is equal to half of the number of Tate motives which split from $M(P|_E)$. Since $M(P|_E) \cong M(Q|_E)$, we get the desired equality.

(2) $\Rightarrow$ (1): We can clearly assume that both of our quadrics are non-hyperbolic. Then, by Corollary 4.4, $M(Q) \cong \bigoplus_{z \in Z(Q)} N_z$ and $M(P) \cong \bigoplus_{y \in Z(P)} M_y$, where $Z(Q)$ and $Z(P)$ are the sets of isomorphism classes of indecomposable direct summands of $M(Q)$ and $M(P)$ respectively. By Theorem 4.17, for each $z \in Z(Q)$ there exists $y(z) \in Z(P)$ such that $M_{y(z)} \cong N_z$, and vice-versa, for each $y \in Z(P)$ there exists $z(y) \in Z(Q)$ such that $N_{z(y)} \cong M_y$. This gives a bijection $Z(Q) = Z(P)$, and an isomorphism $M(Q) \cong M(P)$. □

Another restriction on the structure of the indecomposable direct summands comes from the fact that such motives are symmetric with respect to flipping over. That is, $N^\vee \cong N(j)[2j]$ for some j (here $N^\vee$ is the direct summand dual to N).

Theorem 4.19 ([26, Corollary 1]). *Let Q be a smooth projective anisotropic quadric of dimension m and N be an indecomposable direct summand of $M(Q)$. Then*

$$N^\vee \cong N(r)[2r], \qquad \textit{where} \qquad r = m - a(N) - b(N).$$

Proof. It is clear that proving the statement for N is equivalent to proving it for $N^\vee$. So, we can assume that either $a(N) = b(N) = m/2$, or $b(N) \geq m/2$. In the former case,

$$N|_{\overline{k}} = \mathbb{Z}(m/2)[m] \oplus \mathbb{Z}(m/2)[m] = N^\vee|_{\overline{k}}$$

(since it should consists of at least two Tate motives), and so $N \cong N^\vee$ by RNT. So, we can assume that $b(N) \geq m/2$. On the other hand, by Corollary 4.14, there exists $1 \leq t < h(Q)$ such that $i_W(q|_{F_t}) \leq a(N)$, $\big(m - b(N)\big) < i_W(q|_{F_{t+1}})$. By Theorem 4.13, for $r = m - a(N) - b(N)$, $N(r)[2r]$ is isomorphic to a direct summand of $M(Q)$, and $a(N(r)[2r]) = m - b(N) = a(N^\vee)$. By Corollary 3.7, $N^\vee \cong N(r)[2r]$. □

As we saw above, if N is an indecomposable direct summand of the motive of an anisotropic quadric, then $N|_{\overline{k}}$ consists of an even number of Tate motives. In the case when $N|_{\overline{k}}$ is binary, we have severe restrictions on its size.

Theorem 4.20 ([9, Theorem 6.1]). *Let Q be a smooth anisotropic projective quadric, and N be a direct summand of $M(Q)$ such that $N|_{\overline{k}} = \mathbb{Z}(a)[2a] \oplus \mathbb{Z}(b)[2b]$. Then* $\operatorname{size} N = 2^r - 1$ *for some r.*

The proof of Theorem 4.20 uses the techniques developed by V. Voevodsky for the proof of Milnor's conjecture (see [29]). In particular, one has to work in the bigger triangulated category of mixed motives $DM^{\mathrm{eff}}(k)$ (see [28]) and use the motivic cohomological operations of V. Voevodsky.

Remark. Originally, Theorem 4.20 was proven under the assumption that $\operatorname{char} k = 0$, since at that time the technique of V. Voevodsky required such an assumption. Hopefully, due to the new results of V. Voevodsky ([30]), we can now just assume that $\operatorname{char} k \neq 2$.

One can notice that the sizes of binary motives take the same values as the sizes of Rost motives. Moreover, we can state:

Conjecture 4.21 ([5, Conjecture 3.2], [27, Conjecture 2.8]). *Let Q be a smooth anisotropic quadric, and N be a binary direct summand of $M(Q)$. Then there exists $r \in \mathbf{N}$, and a pure symbol $\alpha \in K_r^M(k)/2$ such that $N \cong M_\alpha(j)[2j]$ for some j.*

It is not difficult to show that Conjecture 4.21 implies Conjecture 4.12. Moreover, Theorem 4.20 shows that if $M(Q)$ consists of binary motives, then the splitting pattern of Q coincides with the splitting pattern of any excellent quadric of the same dimension. It gives some ground for the following important conjecture on the decomposition of the motive of a quadric. Let Q and P be some anisotropic quadrics of the same dimension. Then $\Lambda(Q)$ can be naturally identified with $\Lambda(P)$.

Conjecture 4.22. *Let Q be a smooth anisotropic quadric, and P be an excellent quadric of the same dimension. Let $\Lambda(Q) \stackrel{\varphi}{=} \Lambda(P)$ be the natural identification. Then $\varphi(\lambda)$ connected to $\varphi(\mu) \Rightarrow \lambda$ connected to μ.*

Conjecture 4.22 says that aside from binary connections, corresponding to the splitting pattern of Q (Proposition 4.10), we should have binary connections corresponding to the excellent splitting pattern. Moreover, we get not just one additional set of binary connections, but $h(Q)$ such sets, since we can apply Conjecture 4.22 to $q_t := (q|_{F_t})_{\mathrm{an}}$, for $1 \leq t \leq h(Q)$. In particular, the more the splitting pattern of Q differs from the excellent splitting pattern, the less decomposable $M(Q)$ should be.

5 Proofs

We start with some preliminary results.

Corollary 5.1. *Let N be a direct summand in $M(Q)$ and $\psi \in \operatorname{Hom}(N, N)$.*

(1) *If $\psi|_{\overline{k}} = 0$, then $\psi^n = 0$ for some n.*

hyperbolic. So, we can assume that $a+b+c+d$ is even. Then in each pair (a,d), (b,c), one element is odd and another is even.

Changing ψ into $\psi-\sum_{i\neq m/2}[\psi_{(i)}/2]\cdot\kappa_{i,Q}$, we can assume that $\psi_{(i)}$ is either 0 or 1, for all $i\neq m/2$. Note that this new ψ still satisfies the conditions of the sublemma. We have two cases:

(A) a and b, or c and d, are odd;
(B) a and c, or b and d, are odd.

Let $\psi^{\vee}$ be the dual morphism. Put

$$\tilde{\psi}:=\begin{cases}\psi^{\vee} & \text{if } m\equiv 2 \pmod 4;\\ \tau\circ\psi^{\vee}\circ\tau & \text{if } m\equiv 0 \pmod 4.\end{cases}$$

Then $\tilde{\psi}_{(m/2)}=\left(\begin{smallmatrix} d & b\\ c & a\end{smallmatrix}\right)$.

(A) Put $\varepsilon:=\psi\circ\tilde{\psi}-\kappa_{m/2,Q}\circ(ad\cdot\mathrm{id}+ab\cdot\tau)$.

(B) Put $\varepsilon:=\tilde{\psi}\circ\psi-\kappa_{m/2,Q}\circ(ad\cdot\mathrm{id}+ac\cdot\tau)$.

It is easy to see that $\varepsilon_{(m/2)}=\left(\begin{smallmatrix} 0 & 0\\ 2(cd-ab) & 0\end{smallmatrix}\right)$ in case (A), and $\left(\begin{smallmatrix} 0 & 2(bd-ac)\\ 0 & 0\end{smallmatrix}\right)$ in case (B).

Clearly, $\varepsilon_{(i)}=\psi_{(i)}\cdot\psi^{\vee}_{(i)}$, for any $i\neq m/2$. At the same time, $\varepsilon^2_{(m/2)}=0$.

Since $\varepsilon_{(i)}\in\{0,1\}$, $\varepsilon^2|_{\overline{k}}$ is a projector. By Corollary 5.1(2), ε^{2r} is a projector. Since $\varepsilon^{2r}|_{\overline{k}}=\varepsilon^2|_{\overline{k}}$ and $\varepsilon^2|_{\overline{k}}\circ p_N|_{\overline{k}}=p_N|_{\overline{k}}\circ\varepsilon^2|_{\overline{k}}=\varepsilon^2|_{\overline{k}}$, by Lemma 5.2, we get a direct summand $\tilde{L}$ in N such that $p_{\tilde{L}}|_{\overline{k}}=\varepsilon^2|_{\overline{k}}$. Since $\varepsilon^2_{(m/2)}=0$ and $(p_N)_{(m/2)}\neq 0$, we have $N\neq\tilde{L}$. Since N is indecomposable, we have $\tilde{L}=0$. In particular, $\varepsilon^2|_{\overline{k}}=p_{\tilde{L}}|_{\overline{k}}=0$. This implies $\varepsilon_{(i)}=0$ for all $i\neq m/2$.

Since $(cd-ab)$ and $(bd-ac)$ are odd in the respective cases, we have, using ε, $\tau\circ\varepsilon$, $\varepsilon\circ\tau$, $\tau\circ\varepsilon\circ\tau$, and Lemma 5.4, that for any $u\in 2\cdot\mathrm{Mat}_{2\times 2}(\mathbf{Z})$, there exists $\varphi\in\mathrm{Hom}(M(Q),M(Q))$ such that $\varphi_{(i)}=0$ for all $i\neq m/2$, and $\varphi_{(m/2)}=u$. Using also $\kappa_{i,Q}:=h^i\times h^{m-i}$ for $i\neq m/2$, we get the statement. □

Changing p_N into $\tau\circ p_N\circ\tau$ if necessary (which does not change the isomorphism class of N), we can assume that in case (A) a and b are odd, and in case (B) b and d are odd. Since $(p_N)_{(m/2)}$ is an idempotent of rank 1, we have $(p_N)_{(m/2)}=\gamma\alpha\gamma^{-1}$, where $\alpha,\gamma\in\mathrm{Mat}_{2\times 2}(\mathbf{Z})$, and α is of type (2) in case (A), and of type (3) in case (B). Then it is easy to see that $u:=(\gamma-\mathrm{id})$ is in $2\cdot\mathrm{Mat}_{2\times 2}(\mathbf{Z})$.

That means that $p_N|_{\overline{k}}=\overline{f}\circ\pi\circ\overline{f}^{-1}$, where $\pi_{(m/2)}=\alpha$ is of type (2) in case (A), and of type (3) in case (B), and $(\overline{f}-\mathrm{id})\in 2\cdot\mathrm{End}\,M(Q|_{\overline{k}})$.

Take $\psi:=p_N$, then $\mathrm{tr}(\psi_{(m/2)})=1$, and we can apply Sublemma 5.7. From Sublemma 5.7 it follows that $\overline{f}$ is defined over k by some morphism φ. Then f is an isomorphism, by Theorem 3.1(2), since it is so over $\overline{k}$. The map $\rho:=f^{-1}\circ p_N\circ f$ is a projector (since p_N is), so, $\rho=p_{N'}$ for some N'. Clearly, f defines an isomorphism between N and N', and $(p_{N'})_{(m/2)}=\alpha$ is of type (2) or (3). □

5.1 Proof of Theorem 3.11

Lemma 5.8 (cf. [25, Lemma 3.21]). *Let N_1 and N_2 be nonisomorphic indecomposable direct summands of $M(Q)$. Let N_1' and N_2' be the corresponding normal forms. Then*

$$p_{N_1'}|_{\overline{k}} \circ p_{N_2'}|_{\overline{k}} = p_{N_2'}|_{\overline{k}} \circ p_{N_1'}|_{\overline{k}} = 0.$$

Proof. Let $\gamma := p_{N_1'} \circ p_{N_2'}$. Since N_i' is a normal form, $\gamma_{(m/2)}$ is a projector in $\mathrm{Mat}_{2\times 2}(\mathbf{Z})$, and $\gamma_{(m/2)} \cdot (p_{N_i'})_{(m/2)} = (p_{N_i'})_{(m/2)} \cdot \gamma_{(m/2)} = \gamma_{(m/2)}$.

That means $\gamma|_{\overline{k}}$ is a projector and $\gamma|_{\overline{k}} \circ p_{N_i'}|_{\overline{k}} = p_{N_i'}|_{\overline{k}} \circ \gamma|_{\overline{k}} = \gamma|_{\overline{k}}$.

By Corollary 5.1, γ^s is a projector for some s, and if $\gamma^s = p_L$ for some L, then by Lemma 5.2 L is isomorphic to a direct summand in N_i'. Since N_i is indecomposable, we have that either L is isomorphic to N_i', or $L = 0$. Since N_1' is not isomorphic to N_2', we have $L = 0$. This implies

$$p_{N_1'}|_{\overline{k}} \circ p_{N_2'}|_{\overline{k}} = \gamma|_{\overline{k}} = \gamma^s|_{\overline{k}} = 0.$$

In the same way, considering $\delta := p_{N_2'} \circ p_{N_1'}$, we get $p_{N_2'}|_{\overline{k}} \circ p_{N_1'}|_{\overline{k}} = 0$. □

Lemma 5.9. *Let L and N be direct summands of $M(Q)$ such that $p_L|_{\overline{k}} = p_N|_{\overline{k}}$. Then L is isomorphic to N.*

Proof. Consider $\alpha := \varphi_N \circ j_L$, and $\beta := \varphi_L \circ j_N$. Then $(\beta \circ \alpha)|_{\overline{k}} = \mathrm{id}_{N|_{\overline{k}}}$ and $(\alpha \circ \beta)|_{\overline{k}} = \mathrm{id}_{L|_{\overline{k}}}$. By Corollary 5.1(3), L is isomorphic to N. □

Lemma 5.10. *Let L_1, L_2 be direct summands of $M(Q)$ such that*

$$p_{L_1}|_{\overline{k}} \circ p_{L_2}|_{\overline{k}} = p_{L_2}|_{\overline{k}} \circ p_{L_1}|_{\overline{k}} = 0.$$

Then there exists a direct summand M of $M(Q)$ such that M is isomorphic to $L_1 \oplus L_2$ and $p_M|_k = p_{L_1}|_k + p_{L_2}|_{\overline{k}}$.

Proof. Consider $\pi := p_{L_1} + p_{L_2}$. Then $\pi|_{\overline{k}}$ is a projector and by Corollary 5.1 π^r is a projector for some r, i.e. there exists a direct summand M of $M(Q)$ such that $\pi^r = p_M$.

By Lemma 5.2, there exists a direct summand $\tilde{L}_1$ in M such that $\tilde{L}_1$ is isomorphic to L_1, and $p_{\tilde{L}_1}|_{\overline{k}} = p_{L_1}|_{\overline{k}}$. Then, for the complementary projector $p_{\tilde{L}_2} := p_M - p_{L_1}$, we have $p_{\tilde{L}_2}|_{\overline{k}} = p_{L_2}|_{\overline{k}}$. By Lemma 5.9, $\tilde{L}_2$ is isomorphic to L_2, and so, $M \simeq L_1 \oplus L_2$. □

Now we can prove Theorem 3.11.

Let N_1', ..., N_s' be normal forms of N_1, ..., N_s. The statement follows from Lemma 5.8 and an inductive application of Lemma 5.10. □

5.2 Proof of Proposition 3.5

Sublemma 5.11. *Let N be a direct summand of $M(Q)$ and $\psi \in \operatorname{End} N$. Then either there exists an idempotent $\varepsilon \in \operatorname{End} N$ such that $(\varepsilon - \psi)|_{\overline{k}} \in \{2 \cdot \operatorname{End}(N|_{\overline{k}}) + \theta_{m/2,N} \cdot \mathbf{Z}\}$, or Q is (even-dimensional) hyperbolic.*

Proof. Let $\psi_{(r,\mathbf{Z}/2)} \in \operatorname{End}(\mathrm{CH}_r(N|_{\overline{k}})/2)$ be the map induced by ψ.

If $\operatorname{rank} \mathrm{CH}_r(N|_{\overline{k}}) = 1$, then $\psi_{(r,\mathbf{Z}/2)}$ is always a projector.

If $\operatorname{rank} \mathrm{CH}_r(N|_{\overline{k}}) = 2$, then $r = m/2$, and either $\overline{\deg}\,\psi(h^{m/2}) = 1$, or one of $\psi_{(m/2,\mathbf{Z}/2)}$, $(\psi + \theta_{m/2,N})_{(m/2,\mathbf{Z}/2)}$ is a projector. In the former case, Q is hyperbolic, by Lemma 2.7, since $\psi(h^{m/2}) \in \mathrm{CH}_{m/2}(Q)$ has odd degree.

Since any idempotent from $\operatorname{End}(N|_{\overline{k}}) \otimes \mathbf{Z}/2$ can be lifted to some idempotent of $\operatorname{End}(N|_{\overline{k}})$, we get: if Q is not hyperbolic, then there exists an idempotent $\overline{\varepsilon} \in \operatorname{End}(N|_{\overline{k}})$ such that $(\psi|_{\overline{k}} - \overline{\varepsilon}) \in \{2 \cdot \operatorname{End}(N|_{\overline{k}}) + \theta_{m/2,N} \cdot \mathbf{Z}\}$.

Suppose there exists r (equal to $m/2$, certainly) with $\operatorname{rank} \mathrm{CH}_r(N|_{\overline{k}}) = 2$. Changing ψ into $\psi + \theta_{m/2,N}$ if necessary, we can assume that $\psi|_{\overline{k}} \equiv \overline{\varepsilon} \pmod 2$. Then either (1) $\operatorname{tr}(\psi_{(m/2)})$ is odd, or (2) $\psi_{(m/2,\mathbf{Z}/2)} = \mathrm{id}$.

(1) In this case, by Sublemma 5.7, there exists $\varepsilon \in \operatorname{End} N$ such that $\varepsilon|_{\overline{k}} = \overline{\varepsilon}$.

(2) In this case, $\operatorname{tr} \psi_{(m/2)}$ is even and $\det \psi_{(m/2)}$ is odd. Take

$$\varepsilon' := -\psi \circ (\psi - (\operatorname{tr} \psi_{(m/2)}) \cdot \mathrm{id}_N) - ((\det \psi_{(m/2)}) - 1) \cdot \mathrm{id}_N \in \operatorname{End} N,$$

then $(\varepsilon')_{(m/2)} = \mathrm{id}$, and $(\psi - \varepsilon')_{(r)} \in 2 \cdot \operatorname{End} \mathrm{CH}_r(N|_{\overline{k}})$, for $r \neq m/2$.

If $\operatorname{rank} \mathrm{CH}_r(N|_{\overline{k}}) \leq 1$ for all r, take $\varepsilon' := \psi$.

Put $\varepsilon := \varepsilon' - \sum_{r \neq m/2}([\varepsilon'_{(r)}/2] \cdot \kappa_{r,N})$, then $\varepsilon|_{\overline{k}} = \overline{\varepsilon}$. □

Let $\varepsilon \in \operatorname{End} N$ be an idempotent from Sublemma 5.11. Since N is indecomposable, ε is either 0 or id_N, which implies that either $\overline{\deg}_N \circ \varepsilon = \overline{\deg}_N$, or $\overline{\deg}_N \circ \varepsilon = 0$. Then the same is true for ψ. The hyperbolic case is evident. □

5.3 Proof of Theorem 3.6

Sublemma 5.12. *In the situation of Theorem 3.6, for $\gamma := \beta \circ \alpha \in \operatorname{End} N_1$, we have $\gamma|_{\overline{k}} \in \{\mathrm{id}_{N_1|_{\overline{k}}} + 2 \cdot \operatorname{End}(N_1|_{\overline{k}}) + \theta_{m_1/2,N_1|_{\overline{k}}} \cdot \mathbf{Z}\}$.*

Proof. Let $\varepsilon \in \operatorname{End} N_1$ be a projector from Sublemma 5.11 such that

$$(\varepsilon - \gamma)|_{\overline{k}} \in \{2 \cdot \operatorname{End}(N_1|_{\overline{k}}) + \theta_{m_1/2,N_1} \cdot \mathbf{Z}\}.$$

Clearly, $\overline{\deg}_{N_1} \circ \varepsilon = \overline{\deg}_{N_1} \circ \gamma \neq 0$. Hence, $\varepsilon \neq 0$. Since N_1 is indecomposable, we get $\varepsilon = \mathrm{id}_{N_1}$. □

As an evident consequence of Sublemma 5.12, we get:

Sublemma 5.13. *In the situation of Theorem 3.6, the map*

$$(\beta \circ \alpha)|_{\overline{k}} \colon \operatorname{CH}(N_1|_{\overline{k}})/2 \to \operatorname{CH}(N_1|_{\overline{k}})/2$$

is an isomorphism.

□

Sublemma 5.14. *In the situation of Theorem 3.6, $\overline{\deg}_{N_1}(\beta \circ \alpha(y)) = \overline{\deg}_{N_1}(y)$ for all $y \in \operatorname{CH}(N_1|_{\overline{k}})$, and $\overline{\deg}_{N_2}(\alpha \circ \beta(z)) = \overline{\deg}_{N_2}(z)$ for all $z \in \operatorname{CH}(N_2|_{\overline{k}})$. In particular, the conditions of Theorem 3.6 are symmetric with respect to N_1 and N_2.*

Proof. From Sublemma 5.12 it follows that $\overline{\deg}_{N_1}(\beta \circ \alpha(y)) = \overline{\deg}_{N_1}(y)$.

Since $(\beta \circ \alpha)|_{\overline{k}} \colon \operatorname{CH}(N_1|_{\overline{k}})/2 \to \operatorname{CH}(N_1|_{\overline{k}})/2$ is an isomorphism (by Sublemma 5.13), we have that $\alpha \circ \beta(\operatorname{CH}(N_2|_{\overline{k}})/2) = (\alpha \circ \beta)^2(\operatorname{CH}(N_2|_{\overline{k}})/2)$ is isomorphic to $\operatorname{CH}(N_1|_{\overline{k}})/2$. Let $\varepsilon \in \operatorname{End} N_2$ be a projector from Sublemma 5.11 such that $(\varepsilon - \alpha \circ \beta)|_{\overline{k}} \in \{2 \cdot \operatorname{End}(N_2|_{\overline{k}}) + \theta_{m_2/2,N_2} \cdot \mathbf{Z}\}$. Since N_2 is indecomposable, ε is either 0 or id_{N_2}.

If $\varepsilon = 0$, then $(\alpha \circ \beta)^2|_{\overline{k}} \in 2 \cdot \operatorname{End}(N_2|_{\overline{k}})$, and $\operatorname{CH}(N_1|_{\overline{k}})/2 = 0$, which clearly contradicts the assumptions of Theorem 3.6. So, $\varepsilon = \operatorname{id}_{N_2}$. Then

$$\overline{\deg}_{N_2}(\alpha \circ \beta(z)) = \overline{\deg}_{N_2}(z)$$

for all $z \in \operatorname{CH}(N_2|_{\overline{k}})$. □

Sublemma 5.15. *In the situation of Theorem 3.6,*

$$\operatorname{rank} \operatorname{CH}_r(N_1|_{\overline{k}}) = \operatorname{rank} \operatorname{CH}_r(N_2|_{\overline{k}}) \qquad \text{for all } r.$$

Proof. This follows from Sublemma 5.13, and the fact that the conditions of Theorem 3.6 are symmetric with respect to N_1 and N_2 (Sublemma 5.14). □

Sublemma 5.16. *In the situation of Theorem 3.6,*

$$\overline{\deg}_{N_2} \circ \alpha = \overline{\deg}_{N_1} \colon \operatorname{CH}(N_1|_{\overline{k}}) \to \mathbf{Z}/2,$$

and

$$\overline{\deg}_{N_1} \circ \beta = \overline{\deg}_{N_2} \colon \operatorname{CH}(N_2|_{\overline{k}}) \to \mathbf{Z}/2.$$

Proof. By Sublemma 5.14, it is enough to show that if $\overline{\deg}_{N_1}(y) = 0$, then $\overline{\deg}_{N_2}(\alpha(y)) = 0$, and if $\overline{\deg}_{N_2}(z) = 0$, then $\overline{\deg}_{N_1}(\beta(z)) = 0$.

$\operatorname{Ker}(\overline{\deg}_{N_1}) \subset \operatorname{CH}(N_1|_{\overline{k}})$ is generated by $\{2 \cdot e_w\}_{w \in \Omega_1}$ and $l^1_{m_1/2} + l^2_{m_1/2} = h^{m_1/2}$. Consequently, if for some $y \in \operatorname{CH}(N_1|_{\overline{k}})$, we have $\overline{\deg}_{N_1}(y) = 0$ and $\overline{\deg}_{N_2}(\alpha(y)) = 1$, then $\operatorname{rank} \operatorname{CH}_{m_1/2}(N_1|_{\overline{k}}) = 2$ and $\overline{\deg}_{N_2}(\alpha(h^{m_1/2})) = 1$. By Sublemma 5.15, $\operatorname{rank} \operatorname{CH}_{m_1/2}(N_2|_{\overline{k}}) = 2$, which implies that $m_1 = m_2$ and $\overline{\deg}_{N_2} \colon \operatorname{CH}_{m_2/2}(N_2|_{\overline{k}}) \to \mathbf{Z}/2$ coincides with the usual degree mod 2. Then on Q_2 there is an $m_2/2$-dimensional cycle of odd degree. By Lemma 2.7, Q_2 is hyperbolic. Then any indecomposable direct summand in $M(Q_2)$ is a Tate motive, which contradicts the fact that $\operatorname{rank} \operatorname{CH}_{m_2/2}(N_2|_{\overline{k}}) = 2$. □

Sublemma 5.17. *In the situation of Theorem 3.6, if* $u \in \mathrm{Hom}(N_1, N_2)$ *then either* $\overline{\deg}_{N_2} \circ u = \overline{\deg}_{N_1}$, *or* $\overline{\deg}_{N_2} \circ u = 0$. *The same holds for any* $v \in \mathrm{Hom}(N_2, N_1)$.

Proof. If $\overline{\deg}_{N_2} \circ u \neq 0$, then, by Sublemma 5.16, the pair (u, β) satisfies the conditions of Theorem 3.6. Applying Sublemma 5.16 again, we get the statement. □

Sublemma 5.18. *Let* $\operatorname{rank} \mathrm{CH}_r(N_1|_{\overline{k}}) = 2$. *Suppose* α *and* β *are as in Theorem 3.6. Then there exist* α', β' *such that* $\beta'_{(r)} = \lambda \cdot \beta_{(r)}$, *where* λ *is odd,* $\det(\alpha'_{(r)}) = \det(\beta'_{(r)})$, $(\beta' \circ \alpha')_{(r)} = l \cdot \mathrm{id}_{\mathrm{CH}_r(N_1|_{\overline{k}})}$, *where* l *is odd, and* $(\alpha' - \alpha)_{(r)} \in \{2 \cdot \mathrm{Mat}_{2\times 2}(\mathbf{Z}) + \left(\begin{smallmatrix}1&1\\1&1\end{smallmatrix}\right) \cdot \mathbf{Z}\}$.

Proof. Let $\operatorname{rank} \mathrm{CH}_r(N_1|_{\overline{k}}) = 2$. Then, by Sublemma 5.12,

$$\gamma_{(r)} \in \{\mathrm{id} + 2 \cdot \mathrm{Mat}_{2\times 2}(\mathbf{Z}) + \left(\begin{smallmatrix}1&1\\1&1\end{smallmatrix}\right) \cdot \mathbf{Z}\}.$$

This implies that $\det \gamma_{(r)} = \mu$ is odd, and $\operatorname{tr} \gamma_{(r)}$ is even.

In $\operatorname{End} \mathrm{CH}_r(N_1|_{\overline{k}})$ we have the equality

$$-\gamma_{(r)} \circ \left(\gamma_{(r)} - \operatorname{tr}(\gamma_{(r)})\right) = \mu \cdot \mathrm{id}_{\mathrm{CH}_r(N_1|_{\overline{k}})}.$$

Take $\alpha'' := -\alpha \circ (\beta \circ \alpha - \operatorname{tr}(\gamma_{(r)}) \cdot \mathrm{id}_{N_1})$. It is easy to see that $(\beta \circ \alpha'')_{(r)} = \mu \cdot \mathrm{id}_{\mathrm{CH}_r(N_1|_{\overline{k}})}$.

Let $\alpha' := \mu \cdot \alpha''$, and $\beta' := \det(\alpha''_{(r)}) \cdot \beta$. Then $\det \alpha'_{(r)} = \det \beta'_{(r)}$, and $(\beta' \circ \alpha')_{(r)} = (\mu^2 \cdot \det \alpha''_{(r)}) \cdot \mathrm{id}_{\mathrm{CH}_r(N_1|_{\overline{k}})}$. Since $\overline{\deg}_{N_2} \circ \alpha = \overline{\deg}_{N_1}$, we have $\alpha_{(r)} \circ \left(\begin{smallmatrix}1&1\\1&1\end{smallmatrix}\right) \in \{2 \cdot \mathrm{Mat}_{2\times 2}(\mathbf{Z}) + \left(\begin{smallmatrix}1&1\\1&1\end{smallmatrix}\right) \cdot \mathbf{Z}\}$, and $(\alpha - \alpha')_{(r)} \in \{id + 2 \cdot \mathrm{Mat}_{2\times 2}(\mathbf{Z}) + \left(\begin{smallmatrix}1&1\\1&1\end{smallmatrix}\right) \cdot \mathbf{Z}\}$. □

Sublemma 5.19. *In the situation of Theorem 3.6,*

(1) *For any* r *such that* $\operatorname{rank} \mathrm{CH}_r(N_1|_{\overline{k}}) = 1$, *there exists a morphism* $\kappa_{r,1\to 2} \in \mathrm{Hom}(N_1, N_2)$ *such that* $(\kappa_{r,1\to 2})_{(r)} = 2$ *and* $(\kappa_{r,1\to 2})_{(s)} = 0$ *for all* $s \neq r$.
(2) *If for some* r, $\operatorname{rank} \mathrm{CH}_r(N_i|_{\overline{k}}) = 2$, *then there exist morphisms* $\theta_{r,1\to 2}$ *and* $\kappa_{r,1\to 2} \in \mathrm{Hom}(N_1, N_2)$ *such that* $(\theta_{r,1\to 2})_{(r)} = \left(\begin{smallmatrix}1&1\\1&1\end{smallmatrix}\right)$, $(\kappa_{r,1\to 2})_{(r)} = \left(\begin{smallmatrix}2&0\\0&2\end{smallmatrix}\right)$, *and* $(\theta_{r,1\to 2})_{(s)} = 0 = (\kappa_{r,1\to 2})_{(s)}$, *for all* $s \neq r$.

Proof. (1) Let e_i be a generator of $\mathrm{CH}_r(N_i|_{\overline{k}})$. We can assume that N_i is in normal form (see Definition 5.5). Also, we can assume that N_i is not a Tate motive.

Using $h^{m_i - r}$ (and Sublemma 5.7 (with $\psi = p_{N_i}$), if $r = m_i/2$), we get $2 \cdot \mathrm{CH}_r(M(Q_i)|_{\overline{k}}) \subset \mathrm{image}\big(\mathrm{CH}_r(M(Q_i)) \to \mathrm{CH}_r(M(Q_i)|_{\overline{k}})\big)$. Since $\varphi_{N_i} \circ j_{N_i} = \mathrm{id}_{N_i}$, we have $2 \cdot \mathrm{CH}_r(N_i|_{\overline{k}}) \subset \mathrm{image}\big(\mathrm{CH}_r(N_i) \to \mathrm{CH}_r(N_i|_{\overline{k}})\big)$. In particular, $2 \cdot e_i \in \mathrm{image}\big(\mathrm{CH}_r(N_i) \to \mathrm{CH}_r(N_i|_{\overline{k}})\big)$. Let $2 \cdot e_i = \overline{g_i}$.

$\overline{\deg}_{N_2}(\alpha(e_1)) = \overline{\deg}_{N_1}(e_1) = 1$, and, by Sublemma 5.15, $\overline{\deg}_{N_1}(\beta(e_2)) = \overline{\deg}_{N_2}(e_2) = 1$. That means: $e_1 \in \mathrm{image}\big(\mathrm{CH}_r(N_1) \to \mathrm{CH}_r(N_1|_{\overline{k}})\big)$ if and only if $e_2 \in \mathrm{image}\big(\mathrm{CH}_r(N_2) \to \mathrm{CH}_r(N_2|_{\overline{k}})\big)$. We have two cases:

(A) e_i is defined over k;
(B) e_i is not defined over k.

Define morphisms $u \in \mathrm{Hom}(N_1, \mathbb{Z}(r)[2r])$ and $v \in \mathrm{Hom}(\mathbb{Z}(r)[2r], N_2)$ in the following way: $u := h^{m_1-r} \circ j_{N_1}$, and $v := \begin{cases} e_2 & \text{in case (A)}, \\ g_2 & \text{in case (B)}. \end{cases}$

Since N_1 is in normal form, $j_{N_1}(e_1)$ is either $\pm l_i$ or $\pm h^{m_1-i}$. Moreover, these cases correspond to (B) and (A), respectively (by Lemma 2.7, since N_1 is not a Tate motive).

Define $\kappa_{r,1\to 2} := \pm v \circ u$. Clearly, $u(e_1)$ (as a map from $\mathbb{Z}(r)[2r]$ to $\mathbb{Z}(r)[2r]$) is equal to id times the degree of the intersection of $j_{N_1}(e_1)$ and h^{m_1-r}. So, it is ± 2 in case (A), and ± 1 in case (B). Then $\kappa_{r,1\to 2}(e_1) = 2 \cdot e_2$, and so, $(\kappa_{r,1\to 2})_{(r)} = 2$. Since $\mathrm{Hom}(\mathbb{Z}(s)[2s], \mathbb{Z}(r)[2r]) = 0$ for $s \neq r$, we have $u(\mathrm{CH}_s(N_1|_{\overline{k}})) = 0$ and $(\kappa_{r,1\to 2})_{(s)} = 0$ for all $s \neq r$.

(2) Let now $\operatorname{rank} \mathrm{CH}_r(N_i|_{\overline{k}}) = 2$ for some r. Then $m_1 = m_2$, and we can define $\theta_{r,1\to 2} := \varphi_{N_2} \circ (h^{m_1/2} \times h^{m_1/2}) \circ j_{N_1}$. It is easy to see that $\theta_{r,1\to 2}$ has the needed properties.

To define $\kappa_{r,1\to 2}$, observe that if α' and β' are as in Sublemma 5.18, then $\beta'_{(r)} = \lambda \cdot \beta_{(r)} = \lambda \cdot \left(\begin{smallmatrix} a & b \\ c & d \end{smallmatrix}\right)$ and $\alpha'_{(r)} = \lambda \cdot \left(\begin{smallmatrix} d & -b \\ -c & a \end{smallmatrix}\right)$.

If the pair (α, β) satisfies the conditions of Theorem 3.6, then the pair $(\alpha, \beta + \theta_{r,2\to 1})$ satisfies them too (by Sublemma 5.17). Then there exists an odd integer μ and $\alpha'' \in \mathrm{Hom}(N_1, N_2)$, $\beta'' \in \mathrm{Hom}(N_2, N_1)$ such that $\beta''_{(r)} = \mu \cdot (\beta + \theta_{r,2\to 1})_{(r)}$, $\det \alpha''_{(r)} = \det \beta''_{(r)}$, and $(\beta'' \circ \alpha'')_{(r)} = l'' \cdot \mathrm{id}_{\mathrm{CH}_r(N_1|_{\overline{k}})}$.

Take $\varepsilon := \lambda \cdot \alpha'' - \mu \cdot \alpha' + \lambda\mu \cdot \theta_{r,1\to 2}$, then $\varepsilon_{(r)} = \lambda\mu \cdot \left(\begin{smallmatrix} 2 & 0 \\ 0 & 2 \end{smallmatrix}\right)$. The composition $\overline{\deg}_{N_2} \circ \varepsilon\colon\ \mathrm{CH}_r(N_1|_{\overline{k}}) \to \mathbf{Z}/2$ is zero. By Sublemma 5.17, $\overline{\deg}_{N_2} \circ \varepsilon\colon\ \mathrm{CH}_s(N_1|_{\overline{k}}) \to \mathbf{Z}/2$ is zero for all s. Thus, for $s \neq r$, $\varepsilon_{(s)} \in \mathbf{Z}$ is even. Define $\varepsilon' := \varepsilon - \sum_{s\neq r} (\varepsilon_{(s)}/2) \cdot \kappa_{s,1\to 2}$. Then $\varepsilon'_{(r)} = \varepsilon_{(r)}$, and $\varepsilon'_{(s)} = 0$ for $s \neq r$. By Lemma 5.4, there exists $\kappa_{r,1\to 2} \in \mathrm{Hom}(N_1, N_2)$ such that $\lambda\mu \cdot \kappa_{r,1\to 2}|_{\overline{k}} = \varepsilon'|_{\overline{k}}$. Clearly, $\kappa_{r,1\to 2}$ has the desired properties. □

Sublemma 5.20. *Suppose* $\operatorname{rank} \mathrm{CH}_r(N_i) = 2$ *and* α, β *satisfy the conditions of Theorem 3.6. Then there exists* $\alpha_2 \in \mathrm{Hom}(N_1, N_2)$ *such that* $(\alpha - \alpha_2)_{(r)} \in \{2 \cdot \mathrm{Hom}(\mathrm{CH}_r(N_1|_{\overline{k}}), \mathrm{CH}_r(N_2|_{\overline{k}})) + \theta_{r,1\to 2} \cdot \mathbf{Z}\}$, *and* $(\alpha_2)_{(r)} = \eta \cdot A$, *where* η *is odd and* $A\colon\ \mathrm{CH}_r(N_1|_{\overline{k}}) \to \mathrm{CH}_r(N_2|_{\overline{k}})$ *is an isomorphism.*

Proof. Since $\operatorname{rank} \mathrm{CH}_r(N_1|_{\overline{k}}) = \operatorname{rank} \mathrm{CH}_r(N_2|_{\overline{k}}) = 2$, we clearly have $r = m_1/2 = m_2/2$.

For any morphism $w \in \mathrm{Hom}(N_i, N_j)$, we denote by $w^\vee$ the *dual* morphism $\varphi_{N_i} \circ (j_{N_j} \circ w \circ \varphi_{N_i})^\vee \circ j_{N_j} \in \mathrm{Hom}(N_j, N_i)$.

Let us denote by $\widetilde{w} \in \mathrm{Hom}(N_j, N_i)$ the following morphism: $\widetilde{w} := w^\vee$, if m is not divisible by 4, and $:= \tau_i \circ w^\vee \circ \tau_j$, if m is divisible by 4 (τ_i here is the morphism corresponding to the reflection on Q_i). If $w_{(r)} = \left(\begin{smallmatrix} x & y \\ z & t \end{smallmatrix}\right)$, then $\widetilde{w}_{(r)} = \left(\begin{smallmatrix} t & y \\ z & x \end{smallmatrix}\right)$.

Let $\beta_{(r)} = \left(\begin{smallmatrix} a & b \\ c & d \end{smallmatrix}\right)$, and α' and β' be as in Sublemma 5.18. In particular, $\beta'_{(r)} = \lambda \cdot \left(\begin{smallmatrix} a & b \\ c & d \end{smallmatrix}\right)$, and $\alpha'_{(r)} = \lambda \cdot \left(\begin{smallmatrix} d & -b \\ -c & a \end{smallmatrix}\right)$. Let f be the greatest common divisor of $c-b$ and $d-a$, and $f = u\cdot(d-a)+v\cdot(c-b)$. Then for $\psi :=$ $(u - v\tau_2)\circ\alpha' + (u+v\tau_2)\circ\widetilde{\beta}' - \lambda(ua+vb)\kappa_{r,1\to 2}$, we have $\psi_{(r)} = \lambda\cdot\left(\begin{smallmatrix}2f & 0\\ 0 & 0\end{smallmatrix}\right)$.

Let $\alpha_1 := \alpha' - \psi\circ([(d-a)/2f] + [(c-b)/2f]\cdot\tau_1)$. Then $\alpha_1 = \lambda\cdot\left(\begin{smallmatrix}a_1 & b_1\\ c_1 & d_1\end{smallmatrix}\right)$, where $(a_1-d_1),(b_1-c_1)\in\{0,f\}$.

Thus, either (1) $a_1 = d_1$, or (2) $b_1 = c_1$, or (3) $a_1 - d_1 = b_1 - c_1$.

Considering $\alpha_1\circ\tau_1$ (and $\alpha_2\circ\tau_1$), we can reduce case (2) to case (1). So, it is enough to consider cases (1) and (3).

(1) Take $\alpha_2 := \alpha_1 - \lambda\big((a_1-1)\cdot\theta_{r,1\to 2} - (b_1 - a_1 + 1)/2\cdot\kappa_{r,1\to 2}\circ\tau_1\big)$. Then $(\alpha_2)_{(r)} = \lambda\cdot\left(\begin{smallmatrix}1 & 0\\ * & 1\end{smallmatrix}\right)$ (note that $(b_1 - a_1 + 1)\equiv(b+d+1)\equiv 0 \pmod 2$, by Sublemma 5.16).

(3) Take $\alpha_2 := \alpha_1 - \lambda\cdot\kappa_{r,1\to 2}\circ([(a_1+d_1)/4] + [(b_1+c_1)/4]\cdot\tau_1)$. Then $(\alpha_2)_{(r)} = \lambda\left(\begin{smallmatrix}a_2 & b_2\\ c_2 & d_2\end{smallmatrix}\right)$, where $a_2 - d_2 = b_2 - c_2$, (a_2+d_2), $(b_2+c_2)\in\{0,2\}$, and $a_2+b_2+c_2+d_2 = 2$ (by Sublemma 5.16, $(a+b)\equiv(a+c)\equiv(b+d)\equiv(c+d)\equiv 1 \pmod 2$).

Hence, in any case, $\det((\alpha_2)_{(r)}/\lambda) = \pm 1$. □

Sublemma 5.21. *In the situation of Theorem 3.6, there exist a morphism $\alpha_3\in\mathrm{Hom}(N_1,N_2)$ and some odd integer η such that for all s, $(\alpha_3)_{(s)} = \eta\cdot A_s$, where A_s is invertible.*

Proof. If $\operatorname{rank}\mathrm{CH}_s(N_1|_{\overline{k}}) \le 1$ for all s, take $\alpha'' := \alpha$ and $\eta := 1$. If $\operatorname{rank}\mathrm{CH}_r(N_1|_{\overline{k}}) = 2$ for some r, take $\alpha'' := \alpha_2$ and take η from Sublemma 5.20 (here α_2, A are also from Sublemma 5.20).

In the light of Sublemma 5.20, $\overline{\deg}_{N_2}\circ\alpha''\colon\ \mathrm{CH}_r(N_1|_{\overline{k}})\to\mathbf{Z}/2$ is nonzero. By Sublemma 5.17, for all s with $\operatorname{rank}\mathrm{CH}_s(N_1|_{\overline{k}}) = 1$, $(\alpha'')_{(s)} = \lambda_s$ is odd. Define $\alpha_3 := \alpha'' - \sum(\lambda_s - \eta)/2\cdot\kappa_{s,1\to 2}$, where the sum is taken over all s such that $\operatorname{rank}\mathrm{CH}_r(N_1|_{\overline{k}}) = 1$, and $\kappa_{s,1\to 2}$ are elements from Sublemma 5.19. Then, for any t, $(\alpha_3)_{(t)} = \eta\cdot A_t$, where A_t is invertible. □

Now we can prove Theorem 3.6. We start with the case $d_1 = d_2 = 0$.

From Sublemma 5.21 and Lemma 5.4 it follows that, in the situation of Theorem 3.6, there exists $\alpha_4\in\mathrm{Hom}(N_1,N_2)$ such that $\alpha_4|_{\overline{k}}$ is an isomorphism. Since the conditions of Theorem 3.6 are symmetric with respect to N_1 and N_2 (by Sublemma 5.14), we also have some $\beta_4\in\mathrm{Hom}(N_2,N_1)$ such that $\beta_4|_{\overline{k}}$ is an isomorphism. Then $\beta_4\circ\alpha_4$ and $\alpha_4\circ\beta_4$ are isomorphisms, by Corollary 5.1(3).

Now the general case can be reduced to the case $d_1 = d_2 = 0$ since $M(Q_i)(d_i)[2d_i]$ is a direct summand in $M(Q_i')$, where $q_i' := q_i \perp d_i\cdot\mathbb{H}$, by Proposition 2.1. □

5.4 Proof of Theorem 3.8

Sublemma 5.22. *Suppose N and L are indecomposable direct summands of $M(Q)$ in normal form, and $\gamma\in\mathrm{Hom}(N,L)$ is a map such that the composition $\overline{\deg}_Q\circ j_L\circ\gamma\colon\ \mathrm{CH}(N|_{\overline{k}})\to\mathbf{Z}/2$ is nonzero. Then $N\simeq L$.*

Proof. Let $\overline{\deg_Q} \circ j_L \circ \gamma\colon\ \mathrm{CH}_r(N|_{\overline{k}}) \to \mathbf{Z}/2$ be nonzero for some r. In particular, $\mathrm{CH}_r(N|_{\overline{k}}) \neq 0 \neq \mathrm{CH}_r(L|_{\overline{k}})$. By Theorem 3.11, either $N \simeq L$, or $r = (\dim Q)/2$ (since only for such r, $\operatorname{rank}\mathrm{CH}_r(M(Q)|_{\overline{k}}) = 2$), and $\operatorname{rank}\mathrm{CH}_r(N|_{\overline{k}}) = \operatorname{rank}\mathrm{CH}_r(L|_{\overline{k}}) = 1$.

If N is not isomorphic to L, then, in the notation of Definition 5.5, N and L are of types (2) or (3). If L is of type (3), then $\overline{\deg_Q} \circ j_L\colon\ \mathrm{CH}_r(L|_{\overline{k}}) \to \mathbf{Z}/2$ is zero (since in this case $\mathrm{CH}_r(L|_{\overline{k}})$ is generated by the class of h^r). This is clearly not the case, so L is of type (2). Since L is not isomorphic to N, and N, L are indecomposable direct summands in normal form, we have by Lemma 5.8 that N is of type (3). But then the generator h^r of $\mathrm{CH}_r(N|_{\overline{k}})$ is defined over k. This implies that on Q there exists an r-dimensional cycle of odd degree (namely, $j_L \circ \gamma(h^r)$). By Lemma 2.7, Q is hyperbolic. Then N and L must be Tate motives. Since $\operatorname{rank}\mathrm{CH}_r(N|_{\overline{k}}) = \operatorname{rank}\mathrm{CH}_r(L|_{\overline{k}}) = 1$, we have $N \simeq \mathbb{Z}(r)[2r] \simeq L$. Contradiction. So, $N \simeq L$. □

Sublemma 5.23. *Using the notation in Theorem 3.8, suppose N is an indecomposable direct summand of $M(Q_2)(d_2)[2d_2]$, and the maps*

$$N \underset{\alpha}{\overset{\beta}{\rightleftarrows}} M(Q_1)(d_1)[2d_1]$$

are such that the composition $\overline{\deg_{Q_1}} \circ \beta \circ \alpha\colon\ \mathrm{CH}(M(Q_1)(d_1)[2d_1]|_{\overline{k}}) \to \mathbf{Z}/2$ is nonzero. Then there exists a direct summand L of $M(Q_1)(d_1)[2d_1]$ isomorphic to N.

Proof. Let $M(Q_1)(d_1)[2d_1] = \bigoplus_{a\in\Lambda_1} L^a$, where L^a are indecomposable direct summands in normal form (by Theorem 3.11, we can always find such a decomposition). Let $\alpha_a := \alpha \circ j_{L^a} \in \operatorname{Hom}(L^a, N)$, and $\beta_c := \varphi_{L^c} \circ \beta$. We have $\beta \circ \alpha = \sum_{a,c\in\Lambda_1} (p_{L^c} \circ \beta \circ \alpha \circ p_{L^a}) = \sum_{a,c\in\Lambda_1} (j_{L^c} \circ \beta_c \circ \alpha_a \circ \varphi_{L^a})$.

Since the composition $\overline{\deg_{Q_1}} \circ \beta \circ \alpha\colon\ \mathrm{CH}(M(Q_1)(d_1)[2d_1]|_{\overline{k}}) \to \mathbf{Z}/2$ is nonzero we have that for some a, c the composition

$$\overline{\deg_{Q_1}} \circ j_{L^c} \circ \beta_c \circ \alpha_a\colon\ \mathrm{CH}(L^a|_{\overline{k}}) \to \mathbf{Z}/2$$

is nonzero. By Sublemma 5.22, there exists an isomorphism $\psi\colon\ L^c \to L^a$. Take $u := \alpha_a \circ \psi \in \operatorname{Hom}(L^c, N)$, and $v := \beta_c \in \operatorname{Hom}(N, L^c)$. Then the map

$$\overline{\deg_{Q_1}} \circ j_{L^c} \circ v \circ u\colon\ \mathrm{CH}_r(L^c|_{\overline{k}}) \to \mathbf{Z}/2$$

is nonzero. Since the composition

$$\mathrm{CH}_r(L^c|_{\overline{k}}) \xrightarrow{j_{L^c}} \mathrm{CH}_r(M(Q_1)(d_1)[2d_1]|_{\overline{k}}) \xrightarrow{\overline{\deg_{Q_1}}} \mathbf{Z}/2$$

either coincides with $\overline{\deg_{L^c}}\colon\ \mathrm{CH}_r(L^c|_{\overline{k}}) \to \mathbf{Z}/2$ or is zero, we get that $\overline{\deg_{L^c}} \circ v \circ u\colon\ \mathrm{CH}_r(L^c|_{\overline{k}}) \to \mathbf{Z}/2$ is nonzero. By Theorem 3.6, $L^c \simeq N$. □

Let $M(Q_2)(d_2)[2d_2] = \bigoplus_{b\in\Lambda_2} N_2^b$, where N^b are indecomposable direct summands. Let $\alpha^b := \varphi_{N^b}\circ\alpha$ and $\beta^b := \beta\circ j_{N^b}$. We have

$$\beta\circ\alpha = \sum_{b\in\Lambda_2}(\beta\circ p_{N^b}\circ\alpha) = \sum_{b\in\Lambda_2}(\beta_b\circ\alpha_b).$$

So, if $\overline{\deg}_{Q_1}\circ\beta\circ\alpha\colon\ \mathrm{CH}_r(M(Q_1)(d_1)[2d_1]|_{\overline{k}}) \to \mathbf{Z}/2$ is nonzero, then for some $b\in\Lambda_2$, the map

$$\overline{\deg}_{Q_1}\circ\beta_b\circ\alpha_b\colon\ \mathrm{CH}_r(M(Q_1)(d_1)[2d_1]|_{\overline{k}}) \to \mathbf{Z}/2$$

is nonzero. By Sublemma 5.23, there exists some indecomposable direct summand L of $M(Q_1)(d_1)[2d_1]$ isomorphic to N^b. Clearly, $\operatorname{rank}\mathrm{CH}_r(N^b|_{\overline{k}}) \neq 0$, so $\mathbb{Z}(r)[2r]$ is a direct summand in $N^b|_{\overline{k}}$. Theorem 3.8 is proven. □

5.5 Proof of Proposition 4.5

Argue by contradiction. Changing N into $N^\vee$, we have $\mathrm{CH}_m(N|_{\overline{k}}) \neq 0$ and $\mathrm{CH}_0(N|_{\overline{k}}) = 0$. The composition $\nu := (\varphi_N\otimes\mathrm{id})\circ\Delta_Q\circ j_N$ gives a section of the natural projection $\pi\colon\ N\otimes M(Q)\to N$.

Let $\beta_0\in\mathrm{Hom}(\mathbb{Z}(m)[2m], M(Q)) = \mathrm{CH}_m(Q)$ be the morphism corresponding to the "generic cycle" on Q. Let

$$u := (\varphi_N\otimes id)\circ(\beta_0\otimes\mathrm{id}) \in \mathrm{Hom}\big(M(Q)(m)[2m], N\otimes M(Q)\big)$$

and

$$v := \Delta^\vee\circ(j_N\otimes id)\in\mathrm{Hom}(N\otimes M(Q), M(Q)(m)[2m]),$$

where $\Delta^\vee\in\mathrm{Hom}(M(Q\times Q), M(Q)(m)[2m])$ is dual to the "diagonal embedding" Δ via duality: $\mathrm{CH}^*(A\times B)\simeq\mathrm{CH}^*(B\times A)$.

Since $j_N\circ\varphi_N\circ\beta_0 = \beta_0$ (since $\mathrm{CH}_m(N|_{\overline{k}}) = \mathbf{Z}$, and hence $j_N\circ\varphi_N\colon\ \mathrm{CH}_m(Q|_{\overline{k}})\to\mathrm{CH}_m(Q|_{\overline{k}})$ is the identity map), we have $v\circ u = \mathrm{id}\in\mathrm{End}(M(Q)(m)[2m])$. So, $N\otimes M(Q) = M(Q)(m)[2m]\oplus X$. Let $\varphi_X\in\mathrm{Hom}(N\otimes M(Q), X)$ and $j_X\in\mathrm{Hom}(X, N\otimes M(Q))$ be the corresponding projection and embedding. Thus, $\varphi_X\circ j_X = \mathrm{id}_X$, $j_X\circ\varphi_X + u\circ v = \mathrm{id}_{N\otimes M(Q)}$, and $\varphi_X\circ u = 0$, $v\circ j_X = 0$.

In particular, $\pi\circ\nu = (\pi\circ j_X)\circ(\varphi_X\circ\nu) + (\pi\circ u)\circ(v\circ\nu)$. So, there exist maps $\alpha_1\colon\ N\to M(Q)(m)[2m]$, $\beta_1\colon\ M(Q)(m)[2m]\to N$, and $\alpha_2\colon\ N\to X$, $\beta_2\colon\ X\to N$ such that $\beta_1\circ\alpha_1 + \beta_2\circ\alpha_2 = \mathrm{id}_N$.

We can assume that $m > 0$. Then, for arbitrary maps $\alpha_1'\colon\ M(Q)\to M(Q)(m)[2m]$, $\beta_1'\colon\ M(Q)(m)[2m]\to M(Q)$, the composition

$$\overline{\deg}_Q\circ\beta_1'\circ\alpha_1'\colon\ \mathrm{CH}_m(Q|_{\overline{k}})\to\mathbf{Z}/2$$

is zero. Really, such degree is equal to the degree of some 0-cycle on Q, and Q is anisotropic. Since the maps $\overline{\deg}_Q\circ j_N$ and $\overline{\deg}_N$ coincide on $\mathrm{CH}_m(N|_{\overline{k}})$, we get that $\overline{\deg}_N\circ\beta_1\circ\alpha_1\colon\ \mathrm{CH}_m(N|_{\overline{k}})\to\mathbf{Z}/2$ is zero.

Consider $E = k(Q)$. We have $q|_E = \mathbb{H} \oplus q'$, where q' is anisotropic (since $i_1(q) = 1$). By [23, Proposition 1] (Proposition 2.1), $M(Q|_E) = \mathbb{Z} \oplus M(Q')(1)[2] \oplus \mathbb{Z}(m)[2m]$. And then $N|_E = N_{\text{an}} \oplus \mathbb{Z}(m)[2m]$, where N_{an} is a direct summand of $M(Q')(1)[2]$ (since $\text{CH}_m(N|_{\overline{k}}) = \mathbf{Z}$, and $\text{CH}_0(N|_{\overline{k}}) = 0$). Moreover, if $\tilde{j}\colon \mathbb{Z}(m)[2m] \to N|_E$ and $\tilde{\varphi}\colon N|_E \to \mathbb{Z}(m)[2m]$ are the corresponding maps, then $\tilde{j}$ coincides with $(\varphi_N \circ \beta_0)|_E$. Then the map $\tilde{j} \otimes \text{id}_{M(Q)}\colon M(Q)(m)[2m]|_E \to N \otimes M(Q)|_E$ coincides with $u|_E$. This implies that the complementary direct summand $N_{\text{an}} \otimes M(Q)$ (in $\big(N \otimes M(Q)\big)|_E$) is isomorphic to $X|_E$. Note that $N_{\text{an}} \otimes M(Q)$ is a direct summand in $M(Q')(1)[2] \otimes M(Q)$. So, $\alpha_2|_E$ and $\beta_2|_E$ give us maps

$$\alpha_2'\colon N|_E \to M(Q' \times Q)(1)[2] \qquad \text{and} \qquad \beta_2'\colon M(Q' \times Q)(1)[2] \to N|_E$$

such that $\beta_2' \circ \alpha_2' = (\beta_2 \circ \alpha_2)|_E$.

If $\alpha_2' \circ \tilde{j} \in \text{Hom}(\mathbb{Z}(m)[2m], M(Q' \times Q)(1)[2]) = \text{CH}_{m-1}(Q' \times Q)$ is represented by the cycle A, and $\tilde{\varphi} \circ \beta_2' \in \text{Hom}(M(Q' \times Q)(1)[2], \mathbb{Z}(m)[2m]) = \text{CH}^{m-1}(Q' \times Q)$ is represented by the cycle B, then the composition

$$(\tilde{\varphi} \circ \beta_2') \circ (\alpha_2' \circ \tilde{j}) \in \text{End}(\mathbb{Z}(m)[2m]) = \mathbf{Z}$$

is given by the degree of the 0-cycle $A \cap B \in \text{CH}_0(Q' \times Q)$. Since Q' is anisotropic, this number is even, by Springer's Theorem. Since $\tilde{j}$ and $\tilde{\varphi}$ are isomorphisms on CH_m, the composition $\overline{\deg}_N \circ \beta_2' \circ \alpha_2' = \overline{\deg}_N \circ \beta_2 \circ \alpha_2\colon \text{CH}_m(N|_{\overline{k}}) \to \mathbf{Z}/2$ is zero. Since $\overline{\deg}_N \circ \beta_1 \circ \alpha_1\colon \text{CH}_m(N|_{\overline{k}}) \to \mathbf{Z}/2$ is zero as well, we get a contradiction with $\beta_1 \circ \alpha_1 + \beta_2 \circ \alpha_2 = \text{id}_N$. □

5.6 Proof of Corollary 4.7

Sublemma 5.24. *Let Q be an anisotropic quadric and L be an indecomposable direct summand of $M(Q)$ such that $a(L) = 0$. Then for any subquadric $P \subset Q$ with $\dim P = \dim Q - i_1(q) + 1$, we have*

(1) *$M(P)$ contains a direct summand isomorphic to L;*
(2) *$p|_{k(Q)}$ and $q|_{k(P)}$ are isotropic.*

Proof. For any field extension E/k, we have that $p|_E$ is isotropic if and only if $q|_E$ is. In particular we get (2). So, we have rational (algebro-geometric) maps $f\colon Q \dashrightarrow P$, and $g\colon P \dashrightarrow Q$. Let $\alpha \in \text{CH}^{\dim P}(Q \times P) = \text{Hom}\big(M(Q), M(P)\big)$ and $\beta \in \text{CH}^{\dim Q}(P \times Q) = \text{Hom}\big(M(P), M(Q)\big)$ be the closures of the graphs of f and g, respectively. Clearly, $\alpha(l_0) = l_0$ and $\beta(l_0) = l_0$. So, the composition $\overline{\deg}_Q \circ \beta \circ \alpha\colon \text{CH}_0(Q|_{\overline{k}}) \to \mathbf{Z}/2$ is nonzero. By Theorem 3.8, $M(P)$ contains a direct summand isomorphic to L (note that if M is an indecomposable direct summand of $M(Q)$ such that $\text{CH}_0(M) \neq 0$, then $M \simeq L$, by Lemma 5.8). □

Sublemma 5.25. *Let Q be an anisotropic quadric and L be an indecomposable direct summand of $M(Q)$ with $a(L) = 0$. Then there exists a subquadric $P \subset Q$ such that*

(1) $i_1(p) = 1$;
(2) $M(P)$ *contains a direct summand isomorphic to* L;
(3) $p|_{k(Q)}$ *and* $q|_{k(P)}$ *are isotropic.*

Proof. Use induction on the dimension of Q. The case of $\dim Q = 0$ is trivial. Suppose the statement is true for all quadrics of dimension $< \dim Q$. Consider P from Sublemma 5.24. Either $i_1(q) = 1$, in which case the statement is trivial, or $\dim P < \dim Q$. Then there exists P' such that P' satisfies (1) and (2), and $p'|_{k(P)}$, $p|_{k(P')}$ are isotropic. Since we also have that $p|_{k(Q)}$, $q|_{k(P)}$ are isotropic, we get that P' satisfies (3) (since if $q_2|_{k(q_1)}$, $q_3|_{k(q_2)}$ are isotropic, then $q_3|_{k(q_1)}$ is). □

Now we can prove Corollary 4.7. Let us denote $c(N) := \dim Q - b(N) = a(N^\vee)$. Let P be a quadric from Sublemma 5.25. Then L is also a direct summand in $M(P)$. By Proposition 4.5, $b(L) = \dim P$. In particular, by [23, Proposition 1], (Proposition 2.1), $L|_{k(P)}$ contains $\mathbb{Z}$ and $\mathbb{Z}(\dim P)[2\dim P]$ as direct summands.

Since Q is anisotropic, P is also anisotropic. If $\dim P = 0$, then we have $\operatorname{rank} \mathrm{CH}_0(L|_{\overline{k}}) = 2$, hence $m = 0$ (since L is a direct summand in $M(Q)$). In this case everything is evident. If $b(L) = \dim P > 0$, then the map $\mathrm{CH}_{b(L)}(P) \to \mathrm{CH}_{b(L)}(P|_{\overline{k}})$ is surjective, and $\mathrm{CH}_{b(L)}(L|_{\overline{k}}) = \mathrm{CH}_{b(L)}(P|_{\overline{k}})$. So, the map $\mathrm{CH}_{b(L)}(L) \to \mathrm{CH}_{b(L)}(L|_{\overline{k}})$ is surjective and $\overline{\deg}_L \colon \mathrm{CH}_{b(L)}(L) \to \mathbf{Z}/2$ is nonzero. If $b(L) < m/2$, then $\overline{\deg}_L = \overline{\deg}_Q \circ j_L \colon \mathrm{CH}_{b(L)}(L) \to \mathbf{Z}/2$, and we get a $b(L)$-dimensional cycle of odd degree on Q. By Lemma 2.7, Q is isotropic, contradiction. So, $b(L) \geq m/2$. Since $L|_{k(P)}$ contains $\mathbb{Z}(b(L))[2b(L)]$ as a direct summand, $L|_{k(Q)}$ also contains $\mathbb{Z}(b(L))[2b(L)]$ as a direct summand, by Sublemma 5.25(3). Then $b(L) > m - i_1(q)$, by Proposition 2.6 (since $b(L) \geq m/2$).

It follows from Corollary 3.10 that $M(Q)$ contains a direct summand isomorphic to $L(i_1(q)-1)[2i_1(q)-2]$. This implies $b(L) \leq \dim Q - i_1(q) + 1$. So, $b(L) = \dim Q - i_1(q) + 1$, and $c(L) = i_1(q) - 1$. □

5.7 Proof of Proposition 4.8

Let M be an indecomposable direct summand of N such that the map $\overline{\deg}_Q \colon \mathrm{CH}_a(M|_{\overline{k}}) \to \mathbf{Z}/2$ is nonzero, and L be an indecomposable direct summand of $M(Q)$ such that $a(L) = 0$. Let us show that $a(M) = a$ and $M \simeq L(a)[2a]$.

By Corollary 3.10, $L(a)[2a]$ is isomorphic to a direct summand of $M(Q)$, and both $M|_{\overline{k}}$ and $L(a)[2a]|_{\overline{k}}$ contain $\mathbb{Z}(a)[2a]$ as a direct summand.

If $a < m/2$, then by Corollary 3.7, $M \simeq L(a)[2a]$ and $a(M) = a$.

Suppose now $a = m/2$. Then $i_1(q) = m/2 + 1$ (so, Q is a Pfister quadric). Then all the motives $L|_{\overline{k}}$, $L(a)[2a]|_{\overline{k}}$, $M|_{\overline{k}}$ contain $\mathbb{Z}(a)[2a]$ as a direct summand (use Corollary 4.7). By Theorem 3.11, L, $L(a)[2a]$ and M cannot be all pairwise nonisomorphic. Treating separately the evident case

$a = m = 0$, we can assume that $a > 0$, and so, M is isomorphic either to L or to $L(a)[2a]$. Let us show that the first opportunity is impossible. Really, $b(L(a)[2a]) = m$, we have an equality $\mathrm{CH}_m(L(a)[2a]|_{\overline{k}}) = \mathrm{CH}_m(Q|_{\overline{k}})$, and consequently the generator of $\mathrm{CH}_m(L(a)[2a]|_{\overline{k}})$ is defined over the base field k. Hence, the generator of $\mathrm{CH}_a(L|_{\overline{k}})$ is defined over the base field. Thus, the map $\overline{\deg_Q}\colon \mathrm{CH}_a(L|_{\overline{k}}) \to \mathbf{Z}/2$ should be trivial (otherwise, by Lemma 2.7, q would be hyperbolic). This implies that $\Lambda(L)$ does not contain L_{lo}. And so, $M \not\simeq L$ by Lemma 4.1. Hence $M \simeq L(a)[2a]$ and $a(M) = a$. But $\mathbb{Z}(a(M))[2a(M)] \oplus \mathbb{Z}(b(M))[2b(M)]$ is a direct summand of $M|_{\overline{k}}$, hence of $N|_{\overline{k}}$, and $b(M) = m - i_1(q) + 1 + a$ by Corollary 4.7. □

As a by-product we get the following

Corollary 5.26. *Let Q be an anisotropic quadric of dimension m, and M be an indecomposable direct summand of $M(Q)$ such that $0 \le a(M) < i_1(q)$. Then* $\operatorname{size} M = m - i_1(q) + 1$.

5.8 Proofs of Theorem 4.13 and Corollary 4.14

Let Q be a smooth projective quadric. We denote by $\underline{Q}^i$ the variety of flags $\pi_\bullet = (\pi_0 \subset \pi_1 \subset \cdots \subset \pi_i)$, where $\pi_j \subset Q$ is a j-dimensional projective subspace. For example, $\underline{Q}^0 = Q$. Clearly, $\underline{Q}^i$ has a rational point if and only if the form q is $(i+1)$-times isotropic: $q = (i+1)\cdot \mathbb{H} \perp q'$.

We have natural maps

$$f_i\colon M(\underline{Q}^i)(i)[2i] \to M(Q) \text{ and } g_j\colon M(\underline{Q}^j)\otimes M(Q) \to M(\underline{Q}^{j+1})(j+1)[2j+2]$$

given by the cycles $\mathcal{F} \subset \underline{Q}^i \times Q$, and $\mathcal{G} \subset \underline{Q}^j \times Q \times \underline{Q}^{j+1}$, respectively, where $(\pi_\bullet, x) \in \mathcal{F} \Leftrightarrow x \in \pi_i$, and $(\pi_\bullet, x, \nu_\bullet) \in \mathcal{G} \Leftrightarrow \nu_\bullet^{\le j} = \pi_\bullet$ and $x \in \nu_{j+1}$.

The following result is very useful in the applications. For example, it is used in the proof of the criterion of motivic equivalence for quadrics (see [25] and Theorem 4.18).

Theorem 5.27. *Let Q be a smooth projective quadric and N be a direct summand of $M(Q)$ such that $a(N) = i \le (\dim Q)/2$. Then there exist maps $N \underset{\beta}{\overset{\alpha}{\rightleftarrows}} M(\underline{Q}^i)(i)[2i]$ such that the composition $\beta\circ\alpha\colon$ $\mathrm{CH}_i(N|_{\overline{k}}) \to \mathrm{CH}_i(N|_{\overline{k}})$ is the identity.*

Proof. Let us prove by induction that for every $0 \le j \le i$ there exist maps $N \underset{\beta_j}{\overset{\alpha_j}{\rightleftarrows}} M(\underline{Q}^j)(j)[2j]$ such that the composition $\beta_j \circ \alpha_j\colon \mathrm{CH}_i(N|_{\overline{k}}) \to \mathrm{CH}_i(N|_{\overline{k}})$ is the identity.

($j = 0$): We can take $\alpha_0 := j_N\colon N \to M(Q)$, and $\beta_0 := \varphi_N\colon M(Q) \to N$.

($j \to j+1$): Consider the following diagram:

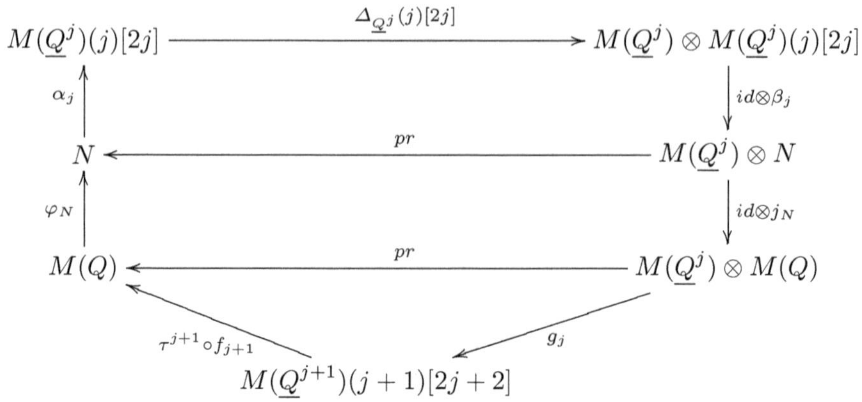

where $\tau\colon M(Q) \to M(Q)$ is the motive of a reflection in the orthogonal group $O(q)$.

Denote $u := (\mathrm{id} \otimes \beta_j) \circ \Delta_{\underline{Q}^j}(j)[2j] \circ \alpha_j$. The composition $pr \circ u$ is equal to $\beta_j \circ \alpha_j$, so the map $pr \circ u\colon \mathrm{CH}_i(N|_{\overline{k}}) \to \mathrm{CH}_i(N|_{\overline{k}})$ is the identity. But $a(N) = i$, so $\mathrm{CH}_s(N|_{\overline{k}}) = 0$ for $s < i$, and $pr\colon \mathrm{CH}_i(M(\underline{Q}^j|_{\overline{k}}) \otimes N|_{\overline{k}}) \to \mathrm{CH}_i(N|_{\overline{k}})$ is an isomorphism (the variety $\underline{Q}^j|_{\overline{k}}$ is rational). In particular, the group $\mathrm{CH}_i(M(\underline{Q}^j|_{\overline{k}}) \otimes N|_{\overline{k}})$ is generated by the elements of the form $l_0 \otimes \varphi_N(l_i)$, where l_0 is the class of a rational point on $\underline{Q}^j|_{\overline{k}}$ and $l_i \in \mathrm{CH}_i(Q|_{\overline{k}})$ is the class of a plane of dimension i. Then $u(\varphi_N(l_i)) = l_0 \otimes \varphi_N(l_i)$.

Clearly, the middle square of the diagram is commutative. Finally, if $l_i = [A_i]$, then $f_{j+1} \circ g_j(l_0 \otimes l_i) = [B_i]$, where B_i is some plane of dimension i on Q such that $\mathrm{codim}(A_i \cap B_i \subset A_i) = j+1$. If $i < (\dim Q)/2$, then $[A_i] = [B_i] = \tau^{j+1}([B_i])$, and if $i = (\dim Q)/2$, then $[A_i] = \tau^{j+1}([B_i])$. Thus, $\tau^{j+1} \circ f_{j+1} \circ g_j(l_0 \otimes l_i) = l_i = pr(l_0 \otimes l_i)$. So, if we denote

$$v := \varphi_N \circ \tau^{j+1} \circ f_{j+1} \circ g_j \circ (\mathrm{id} \otimes j_N),$$

then $v \circ u\colon \mathrm{CH}_i(N|_{\overline{k}}) \to \mathrm{CH}_i(N|_{\overline{k}})$ is the identity. It remains to put $\alpha_{j+1} := g_j \circ (\mathrm{id} \otimes j_N) \circ u$, and $\beta_{j+1} := \varphi_N \circ \tau^{j+1} \circ f_{j+1}$. The induction step is proven. □

Let $k = F_0 \subset F_1 \subset \cdots \subset F_h$ be the *generic splitting tower* of M. Knebusch for Q (see the end of Sect. 2). We recall that the sequence of Witt indices $0 = i_W(q|_{F_0}) < i_W(q|_{F_1}) < \cdots < i_W(q|_{F_h})$ contains all possible values of $i_W(q|_E)$ for arbitrary field extensions E/k.

Sublemma 5.28 (cf. [25, Lemma 4.5]). *Let $i_W(q|_{F_t}) \leq i < j < i_W(q|_{F_{t+1}})$, and let N be an indecomposable direct summand of $M(Q)$ such that $a(N) = i$. Then $N(j-i)[2j-2i]$ is isomorphic to a direct summand of $M(Q)$.*

Proof. By Theorem 5.27, we have a map $\alpha_i\colon N \to M(\underline{Q}^i)(i)[2i]$ such that $\alpha_i(\varphi_N(l_i)) = l_0(i)[2i]$. Since $i_W(q|_{F_t}) \leq i < j < i_W(q|_{F_{t+1}})$, we have a rational map $\underline{Q}^i \dashrightarrow \underline{Q}^j$, which gives us a motivic map $\gamma\colon M(\underline{Q}^i) \to M(\underline{Q}^j)$ such that

$\gamma(l_0) = l_0$ (l_0 here is the class of a rational point). Consider the composition $\varepsilon := f_j(i-j)[2i-2j] \circ \gamma(i)[2i] \circ \alpha_i \colon N \to M(Q)(i-j)[2i-2j]$, and the map $\eta := \varphi_N \circ \rho^{j-i} \colon M(Q)(i-j)[2i-2j] \to N$, where the map $\rho^{j-i} \colon M(Q)(i-j)[2i-2j] \to M(Q)$ is defined by the plane section of codimension $(j-i)$ in Q, embedded diagonally into $Q \times Q$. So, we have the pair of maps $N \underset{\eta}{\overset{\varepsilon}{\rightleftarrows}} M(Q)(i-j)[2i-2j]$. Since $f_j(l_0(j)[2j]) = l_j$ and $\rho^{j-i}(l_j(i-j)[2i-2j]) = l_i$, we get that the map $\overline{\deg_N} \circ \eta \circ \varepsilon \colon \mathrm{CH}_i(N|_{\overline{k}}) \to \mathbf{Z}/2$ is nonzero. By Sublemma 5.23, N is isomorphic to a direct summand of $M(Q)(i-j)[2i-2j]$. □

Sublemma 5.29. *Let Q be a smooth anisotropic quadric of dimension m and N be an indecomposable direct summand of $M(Q)$. Then there exists $0 \leq t < h(q)$ such that, for the fields $F_t \subset F_{t+1}$ from the generic splitting tower of M. Knebusch for Q, we have $i_W(q|_{F_{t+1}}) > a(N)$, $c(N) \geq i_W(q|_{F_t})$, and $a(N) + c(N) \leq i_W(q|_{F_t}) + i_W(q|_{F_{t+1}}) - 1$.*

Proof. Let t and s be such that $i_W(q|_{F_t}) \leq a(N) < i_W(q|_{F_{t+1}})$ and $i_W(q|_{F_s}) \leq c(N) < i_W(q|_{F_{s+1}})$. Then applying Proposition 4.10 to N and $N^\vee$ we get

$$c(N) \leq i_W(q|_{F_t}) + i_W(q|_{F_{t+1}}) - a(N) - 1$$

and

$$a(N) \leq i_W(q|_{F_s}) + i_W(q|_{F_{s+1}}) - c(N) - 1.$$

This implies $t = s$ and $a(N) + c(N) \leq i_W(q|_{F_t}) + i_W(q|_{F_{t+1}}) - 1$. □

Now we can prove Theorem 4.13. Let Q, j, N be as in Theorem 4.13. Denote $i = a(N)$. If $j > i$, then everything is contained in Sublemma 5.28.

Let $(i-j) > 0$. Let $F = F_r$ be a field in the generic splitting tower of M. Knebusch, given by Sublemma 5.29. Then $i_W(q|_{F_{r+1}}) > a(N) \geq i_W(q|_{F_r})$. By the conditions of Theorem 4.13, $i_W(q|_{F_{r+1}}) > a(N) - (i-j) \geq i_W(q|_{F_r})$. Also, $i_W(q|_{F_{r+1}}) > c(N) \geq i_W(q|_{F_r})$. On the other hand, from Sublemma 5.29 it follows that $i_W(q|_{F_{r+1}}) > c(N) + (i-j) \geq i_W(q|_{F_r})$. That means that the pair $(i', j') := (c(N), c(N) + (i-j))$ and the indecomposable direct summand $N^\vee$ (with $a(N^\vee) = c(N)$) satisfy the conditions of Sublemma 5.28. By Sublemma 5.28, in $M(Q)$ there exists a direct summand L isomorphic to $N^\vee(i-j)[2i-2j]$. Then $L^\vee$ will be isomorphic to $N(j-i)[2j-2i]$. Theorem 4.13 is proven. □

To prove Corollary 4.14, consider $l := i_W(q|_{F_{t+1}}) - 1 - a(N)$. By Sublemma 5.28, $N(l)[2l]$ is isomorphic to a direct summand M of $M(Q)$. Clearly, $a(M) = a(N) + l = i_W(q|_{F_{t+1}}) - 1$, and $c(M) = c(N) - l$. Since $a(M) \geq i_W(q|_{F_t})$, we have, by Sublemma 5.29, $c(M) \geq i_W(q|_{F_t})$. This implies

$$a(N) + c(N) \geq i_W(q|_{F_t}) + i_W(q|_{F_{t+1}}) - 1.$$

Combined with Sublemma 5.29, this gives the required result. □

5.9 Proofs of Theorem 4.17 and Theorem 4.15

Let $k = F_0 \subset \ldots \subset F_{h(q)}$ be the generic splitting tower for q, and $0 \leq t < h(q)$ be an integer such that $i_W(q|_{F_t}) \leq m < i_W(q|_{F_{t+1}})$. Let $k = E_0 \subset \ldots \subset E_{h(p)}$ be the generic splitting tower for p, and $0 \leq s < h(p)$ be an integer such that $i_W(p|_{E_s}) \leq n < i_W(p|_{E_{s+1}})$. Denote by K the composite $F_t * E_s$ of the fields F_t and E_s. Using Theorem 4.13, we can assume that $m = i_W(q|_{F_t})$ and $n = i_W(p|_{E_s})$. Denote $\tilde{q} := (q|_K)_{\mathrm{an}}$ and $\tilde{p} := (p|_K)_{\mathrm{an}}$. By the condition of the theorem, $\dim \tilde{q} = \dim(q|_{F_t})_{\mathrm{an}}$ and $\dim \tilde{p} = \dim(p|_{E_s})_{\mathrm{an}}$. Moreover, for an arbitrary field extension G/K, the conditions $i_W(\tilde{q}|_G) > 0$ and $i_W(\tilde{p}|_G) > 0$ are equivalent.

Let us denote $m' := m + i_{t+1}(q) - 1$ and $n' := n + i_{s+1}(p) - 1$.

Because $a(N) = n$, by Theorem 5.27, we have the map $\alpha_n \colon M(P) \to M(\underline{P}^n)(n)[2n]$, which sends the class l_n to $l_0(n)[2n]$. From the conditions of the theorem we have rational maps $\underline{P}^n \dashrightarrow \underline{Q}^m$ and $\underline{P}^n \dashrightarrow \underline{Q}^{m'}$, which give us motivic maps $\lambda \colon M(\underline{P}^n) \to M(\underline{Q}^m)$ and $\lambda' \colon M(\underline{P}^n) \to M(\underline{Q}^{m'})$ sending the class of a rational point to the class of a rational point. Finally, we have the maps $f_m \colon M(\underline{Q}^m)(m)[2m] \to M(Q)$ and $f_{m'} \colon M(\underline{Q}^{m'})(m')[2m'] \to M(Q)$. Let $\varepsilon \colon M(P)(m-n)[2m-2n] \to M(Q)$ be the composition

$$\varepsilon = f_m \circ \lambda(m)[2m] \circ \alpha_n(m-n)[2m-2n]$$

and $\varepsilon' \colon M(P)(m'-n)[2m'-2n] \to M(Q)$ be the composition

$$\varepsilon' = f_{m'} \circ \lambda'(m')[2m'] \circ \alpha_n(m'-n)[2m'-2n].$$

Since $\tilde{p}|_{K(\tilde{q})}$ is isotropic, there exists a morphism $\tilde{\gamma} \colon M(\tilde{Q}) \to M(\tilde{P})$ such that $\tilde{\gamma} \colon \mathrm{CH}_0(\tilde{Q}|_{\overline{K}}) \to \mathrm{CH}_0(\tilde{P}|_{\overline{K}})$ sends the class of a rational point to the class of a rational point. Since $M(\tilde{Q})(i_W(q|_K))[2i_W(q|_K)]$ is a direct summand of $M(Q|_K)$ and $M(\tilde{P})(i_W(p|_K))[2i_W(p|_K)]$ is a direct summand of $M(P|_K)$ (by Proposition 2.1), the morphism $\varepsilon|_K$ provides us with the morphism $\tilde{\varepsilon} \colon M(\tilde{P})(m)[2m] \to M(\tilde{Q})(m)[2m]$ (we recall that $m = i_W(q|_{F_t}) = i_W(q|_K)$ and $n = i_W(p|_{E_s}) = i_W(p|_K)$), and the composition $\deg_{\tilde{P}} \circ \tilde{\gamma} \circ \tilde{\varepsilon}(-m)[-2m] \colon \mathrm{CH}_0(\tilde{P}|_{\overline{K}}) \to \mathbf{Z}/2$ is nonzero. Let $\tilde{M}$ be an indecomposable direct summand of $M(\tilde{Q})$ such that $a(\tilde{M}) = 0$, and $\tilde{N}$ be an indecomposable direct summand of $M(\tilde{P})$ such that $a(\tilde{N}) = 0$. By Theorem 3.6, $\tilde{M} \simeq \tilde{N}$. In particular, $\operatorname{size} \tilde{M} = \operatorname{size} \tilde{N}$. In the light of Corollary 4.7, we get the equality

$$\dim Q - \dim P + n - m = m' - n'.$$

Denote this number as j.

Proposition 3.5, on its part, gives us that

$$\overline{\deg}_{\tilde{N}} \circ \varphi_{\tilde{N}} \circ \tilde{\gamma} \circ \tilde{\varepsilon}(-m)[-2m] \circ j_{\tilde{N}} = \overline{\deg}_{\tilde{N}} \colon \mathrm{CH}(\tilde{N}|_{\overline{K}}) \to \mathbf{Z}/2.$$

In particular, $\overline{\deg}_{\tilde{N}} \circ \varphi_{\tilde{N}} \circ \tilde{\gamma} \circ \tilde{\varepsilon}(-m)[-2m] \circ j_{\tilde{N}}|_{CH_{b(\tilde{N})}} \neq 0$. By Corollary 4.7, $b(\tilde{N}) = \dim \tilde{P} - i_{s+1}(p) + 1$. So,

$$\tilde{\varepsilon}(-m)[-2m](\tilde{h}^{i_{s+1}(p)-1}) = \mu \cdot \tilde{h}^{i_{t+1}(q)-1},$$

where μ is odd and $\tilde{h}$ is the class of a hyperplane section in $\tilde{P}$ and $\tilde{Q}$, respectively. Then $\varepsilon(h^{n'}(m-n)[2m-2n]) = \mu \cdot h^{m'}$, where μ is odd and $h \in \mathrm{CH}^1$ is the class of a hyperplane section in P and Q, respectively.

Let $\varepsilon^\vee \colon M(Q) \to M(P)(j)[2j]$ be the morphism dual to ε (the corresponding cycle is obtained by switching the factors in $P \times Q$). Denote by $(-,-)$ the natural composition pairings $\mathrm{CH}_r\, M(Q) \otimes \mathrm{CH}^r\, M(Q) \to \mathbf{Z}$ and $\mathrm{CH}_r(M(P)(j)[2j]) \otimes \mathrm{CH}^r(M(P)(j)[2j]) \to \mathbf{Z}$. We have the tautological equality $(\varepsilon^\vee(l_{m'}), h^{n'}(m'-n')[2m'-2n']) = (l_{m'}, \varepsilon(h^{n'}(m-n)[2m-2n]))$. Thus, $\varepsilon^\vee(l_{m'}) \equiv l_{n'}(m'-n')[2m'-2n'] \pmod 2$.

Consider the diagram:

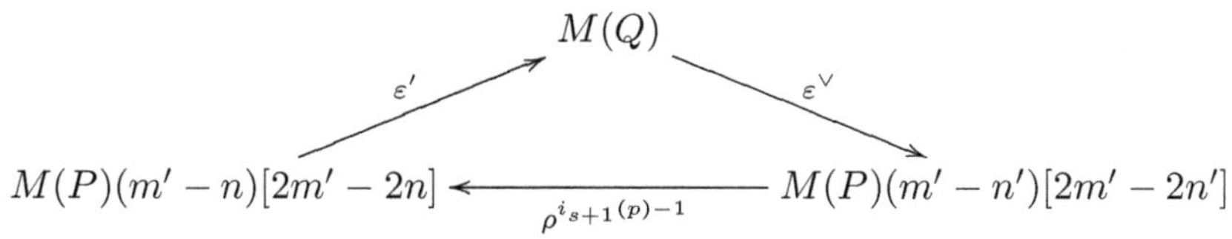

where $\rho^{i_{s+1}(p)-1}$ is given by the plane section of codimension $i_{s+1}(p)-1$, embedded diagonally into $P \times P$.

Let $l_n \in \mathrm{CH}_n(P|_{\overline{k}})$ be the class of a projective plane of dimension n on $P|_{\overline{k}}$. By the construction of ε', we have $\varepsilon'(l_n(m'-n)[2m'-2n]) = l_{m'} \in \mathrm{CH}_{m'}(Q|_{\overline{k}})$. And we know that $\varepsilon^\vee(l_{m'}) \equiv l_{n'}(m'-n')[2m'-2n'] \pmod 2$. So, the composition $\deg_P \circ \rho^{i_{s+1}(p)-1} \circ \varepsilon^\vee \circ \varepsilon' \colon\ \mathrm{CH}_{m'}(M(P|_{\overline{k}})(m'-n)[2m'-2n]) \to \mathbf{Z}/2$ is nonzero. Then, by Theorem 3.8, $N(m'-n)[2m'-2n]$ is isomorphic to a direct summand of $M(Q)$. Since $a(N(m'-n)[2m'-2n]) = m'$ and $i_W(q|_{F_t}) \le m, m' < i_W(q|_{F_{t+1}})$, by Theorem 4.13, $M := N(m-n)[2m-2n]$ is also isomorphic to a direct summand of $M(Q)$. Theorem 4.17 is proven. □

Theorem 4.15 is an evident corollary of Theorem 4.17. □

6 Some Applications

In this section we list some applications of the technique described above.

6.1 Higher Forms of the Motives of Quadrics

In Theorem 3.12 it was shown that the motive of a Pfister quadric $Q_{\{a_1,\dots,a_n\}}$ decomposes into 2^{n-1} pieces isomorphic up to shift by the Tate motive. This appears to be a particular case of the following general result.

Theorem 6.1 ([25, Theorem 4.1]). *Let $\alpha = \{a_1, \dots, a_n\} \in K_n^M(k)/2$ be some pure symbol, p some (nondegenerate) quadratic form, and $r := \langle\langle \alpha \rangle\rangle \cdot p$. If $\dim p$ is odd, let $a = (\dim R)/2 - 2^{n-1} + 1$. Then there exists some direct summand $F_\alpha(M(P))$ of $M(R)$ such that*

$$M(R) = \begin{cases} F_\alpha(M(P)) \otimes M(\mathbb{P}^{2^n-1}) & \textit{if } \dim p \textit{ is even,} \\ (F_\alpha(M(P)) \otimes M(\mathbb{P}^{2^n-1})) \oplus M(Q_\alpha)(a)[2a] & \textit{if } \dim p \textit{ is odd.} \end{cases}$$

Proof. We use the following well-known Lemma.

Lemma 6.2. *If a form r is divisible by an n-fold Pfister form $\langle\langle\alpha\rangle\rangle$, then $i_t(r)$, for $0 \le t < h(r)$, as well as $(i_{h(r)}(r) + (\dim r)/2)$, is divisible by 2^n.*

Proof. Let $F_0 \subset \ldots \subset F_{h(r)}$ be the generic splitting tower for r, and $0 \le t \le h(r)$. Then $r_{t-1} := (r|_{F_{t-1}})_{\mathrm{an}} = \langle\langle\alpha\rangle\rangle \cdot p_{t-1}$ and $r_t := (r|_{F_t})_{\mathrm{an}} = \langle\langle\alpha\rangle\rangle \cdot p_t$ for some forms p_{t-1}/F_{t-1} and p_t/F_t. If the difference $\dim p_t - \dim p_{t-1}$ is odd, then one of the forms r_{t-1}, r_t is in I^{n+1} and another is not. Clearly, then $r_t \in I^{n+1}(F_t)$ and $r_{t-1} \notin I^{n+1}(F_{t-1})$. More precisely, $r_{t-1} \equiv \langle\langle\alpha\rangle\rangle \pmod{I}^{n+1}(F_{t-1})$. Then the form $\langle\langle\alpha\rangle\rangle|_{F_t}$ must be hyperbolic. But if $t < h(r)$, then F_t is obtained from k inductively by adjoining the generic points of quadrics of dimension $> 2^n - 2$. Hence $\langle\langle\alpha\rangle\rangle$ was hyperbolic already over the base field, r is hyperbolic, $0 = t = h(r)$, contradiction. This shows that for $t < h(r)$, the difference $\dim p_t - \dim p_{t-1}$ is even and $i_t(r)$ is divisible by 2^n. Since $i_{h(r)} = (\dim r)/2 - \sum_{t<h(r)} i_t(r)$, we get the statement. □

Let $0 < t \le h(r)$, and Y_t be the set of isomorphism classes of indecomposable direct summands N of $M(R)$ such that $i_W(r|_{F_{t-1}}) \le a(N) < i_W(r|_{F_t})$. By Theorem 4.13 and Lemma 4.2, if Y_t is nonempty, then Y_t can be identified with the set of integers in the interval $[i_W(r|_{F_{t-1}}), i_W(r|_{F_t}) - 1]$, and, with this identification, $a(N_y) = y$. Also, $N_{y_2} = N_{y_1}(y_2 - y_1)[2(y_2 - y_1)]$, for any y_1, $y_2 \in Y_t$. If we put $y_0^t := i_W(r|_{F_{t-1}})$, then, by Lemma 6.2, for any $0 \le t < h(r)$,

$$\bigoplus_{y \in Y_t} N_y \cong N_{y_0^t} \otimes \Big(\bigoplus_{j=0}^{2^n-1} \mathbb{Z}(j)[2j] \Big) \otimes \Big(\bigoplus_{l=0}^{i_t(r)/2^n} \mathbb{Z}(l \cdot 2^n)[l \cdot 2^{n+1}] \Big).$$

The same will be true for $t = h(r)$, if $i_{h(r)}(r)$ is divisible by 2^n, that is, $\dim p$ is even. Denote $m := \dim R$. By Corollary 4.4,

$$\begin{aligned} M(R) &\cong \bigoplus_{z \in Z(Q)} N_z \\ &\cong \bigoplus_{0 \le j < i_W(r)} (\mathbb{Z}(j)[2j] \oplus \mathbb{Z}(m-j)[2m-2j]) \oplus \Big(\bigoplus_{0<t\le h(r)} \bigoplus_{y \in Y_t} N_y \Big). \end{aligned}$$

In the case where $\dim p$ is even, we get that $M(R)$ is (uniquely, up to isomorphism) divisible by $\bigoplus_{j=0}^{2^n-1} \mathbb{Z}(j)[2j]$ (we recall that $i_W(r)$ is also divisible by 2^n).

In the case where $\dim p$ is odd, we need to show that $\bigoplus_{y \in Y_{h(r)}} N_y \cong M(Q_\alpha)(a)[2a]$, where $a = m/2 - 2^{n-1} + 1$. In other words, that $N_{y_0^{h(r)}} \cong M_\alpha(a)[2a]$. This follows from Theorem 4.15, since for every field extension E/k, $i_W(r|_E) > a \Leftrightarrow$ the form $r|_E$ is hyperbolic $\Leftrightarrow \langle\langle\alpha\rangle\rangle|_E$ is isotropic. □

One can notice that $F_\alpha(M(P))|_{\overline{k}}$ consists of as many Tate motives as $M(P)|_{\overline{k}}$, but they are 2^n-times further apart than the Tate motives from $M(P)|_{\overline{k}}$. We would like to call $F_\alpha(M(P))$ the *higher form* of $M(P)$. So, we have some kind of action of the semigroup of pure symbols from $K_*^M(k)/2$ on the motives of quadrics.

Examples. (1) Let $p = \langle 1, -b, -c, -d \rangle$, where $\{-bcd\} \neq 0$ and $\{-bcd\}$ does not divide $\{b, c\} \in K_*^M(k)/2$, and $\alpha = \{a\}$. Then $M(P)$ looks like

and $M(R)$ looks like

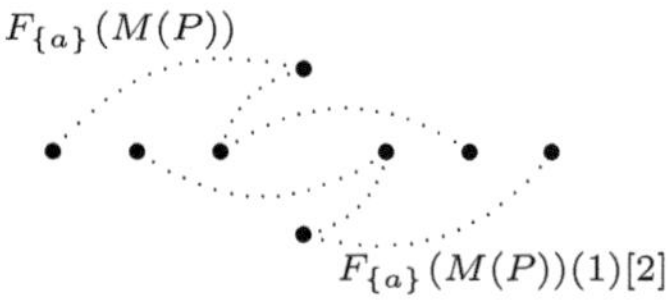

(We have dotted lines here since $F_{\{a\}}(M(P))$ is, in general, decomposable (when $\{a, -bcd\}$ divides $\{a, b, c\}$, or $\{a, -bcd\} = 0$)).

(2) Let $p = \langle 1, -c, -d \rangle$ and $\alpha = \{a, b\}$. Then $M(P)$ looks like 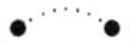 and $M(R)$ looks like

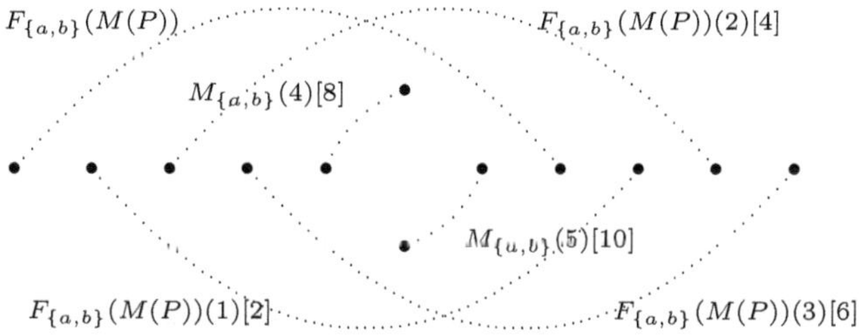

where $F_{\{a,b\}}(M(P)) \cong M_{\{a,b,c,d\}}$.

As we saw in Example (2) above, the Rost motive is a particular case of a higher form. These are the higher forms of 0-dimensional quadrics. Namely, $M_{\{a_1,\dots,a_n\}} = F_{\{a_2,\dots,a_n\}}(M(k\sqrt{a_1}))$.

We expect that F_α act not only on the motives of quadrics, but also on all their direct summands. More precisely, we can state the following conjecture. Let $\varphi\colon \Lambda(P) \to \Lambda\big(F_\alpha(M(P))\big)$ be the natural identification such that the ordering of the degrees of the Tate motives is preserved and the degree of $\varphi(L^{up})$ is bigger than the degree of $\varphi(L_{lo})$.

Conjecture 6.3. *Under the natural identification* $\Lambda(P) \overset{\varphi}{=} \Lambda(F_\alpha(M(P)))$, $\varphi(\lambda)$ *is connected to* $\varphi(\mu) \Rightarrow \lambda$ *is connected to* μ. *In other words,* F_α *preserves the direct sum decomposition.*

6.2 Dimensions of Anisotropic Forms in I^n

Let $W(k)$ be the Witt ring of quadratic forms over k, and $I \subset W(k)$ be the ideal of even-dimensional forms. I generates the multiplicative filtration $W(k) \supset I \supset I^2 \supset \cdots \supset I^n \supset \cdots$ on $W(k)$, and due to the results of V. Voevodsky, the corresponding graded ring is isomorphic to Milnor's K-theory of $k \pmod 2$.

An important problem in quadratic form theory is to describe the possible dimensions of anisotropic forms in I^n. Basic here is the following famous result.

Hauptsatz (Arason–Pfister). *Let q be an anisotropic form in I^n. Then*

(1) *Either $q = 0$, or $\dim q \geq 2^n$.*
(2) *If $\dim q = 2^n$, then q is proportional to a Pfister form.*

At the same time, A. Pfister proved that there are no 10-dimensional anisotropic forms in I^3 (see [22]), which showed that there are further restrictions on $\dim q$. And it was conjectured (see, for example, [11, Conjecture 9]) that the next possible dimension after 2^n is $2^n + 2^{n-1}$. In the case $n = 4$, this conjecture was proven by D.Hoffmann (see [4, Main Theorem]). Now we can prove it for all n.

Theorem 6.4 ([27, Main Theorem]). *Let q be an anisotropic form in I^n. Then either*

$$\dim q = 0, \qquad \text{or} \qquad \dim q = 2^n, \qquad \text{or} \qquad \dim q \geq 2^n + 2^{n-1}.$$

Remark. Originally, this theorem was proven under the additional condition $\operatorname{char} k = 0$. Then it was extended to the case of arbitrary characteristic ($\neq 2$) by P. Morandi, who proved that if $d \in \mathbf{N}$ is the dimension of some anisotropic form from I^n in odd characteristic p, then it is the dimension of some anisotropic form from I^n in characteristic 0. Now, due to the new results of V. Voevodsky ([30]), we can drop this characteristic restriction in our original theorem.

Proof. Suppose it is not the case. Then there exists anisotropic $q \in I^n(k)$, such that $2^n < \dim q < 2^n + 2^{n-1}$. Let us choose such a counterexample of the smallest possible dimension (among all forms over all fields). Let $s \subset q$ be an arbitrary 2^{n-1}-dimensional subform. By a result of D. Hoffmann ([2]), there exists a field extension F/k, and an anisotropic n-fold Pfister form $\langle\langle\alpha\rangle\rangle$ over F, such that $s|_F \subset \langle\langle\alpha\rangle\rangle$ and all forms anisotropic over k stay anisotropic after restricting to F. Let us denote $q_1 := q|_F$, $q_2 := (q|_F \perp -\langle\langle\alpha\rangle\rangle)_{\mathrm{an}}$. Then $\dim q_1 = \dim q$ and $\dim q_2 \leq \dim q$.

Let E/F be some extension such that $\dim(q_i|_E)_{\mathrm{an}} < \dim q$. Then $(q_i|_E)_{\mathrm{an}}$ is not a counterexample, and by the Hauptsatz, $(q_i|_E)_{\mathrm{an}}$ is either 0 or proportional to some n-fold Pfister form $\langle\langle\beta\rangle\rangle$. But $(q_{3-i}|_E)_{\mathrm{an}} = ((q_i|_E)_{\mathrm{an}} \perp \pm\langle\langle\alpha\rangle\rangle)_{\mathrm{an}}$. And, by a result of R. Elman and T.Y. Lam ([1]), $\dim(\langle\langle\alpha\rangle\rangle \perp$

$\lambda \cdot \langle\langle\beta\rangle\rangle)_{\mathrm{an}}$ is either 2^{n+1} or $2^{n+1} - 2^{i+1}$ where $0 \leq i \leq n$, for all n-fold Pfister forms $\langle\langle\alpha\rangle\rangle$ and $\langle\langle\beta\rangle\rangle$. So, this dimension is either $\geq 2^n + 2^{n-1}$ or $\leq 2^n$. Hence, $\dim(q_{3-i}|_E)_{\mathrm{an}} < \dim q$ as well. Thus, the conditions $\dim(q_i|_E)_{\mathrm{an}} < \dim q$ and $\dim(q_{3-i}|_E)_{\mathrm{an}} < \dim q$ are equivalent.

In particular, $\dim q_2 = \dim q$, and the forms $q_1|_{F(Q_2)}$ and $q_2|_{F(Q_1)}$ are isotropic. By Corollary 3.9, $M(Q_i)$ contains an indecomposable direct summand N_i such that $a(N_i) = 0$, and $N_1 \cong N_2$. Note that since q_i is a counterexample of the smallest possible dimension, the height of q_i is 2. That is, the splitting pattern of q_i is $(j, 2^{n-1})$, where $0 < j < 2^{n-2}$. Then, by Corollary 4.7, $\operatorname{size} N_i = 2^n + j - 1 \neq 2^r - 1$ for any r. By Theorem 4.20, N_i is not binary, and so $\Lambda(N_i)$ must contain some Tate motives $\mathbb{Z}(c)[2c]$ from the second shell (that is, with $j \leq \min(c, \dim Q_i - c)$). But then, for every field extension E/F, $N_i|_E$ splits into the direct sum of Tate motives if and only if $q_i|_E$ is hyperbolic (by Proposition 2.1 and Proposition 2.6). Since $N_1 \cong N_2$, we get that, for every field extension E/F, $q_1|_E$ is hyperbolic if and only if $q_2|_E$ is hyperbolic. This is impossible, since q_1 and q_2 differ by a non-hyperbolic Pfister form $\langle\langle\alpha\rangle\rangle$ (take, for example, $E = F_2$, the last field from the generic splitting tower for q_1). We get a contradiction, and the theorem is proven. □

The following conjecture describes all possible dimensions of anisotropic forms in I^n.

Conjecture 6.5 ([27, Conjecture 4.11]). *Let $q \in I^n(k)$ be an anisotropic form. Then $\dim q$ is either $2^{n+1} - 2^{i+1}$, where $0 \leq i \leq n$, or is even $\geq 2^{n+1}$.*

It is not difficult to show that all the values prescribed by Conjecture 6.5 are indeed realized by appropriate forms.

6.3 Motivic Decomposition and Stable Birational Equivalence of 7-dimensional Quadrics

As an illustration of the general methods described above, we will classify 7-dimensional quadrics in terms of motivic decomposition. This classification was an essential step in the proof of the criterion of O. Izhboldin for stable birational equivalence of 7-dimensional quadrics.

In [7], O. Izhboldin classified anisotropic 9-dimensional forms into four different types:

(1) q is a neighbor of some 4-fold Pfister form $\langle\langle\alpha(q)\rangle\rangle$.
(2) q is not a neighbor, and, for some $\lambda \in k^*$, λq differs by a 3-dimensional anisotropic form $r(q) = \langle 1\rangle \perp r'(q)$ from some 3-fold Pfister form $\langle\langle\beta(q)\rangle\rangle$.
(3) q is not a neighbor and q is a codimension 1 subform of an anisotropic form of type $\langle\langle a\rangle\rangle \times \langle b_1, b_2, b_3, b_4, b_5\rangle$.
(4) all other forms.

Theorem 6.6 (O. Izhboldin [7]). *Let p and q be anisotropic 9-dimensional forms.*

(a) *Suppose* $p|_{k(Q)}$ *and* $q|_{k(P)}$ *are isotropic (in other words, the quadrics* P *and* Q *are stably birationally equivalent). Then* p *and* q *have the same type.*

(b) *For the four different types described above,* P *is stably birationally equivalent to* Q *if and only if*
  (1) $\alpha(p) = \alpha(q)$;
  (2) $r(p) = r(q)$ *and* $\beta(p)|_{k(r(p))} = \beta(q)|_{k(r(p))}$.
  (3) q *is a codimension* 1 *subform of* $\langle\langle a\rangle\rangle \times \langle b_1, b_2, b_3, b_4, b_5\rangle$, p *is a codimension* 1 *subform of* $\langle\langle c\rangle\rangle \times \langle d_1, d_2, d_3, d_4, d_5\rangle$, *and these* 10*-dimensional forms contain proportional* 9*-dimensional subforms;*
  (4) q *is proportional to* p.

The four classes above have the following motivic interpretation:

Proposition 6.7 (O. Izhboldin). *Let* Q *be a smooth anisotropic quadric of dimension* 7*. Then the decomposition of* $M(Q)$ *into indecomposables is as follows:*

(i)  $\Leftrightarrow$ Q *is excellent.*

(ii) 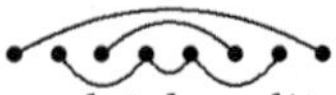 $\Leftrightarrow$ q *is a neighbor of a* 4*-fold Pfister form* $\langle\langle\alpha\rangle\rangle$, $q|_{k\sqrt{a}}$ *is completely split for some* $a \in k^*$, *and* q *is not excellent.*

(iii)  $\Leftrightarrow$ q *is a Pfister neighbor, and for any* $a \in k^*$, $q|_{k\sqrt{a}}$ *is not completely split.*

(iv)  $\Leftrightarrow$ q *is not a Pfister neighbor, and there exists a* 3*-dimensional anisotropic form* $r_3(q)$ *such that* $(q \perp r_3(q))_{\mathrm{an}}$ *is proportional to a* 3*-fold Pfister form* $\langle\langle\beta\rangle\rangle$.

(v)  $\Leftrightarrow$ q *is not a Pfister neighbor, and for some* $a \in k^*$, $q|_{k\sqrt{a}}$ *is completely split.*

(vi)  $\Leftrightarrow$ q *is not a Pfister neighbor, for any* $a \in k^*$, $q|_{k\sqrt{a}}$ *is not completely split, and* q *is not proportional to* $(\langle\langle\beta\rangle\rangle \perp r)_{\mathrm{an}}$, *for any* 3*-fold Pfister form* $\langle\langle\beta\rangle\rangle$ *and any* 3*-dimensional form* r.

We start with the forms of dimension 5 and 7. Following B. Kahn, we introduce the notion of $\dim_n q$.

Definition 6.8. For $n \in \mathbf{N}$ we define

$$\dim_n q := \min(\dim q' \mid q \perp q' \in I^n(k)).$$

If $\dim_n q < 2^{n-1}$, then the form q' with $\dim q' = \dim_n q$ and $q \perp q' \in I^n(k)$ is defined uniquely, and it will be denoted by $r_n(q)$.

The element $\pi(q \perp r_n(q)) \in K_n^M(k)/2$, in this case, will be denoted by $\omega_n(q)$ (here π is the natural projection $I^n(k) \to K_n^M(k)/2$).

Example. For an odd dimensional form q, $\dim_2 q = 1$, $r_2(q) = \langle \det_{\pm}(q)\rangle$, and $\omega_2(q)$ corresponds to the Brauer class of the Clifford algebra $C(q)$ via the identification $K_2^M(k)/2 = \mathrm{Br}_2(k)$.

Recall from Sect. 2 that the splitting pattern of q is the sequence of higher Witt indices

$$\mathbf{i}(q) = \big(i_1(q), \ldots, i_{h(q)}(q)\big).$$

Proposition 6.9. *Let Q be a smooth anisotropic quadric of dimension 3. Then the motive of Q is as follows:*

(i)  $\Leftrightarrow$ *Q is excellent;*
(ii)  $\Leftrightarrow$ *Q is not excellent.*

Proof. Since $\mathbf{i}(q)$ is always $(1,1)$, by Proposition 4.10, we have the following necessary connections (not to be confused with the indecomposable direct summands) in $\Lambda(Q)$:

If Q is excellent, then, by a result of M. Rost ([23, Proposition 4]), these are all the existing connections, and $M(Q)$ is a direct sum of binary Rost motives. Conversely, suppose $M(Q)$ has only the binary connections specified above. Consider the form $p := q \perp \langle \det_{\pm}(q)\rangle$. Then P is an Albert quadric, and for any field extension E/k, $i_W(q|_E) > 1$ if and only if $i_W(p|_E) > 1$. If there exists an indecomposable direct summand M of $M(Q)$ such that $a(M) = 1$, then by Theorem 4.17, M is isomorphic to some direct summand M' of $M(P)$. Then, by Theorem 4.13, $M'(1)[2]$ is also a direct summand of $M(P)$. Suppose P is anisotropic. Then, if N is an indecomposable direct summand of $M(Q)$ such that $a(N) = 0$, then $\Lambda(N)$ does not contain $\mathbb{Z}(1)[2]$ or L_{lo}. By Proposition 4.10, N is binary of size 4, in contradiction with Theorem 4.20. So, P is isotropic, and Q is excellent. □

Proposition 6.10. *Let Q be a smooth anisotropic quadric of dimension 5. Then the motive of Q is as follows:*

(i)  $\Leftrightarrow$ *Q is excellent* $\Leftrightarrow$ $\mathbf{i}(q) = (3)$*;*
(ii)  $\Leftrightarrow$ $\dim_3 q = 3 \Leftrightarrow q|_{k\sqrt{a}}$ *is completely split for some $a \in k^*$, and q is not excellent. In this case,* $\mathbf{i}(q) = (1,1,1)$*;*
(iii)  $\Leftrightarrow$ $\dim_3 q > 3 \Leftrightarrow q|_{k\sqrt{a}}$ *is not completely split for any $a \in k^*$. In this case,* $\mathbf{i}(q) = (1,1,1)$*;*

Proof. The fact that $\mathbf{i}(p) = (3) \Leftrightarrow Q$ is excellent is well-known. By a result of M. Rost ([23, Proposition 4]), if Q is excellent, $M(Q)$ has the specified decomposition. Finally, if $M(Q)$ has a direct summand of the form

then, by Corollary 4.14, $\mathbf{i}(p) = (3)$.

Now we can assume that $\mathbf{i}(p) = (1,1,1)$. By Proposition 4.10, in $M(Q)$ we have connections (not to be confused with the indecomposable direct summands) of the form

Let us show that $\mathbb{Z}$ is connected to $\mathbb{Z}(2)[4]$. Since there are no binary direct summands of size 5 (by Theorem 4.20), $\mathbb{Z}$ must be connected either to $\mathbb{Z}(1)[2]$ or to $\mathbb{Z}(2)[4]$. Suppose $\mathbb{Z}(2)[4]$ is not connected to $\mathbb{Z}(1)[2]$. Then, for $q_1 := (q|_{k(Q)})_{\mathrm{an}}$, $M(Q_1)$ looks like

and, by Proposition 6.9, q_1 is excellent. In particular, $\dim_3 q_1 = 3$. Consider $p = q \perp \langle \det_{\pm}(q) \rangle$. Then $p \in I^2(k)$, and $\pi(p|_{k(Q)}) \in K_2^M(k(Q))/2$ is a pure symbol (π here is the natural projection $I^n(F) \to K_n^M(k)/2$). By the index reduction formula of A. Merkurjev ([21]), $\pi(p) \in K_2^M(k)/2$ is a pure symbol. Then, it is well-known (see, for example, [3]) that $p = \langle\langle a \rangle\rangle \cdot \langle b_1, b_2, b_3, b_4 \rangle$. By Theorem 6.1, $M(P)$ decomposes as

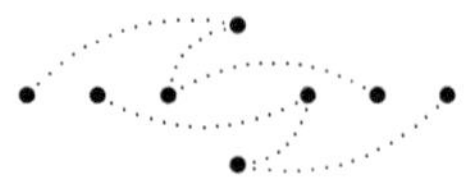

In particular, if L is an indecomposable direct summand of $M(P)$ such that $a(L) = 0$, then $L|_{\overline{k}}$ does not contain $\mathbb{Z}(1)[2]$. But $i_1(p) = 2$ and q is a codimension 1 subform in p. So, the forms $p|_{k(Q)}$ and $q|_{k(P)}$ are isotropic, and by Corollary 3.9, L is isomorphic to a direct summand of $M(Q)$. This shows that $\mathbb{Z}$ is not connected to $\mathbb{Z}(1)[2]$ (if $\mathbb{Z}(1)[2]$ is not connected to $\mathbb{Z}(2)[4]$). The conclusion is: in the case of a splitting pattern $(1, 1, 1)$, $\mathbb{Z}$ is always connected to $\mathbb{Z}(2)[4]$. So, in $M(Q)$ we have necessary connections (not to be confused with the indecomposable direct summands) of the form

If $M(Q)$ has decomposition as in (ii), then $\mathbb{Z}(1)[2]$ is not connected to $\mathbb{Z}(2)[4]$, and, as we saw above, there exists $a \in k^*$ such that $q|_{k\sqrt{a}}$ is completely split. Conversely, if q is a codimension 1 subform of the anisotropic form $\langle\langle a \rangle\rangle \cdot \langle b_1, b_2, b_3, b_4 \rangle$, then $\mathbb{Z}$ is not connected to $\mathbb{Z}(1)[2]$, and, if q is not excellent, $M(Q)$ decomposes into indecomposables as in (ii). It is easy to see that for an anisotropic 7-dimensional form q, $\dim_3 q = 3$ if and only if q is non-excellent, and there exists $a \in k^*$ such that $q|_{k\sqrt{a}}$ is completely split. □

Lemma 6.11. *Let Q be an anisotropic 7-dimensional quadric. Suppose $\mathbb{Z}(1)[2]$ is not connected to $\mathbb{Z}(2)[4]$ in $\Lambda(Q)$. Then* $\dim_3 q \leq 3$.

Proof. By a result of D. Hoffmann (see [2, Corollary 1]), $i_1(q) = 1$. Let $q_1 = (q|_{k(Q)})_{\mathrm{an}}$. Then $\dim q_1 = 7$, and in $M(Q_1)$, $\mathbb{Z}$ is not connected to $\mathbb{Z}(1)[2]$. By Proposition 6.10, $\dim_3 q_1 \leq 3$. Then by a result of B. Kahn ([10, Theorem 2]), which, in our case, basically amounts to the index reduction formula of A. Merkurjev, we get that $\dim_3 q \leq 3$. □

Lemma 6.12. *Let Q be an anisotropic 7-dimensional quadric. Then the following conditions are equivalent:*

(*a*) $\mathbb{Z}(1)[2]$ *is not connected to* $\mathbb{Z}$ *and* $\mathbb{Z}(2)[4]$ *in* $\Lambda(Q)$,
(*b*) *there exists* $a \in k^*$ *such that* $q|_{k\sqrt{a}}$ *is completely split.*

Proof. (*a*) ⇒ (*b*): Consider the form $p := q \perp \langle \det_{\pm}(q) \rangle$. Then $p \in I^2(k)$, and, by Lemma 6.11, $\pi(p) \in K_2^M(k)/2$ is a pure symbol (possibly, zero). Suppose p is anisotropic. Then $\pi(p) \neq 0$, and the splitting pattern of p is $(1,2,2)$. Since $\mathbb{Z}$ is not connected to $\mathbb{Z}(1)[2]$ in $\Lambda(Q)$, there exists an indecomposable direct summand L of $M(Q)$ such that $a(L) = 1$. But, for every field extension E/k, $i_W(q|_E) > 1$ if and only if $i_W(p|_E) > 1$ (since $i_2(p) = 2 > 1$). Hence, by Theorem 4.17, L is isomorphic to a direct summand M of $M(P)$. Then $a(M) = 1$, $b(M) = 6$ (by Corollary 4.14), and so, by Theorem 4.20, M is not binary. Taking into account that $M(1)[2]$ is also a direct summand of $M(P)$ (by Theorem 4.13), we get that M must look like

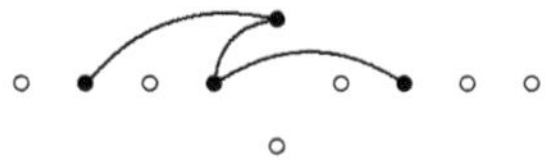

Then the direct summand of $M(P)$ complementary to $M \oplus M(1)[2]$ will be binary of size 8, contradiction with Theorem 4.20. Hence p is isotropic. Since $\pi(p) \in K_2^M(k)/2$ is a pure symbol, there exists $a \in k^*$ such that $p|_{k\sqrt{a}}$ is hyperbolic. Consequently, $q|_{k\sqrt{a}}$ is completely split.

(*b*) ⇒ (*a*): Suppose $q|_{k\sqrt{a}}$ is completely split. Then $p := q \perp \langle \det_{\pm}(q) \rangle$ is isotropic, and p_{an} is divisible by $\langle\langle a \rangle\rangle$. Then, by Lemma 6.2, $i_1(p_{\mathrm{an}}) > 1$, and so, for every field extension E/k, $i_W(p|_E) > 0$ if and only if $i_W(q|_E) > 1$. By Theorem 4.15, there are indecomposable direct summands M of $M(P_{\mathrm{an}})$ and L of $M(Q)$ such that $L \cong M(1)[2]$ and $a(L) = 1$ (respectively, $a(M) = 0$). Since $i_1(p_{\mathrm{an}}) > 1$, by Theorem 4.13 and Corollary 3.7, $M|_{\bar{k}}$ does not contain $\mathbb{Z}(1)[2]$. Thus, $L|_{\bar{k}}$ does not contain $\mathbb{Z}(2)[4]$. Evidently, $L|_{\bar{k}}$ does not contain $\mathbb{Z}$. So, $\mathbb{Z}(1)[2]$ is connected neither to $\mathbb{Z}$, nor to $\mathbb{Z}(2)[4]$. □

Lemma 6.13. *Let Q be an anisotropic 7-dimensional quadric. Then the following conditions are equivalent:*

(*a*) $\mathbb{Z}(2)[4]$ *is not connected to* $\mathbb{Z}$ *and* $\mathbb{Z}(1)[2]$ *in* $\Lambda(Q)$.
(*b*) $\dim_3 q \leq 3$, *and* $(q \perp r_3(q))_{\mathrm{an}}$ *is proportional to some anisotropic 3-fold Pfister form.*

Proof. (*a*) ⇒ (*b*): By Lemma 6.11, $\dim_3 q \leq 3$. Certainly, $\dim_3 q$ is odd. If $\dim_3 q = 1$, then q is excellent. Suppose $\dim_3 q = 3$. Let $p := q \perp r_3(q) \in I^3(k)$. Since $\mathbb{Z}(2)[4]$ is not connected to $\mathbb{Z}$ and $\mathbb{Z}(1)[2]$ in $\Lambda(Q)$, we get a direct summand L of $M(Q)$ with $a(L) = 2$. Since q is a codimension 3 subform of p, and for every field extension E/k the conditions $i_W(p|_E) > 2$ and $i_W(p|_E) > 5$ are equivalent, the conditions $i_W(p|_E) > 2$ and $i_W(q|_E) > 2$ are equivalent as well. Then, by Theorem 4.17, L is isomorphic to a direct summand M of $M(P)$. By Theorem 4.13 and Theorem 3.11, $\bigoplus_{j=0}^{3} M(j)[2j]$ is isomorphic to a direct summand of $M(P)$. In particular, $\mathbb{Z}(l)[2l]$ with $2 \leq l \leq 8$ are not connected to $\mathbb{Z}$ in $\Lambda(P)$. Suppose p is anisotropic. Then the indecomposable direct summand N of $M(P)$ with $a(N) = 0$ must be binary of size 9, in contradiction with Theorem 4.20. So, p is isotropic, and $p_{\rm an}$ is proportional to some 3-fold Pfister form.

$(b) \Rightarrow (a)$: Let $q = (\lambda \cdot \langle\langle\beta\rangle\rangle \perp -r_3(q))_{\rm an}$, where $\langle\langle\beta\rangle\rangle$ is some anisotropic 3-fold Pfister form, $\dim r_3(q) \leq 3$, and $\dim q = 9$. Then, for any field extension E/k, $i_W(q|_E) > 2 \Leftrightarrow i_W(p|_E) > 0$. By Theorem 4.15, the Rost motive $M_\beta(2)[4]$ is a direct summand of $M(Q)$. In particular, $\mathbb{Z}(2)[4]$ is not connected to $\mathbb{Z}$ and to $\mathbb{Z}(1)[2]$. □

Lemma 6.14 (N. Karpenko [14, Theorem 1.7]). *Let Q be an anisotropic 7-dimensional quadric. Then the following conditions are equivalent:*

(a) $M(Q)$ has a binary direct summand of the form 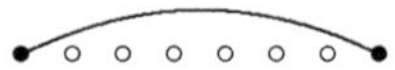
(b) q is a neighbor of a 4-fold Pfister form.

Proof. $(b) \Rightarrow (a)$: If q is a neighbor of a Pfister form $\langle\langle a_1, a_2, a_3, a_4\rangle\rangle$, then, by a result of M. Rost ([23, Proposition 4]), the binary Rost motive $M_{\{a_1,a_2,a_3,a_4\}}$ is a direct summand of $M(Q)$.

$(a) \Rightarrow (b)$: Let N be the specified binary direct summand. Then, by a result of O. Izhboldin (see [5, Theorem 3.1], [9, Theorem 6.9]), there exists a nonzero element $\alpha \in \mathrm{Ker}(K_4^M(k)/2 \to K_4^M(k(Q))/2)$ (again, due to the new results of V. Voevodsky ([30]), now the proof of [9, Theorem 6.9] works in arbitrary characteristic ($\neq 2$)). Due to the result of B. Kahn, M. Rost and R.J. Sujatha (see [12, Theorem 1]), α must be a pure symbol. Then $\langle\langle\alpha\rangle\rangle|_{k(Q)}$ is hyperbolic, and q is a neighbor of $\langle\langle\alpha\rangle\rangle$. □

Lemma 6.15. *Let Q be an anisotropic quadric of dimension 7. Then the following conditions are equivalent:*

(a) Q is excellent;
(b) $\mathbf{i}(q) = (1, 3)$;
(c) $M(Q)$ has a binary direct summand of the form: 

Proof. It is well-known that $(a) \Leftrightarrow (b)$. Suppose Q is excellent (i.e., defined by a form $(\langle\langle a, b, c, d\rangle\rangle \perp -\langle\langle a, b, c\rangle\rangle \perp \langle 1\rangle)_{\rm an}$, where $\{a, b, c, d\} \neq 0$), then, by a result of M. Rost ([23, Proposition 4]), the binary motive $M_{\{a,b,c\}}(1)[2]$ is a direct summand of $M(Q)$. So, $(a) \Rightarrow (c)$. Finally, if $M(Q)$ has the specified direct summand then, by Corollary 4.14, $i_2(q) = 3$, and $\mathbf{i}(q) = (1, 3)$. Thus, $(c) \Rightarrow (b)$. □

Now we can prove Proposition 6.7.

By a result of D. Hoffmann ([2, Corollary 1]), $i_1(q) = 1$. Hence, $\mathbf{i}(q)$ is either $(1, 3)$ or $(1, 1, 1, 1)$. By Lemma 6.15, $\mathbf{i}(q) = (1, 3) \Leftrightarrow Q$ is excellent $\Leftrightarrow$ $M(Q)$ has a decomposition as in (i).

Now we can assume that $\mathbf{i}(q) = (1, 1, 1, 1)$. Then, by Proposition 6.10, in $\Lambda(Q)$ we have necessary connections of the form

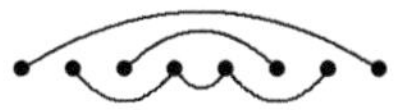

So, the question is: which of these pieces are connected, and which are not. We get 5 cases:

(1) all three $\mathbb{Z}$, $\mathbb{Z}(1)[2]$, $\mathbb{Z}(2)[4]$ are disconnected;
(2) $\mathbb{Z}(1)[2]$ is connected to $\mathbb{Z}(2)[4]$, but not to $\mathbb{Z}$;
(3) $\mathbb{Z}(1)[2]$ is connected to $\mathbb{Z}$, but not to $\mathbb{Z}(2)[4]$;
(4) $\mathbb{Z}$ is connected to $\mathbb{Z}(2)[4]$, but not to $\mathbb{Z}(1)[2]$;
(5) all three $\mathbb{Z}$, $\mathbb{Z}(1)[2]$, $\mathbb{Z}(2)[4]$ are connected.

Clearly, these cases correspond to the cases: (ii), (iii), (iv), (v) and (vi) of Proposition 6.7, respectively. Applying Lemma 6.12, Lemma 6.13 and Lemma 6.14, we get the description of the corresponding quadrics in terms of quadratic form theory. The proposition is proven. □

Remark. We can notice that Conjecture 4.22 is valid for quadrics of dimension 3, 5 and 7.

We see that the four classes of forms of O. Izhboldin have the following motivic interpretation: (1) corresponds to the cases (i), (ii), and (iii) of Proposition 6.7; (2) corresponds to (iv); (3) corresponds to (v); and (4) corresponds to (vi).

By Corollary 3.9, we know that q and p are stably birationally equivalent if and only if $M(Q)$ and $M(P)$ contain indecomposable direct summands N and L such that $N \cong L$ and $a(N) = 0$. In particular, $\Lambda(N) = \Lambda(L)$. This shows that the type of a form is preserved under stable birational equivalence. To prove (*b*) one needs to analyze the corresponding direct summands more carefully.

7 Splitting Patterns of Small-dimensional Forms

This section is devoted to the classification of splitting patterns of small-dimensional forms (as defined at the end of Sect. 2).

It is an important question to describe all possible splitting patterns of quadrics. This problem was solved for all forms of dimension ≤ 10 by D. Hoffmann, see [3]. With the help of the motivic methods as well as the methods developed by D. Hoffmann, O. Izhboldin, B. Kahn and A. Laghribi (see [2], [10], [6], [18]) we are able to describe all possible splitting patterns of forms of odd dimension ≤ 21 as well as forms of dimension 12.

In many cases, we will be able to describe the class of forms having a particular splitting pattern in terms of quadratic form theory.

7.1 The Tools We Will Be Using

In this section we list some known results on the structure of the splitting pattern as well as the structure of the motive of a quadric, which will be used in our computations.

We start with the last higher Witt index. By a result of M. Knebusch, the quadrics of height 1 are exactly the Pfister quadrics and their hyperplane sections. Hence, we have the following restrictions on $i_{h(q)}(q)$:

Theorem 7.1 (M. Knebusch [16, Theorem 5.8]).

(1) *If* $\dim q$ *is even, then* $i_{h(q)}(q) = 2^d$ *for some* $d \geq 0$.
(2) *If* $\dim q$ *is odd, then* $i_{h(q)}(q) = 2^d - 1$ *for some* $d \geq 1$.

If $\dim q$ is even, the number $d+1$ is called the *degree* of q. The degree of any odd-dimensional form is zero, by definition.

The next important results of D. Hoffmann are related to the first higher Witt index.

Theorem 7.2 (D. Hoffmann [2, Corollary 1]). *Let* q *be an anisotropic quadric of dimension* $2^r + m$, *where* $0 < m \leq 2^r$. *Then* $i_1(q) \leq m$.

Theorem 7.3 (D. Hoffmann [2]). *Let* $0 < m < 2^r$, *and let* p *be an anisotropic quadratic form of dimension* $2^r - m$ *with splitting pattern* $\mathbf{i}(p)$. *Then there is a field extension* E/k *and an anisotropic quadratic form* q *of dimension* $2^r + m$ *over* E *such that the splitting pattern of* q *is* $(m, \mathbf{i}(p))$.

Proof. By [2, Remark 1], there is an extension E of the field $k(y_1, \ldots, y_r)$ such that $p|_E$ is isomorphic to a subform of $\langle\langle y_1, \ldots, y_r \rangle\rangle|_E$ and E/k is unirational. Let q be an orthogonal complement of $p|_E$ in $\langle\langle y_1, \ldots, y_r \rangle\rangle|_E$. Then $\mathbf{i}(q) = (m, i_1(p|_E), \ldots, i_{h(p)}(p|_E))$. But higher Witt indices are clearly stable under rational, and hence, unirational, extensions. So, $\mathbf{i}(q) = (m, \mathbf{i}(p))$. □

We will also need results concerning the specialization of splitting patterns.

Definition 7.4. Let $\mathbf{i} = (i_1, i_2, \ldots, i_h)$ be a sequence of natural numbers. We say that the sequence $\mathbf{i}'$ is an *elementary specialization* of $\mathbf{i}$ if either $\mathbf{i}' = (i_2, \ldots, i_h)$, or for some $1 \leq s < h$, $\mathbf{i}' = (i_1, \ldots, i_{s-1}, i_s + i_{s+1}, i_{s+2}, \ldots, i_h)$.

We say that the sequence $\mathbf{i}''$ is a *specialization* of $\mathbf{i}$ if it can be obtained from $\mathbf{i}$ by a (possibly empty) chain of elementary specializations.

Theorem 7.5 (M. Knebusch [16, Corollary 5.6]). *Let* q *be a quadratic form over the field* k, *and* L/k, F/k *be field extensions such that there is a regular place* $L \to F$. *Then* $\mathbf{i}(q|_F)$ *is a specialization of* $\mathbf{i}(q|_L)$. *In particular,* $\mathbf{i}(q|_F)$ *is always a specialization of* $\mathbf{i}(q)$.

We will also use repeatedly the following evident fact:

Theorem 7.6. *Let* q *be quadratic form with* $\mathbf{i}(q) = (i_1, i_2, \ldots, i_h)$ *and let* $p = q \perp \langle a \rangle$ *for some* $a \in k^*$. *Then* $\mathbf{i}(p)$ *is a specialization of*

$$\begin{cases} (1, i_1 - 1, 1, i_2 - 1, 1, \ldots, 1, i_h - 1) & \text{if } \dim q \text{ is even,} \\ (1, i_1 - 1, 1, i_2 - 1, 1, \ldots, 1, i_h - 1, 1) & \text{if } \dim q \text{ is odd,} \end{cases}$$

where we omit zeros.

In our computations we will be using the interplay between the splitting pattern of a quadric and the structure of its motive. So, we will need some facts concerning the latter. The key tool here is Theorem 4.20, describing the possible sizes of binary direct summands of $M(Q)$.

Let Q be some smooth quadric over k. Then $M(Q|_{\overline{k}})$ is a direct sum of Tate motives. Namely,

$$M(Q|_{\overline{k}}) = \begin{cases} \bigoplus_{j=0}^{\dim Q} \mathbb{Z}(j)[2j] & \text{if } \dim Q \text{ is odd,} \\ \left(\bigoplus_{j=0}^{\dim Q} \mathbb{Z}(j)[2j]\right) \oplus \mathbb{Z}((\dim Q)/2)[\dim Q] & \text{if } \dim Q \text{ is even.} \end{cases}$$

Suppose Q is anisotropic and let $\mathbf{i}(q) = (i_1, i_2, \dots, i_h)$. The splitting pattern separates our Tate motives into different *shells*. We say that $\mathbb{Z}(m)[2m]$ belongs to the shell number t if

$$\sum_{r=1}^{t-1} i_r \le \min(l, \dim Q - l) < \sum_{r=1}^{t} i_r.$$

In the light of Proposition 2.1, Proposition 2.6, this condition is equivalent to the following: $\mathbb{Z}(l)[2l]$ is a direct summand of $M(Q|_{k_t})$, but is not a direct summand of $M(Q|_{k_{t-1}})$, where $k = k_0 \subset k_1 \subset \ldots \subset k_h$ is a generic splitting tower of fields for Q. So, we have h different shells, where h is the height of Q, and the shell number t consists of $2i_t$ Tate motives.

Now we can formulate a result which is very useful in splitting pattern computations.

Theorem 7.7. *Let Q be a smooth anisotropic quadric of dimension m and N be an indecomposable direct summand of $M(Q)$ such that $a(N) = 0$.*

(1) *If $t > 1$ and $i_t < i_1$, then $N|_{\overline{k}}$ does not contain Tate motives from the shell number t.*
(2) *If i_2 is not divisible by i_1, then $N|_{\overline{k}}$ does not contain Tate motives from the shell number 2.*

Proof. Let l be a number such that $\mathbb{Z}(l)[2l]$ is a direct summand of $N|_{\overline{k}}$. By Proposition 4.10, we can assume that $l \ge m/2$. Let E/k be any field extension and $j := i_1(q) - 1$. Then the following conditions are equivalent:

(*a*) $i_W(q|_E) > m - l$;
(*b*) $\mathbb{Z}(l)[2l]$ is a direct summand of $M(Q|_E)$;
(*c*) $\mathbb{Z}(l)[2l]$ is a direct summand of $N|_E$;
(*d*) $\mathbb{Z}(l+j)[2l+2j]$ is a direct summand of $N(j)[2j]|_E$;
(*e*) $\mathbb{Z}(l+j)[2l+2j]$ is a direct summand of $M(Q|_E)$;
(*f*) $i_W(q|_E) > m - l - j$.

The equivalences $(a) \Leftrightarrow (b)$ and $(e) \Leftrightarrow (f)$ follow from Proposition 2.1, Proposition 2.6. The equivalences $(b) \Leftrightarrow (c)$ and $(d) \Leftrightarrow (e)$ follow from the fact that $\mathbb{Z}(l)[2l]$ is a direct summand of $N|_{\overline{k}}$ (respectively, $\mathbb{Z}(l+j)[2l+2j]$

is a direct summand of $N(j)[2j]|_{\overline{k}}$), and N, $N(j)[2j]$ are direct summands of $M(Q)$ (by Theorem 4.13). The equivalence $(c) \Leftrightarrow (d)$ is evident.

The equivalence $(a) \Leftrightarrow (f)$ implies the first statement of the theorem (if $\mathbb{Z}(l)[2l]$ would belong to the shell number t, then i_t would be $> j = i_1(q) - 1$).

To prove the second statement, consider the motive

$$L := \bigoplus_{j=0}^{i_1(q)-1} N(j)[2j].$$

By Theorem 4.13, Theorem 3.11, L is isomorphic to a direct summand of $M(Q)$. By Theorem 4.19, L is self-dual, that is, $L^\vee \cong L$. Let M be the complementary direct summand. Then $M^\vee \cong M$ as well. Clearly, $N(j)[2j]|_{\overline{k}}$ contains as many Tate motives from a particular shell as $N|_{\overline{k}}$ does (since this number is equal to the number of Tate motives which split from $N(j)[2j]$ (respectively N) over k_t but do not split over k_{t-1}). Since $i_2(q)$ is not divisible by $i_1(q)$, $L|_{\overline{k}}$ does not contain some of the Tate motives from the second shell. So, $M|_{\overline{k}}$ contains some Tate motive from the second shell. Let $\mathbb{Z}(l)[2l]$ be such a Tate motive with the minimal possible l. Let M' be an indecomposable direct summand of M such that $\mathbb{Z}(l)[2l]$ is a direct summand of $M'|_{\overline{k}}$. We know that $M'|_{\overline{k}}$ contains no Tate motives from the first shell. Hence, $a(M') = l$ (here is the only place where we use the fact that the number of the shell is 2, but not bigger). Then, by Theorem 4.13, each Tate motive $\mathbb{Z}(l'')[2l'']$ from the second shell will be a direct summand of $M''|_{\overline{k}}$, for some indecomposable direct summand M'' isomorphic to $M'(d)[2d]$ for some d. Since $M'(d)[2d]$ is not isomorphic to N, by Lemma 4.2, we get that $N|_{\overline{k}}$ does not contain Tate motives from the second shell. □

Remark. In item (2) above, the fact that the number of the shell is 2 is essential. For example, if q is any codimension 1 subform of the form $\langle\langle e_1, e_2\rangle\rangle \cdot \langle a, b, -ab, -c, -d, cd\rangle$ over the field $k(a, b, c, d, e_1, e_2)$, then $\mathbf{i}(q) = (3, 1, 7)$, but $N|_{\overline{k}}$ contains Tate motives from the third shell.

The previous theorem will be usually used in conjunction with the following one.

Theorem 7.8. *Let Q be a smooth anisotropic quadric over k and N be an indecomposable direct summand of $M(Q)$ such that $a(N) = 0$. Suppose that $N|_{\overline{k}}$ does not contain Tate motives from the shells $2, 3, \ldots, h(Q)$. Then N is binary of size $\dim Q - i_1(q) + 1$.*

Proof. The fact that N is binary follows from Theorem 4.13, Lemma 4.2, and the statement about the size is valid for every indecomposable direct summand N with $a(N) = 0$, by Corollary 4.7. □

We will also use the following motivic result, which provides (in conjunction with Theorem 4.20) some sufficient conditions for all indecomposable direct summands of $M(Q)$ to "start" from the first shell.

Theorem 7.9. *Let q be an anisotropic form over k and $q_1 = (q|_{k(Q)})_{an}$. Let N be an indecomposable direct summand of $M(Q)$ such that $a(N) = 0$, and L be an indecomposable direct summand of $M(Q_1)$ such that $a(L) = 0$. Suppose that $M(Q_1) = \bigoplus_{l=0}^{i_2(q)-1} L(l)[2l]$. Then either $M(Q) = \bigoplus_{j=0}^{i_1(q)-1} N(j)[2j]$, or N is binary of size* $\dim Q - i_1(q) + 1$.

Proof. By Theorem 4.13 and Theorem 3.11, $\bigoplus_{j=0}^{i_1(q)-1} N(j)[2j]$ is isomorphic to a direct summand of $M(Q)$. Let M be the complementary summand. If $M \neq 0$, then $M|_{\overline{k}}$ contains some Tate motive from some shell number ≥ 2. But the condition $M(Q_1) = \bigoplus_{l=0}^{i_2(q)-1} L(l)[2l]$ exactly says that any such Tate motive is connected (even over $k(Q)$) to some Tate motive from the second shell. So, if $M \neq 0$, then $M|_{\overline{k}}$ contains some Tate motive $\mathbb{Z}(m)[2m]$ from the second shell. Since $M|_{\overline{k}}$ clearly does not contain Tate motives from the first shell, there exists an indecomposable direct summand M' of $M(Q)$ such that $a(M') = m$ (we can assume $m < (\dim Q)/2$). By Theorem 4.13, Lemma 4.2, $N|_{\overline{k}}$ contains no Tate motives from the second shell, and hence, no Tate motives from the shells 3, ..., h (since they are all connected to the second shell). So, we have only two possibilities: either $M = 0$ and $M(Q) = \bigoplus_{j=0}^{i_1(q)-1} N(j)[2j]$, or $N|_{\overline{k}}$ does not contain Tate motives from shells number 2, ..., $h(Q)$, and so N is binary of size $\dim Q - i_1(q) + 1$, by Theorem 7.8. □

Sometimes we will draw the pictures of the motives of quadrics. In this case, each Tate motive will be denoted as •, and sometimes we will place the number of the corresponding shell over it. For example, the motive of the quadric with the splitting pattern $(1, 3, 1, 1)$ can be drawn as

The direct summand of $M(Q)$ then can be visualized as a collection of •'s connected by dotted lines. For example, the direct summand L with $L|_{\overline{k}} = \mathbb{Z} \oplus \mathbb{Z}(2)[4] \oplus \mathbb{Z}(3)[6] \oplus \mathbb{Z}(5)[10]$ in $M(Q)$, where $q = \langle\langle a\rangle\rangle \cdot \langle b_1, b_2, b_3\rangle \perp \langle c\rangle$, can be drawn as

The indecomposable direct summand of $M(Q)$ will be visualized as a collection of •'s connected by solid lines. For example, the decomposition into indecomposables of the $M(Q)$, where $q = \langle\langle a\rangle\rangle \cdot \langle 1, -b_1, -b_2, -b_3\rangle \perp \langle b_1 b_2\rangle$, and $\{a, b_1, b_2, b_3\} \neq 0$, $\{a, -b_1 b_2 b_3\} \neq 0$ (mod 2), will look like

Now we can list the splitting patterns of small-dimensional forms. We start with the odd-dimensional forms.

7.2 Splitting Patterns of Odd-dimensional Forms

I should mention again that the splitting patterns of forms of dimension 3, 5, 7 and 9, as well as most cases of dimension 11 were classified by D. Hoffmann in [3]. Nevertheless, we included these cases below, to familiarize the reader with the technique on simple examples.

$\dim q = 3$

In this case, $\mathbf{i}(q) = (1)$ always.

$\dim q = 5$

By Theorem 7.2, we have $i_1(q) = 1$ and $\mathbf{i}(q) = (1, 1)$ always.

$\dim q = 7$

Let us show that $i_1(q) \neq 2$. First of all, this fact follows from the general result of O. Izhboldin, claiming that for the anisotropic form of dimension $2^r + 3$ the first higher Witt index does not equal to 2, see [8, Corollary 5.13] and [15, Theorem 1.1]. Alternatively, we can argue as follows. Let $i_1(q) = 2$, then $i_2(q) = 1$. Let N be an indecomposable direct summand in $M(Q)$ such that $a(N) = 0$. Then by Theorem 7.7, $N|_{\overline{k}}$ does not contain Tate motives from the shell number 2, and so N is binary of size 4 (by Theorem 7.8). This contradicts Theorem 4.20. So, $i_1(q) \neq 2$.

Since $7 = 2^2 + 3$, by Theorem 7.2, we have either $i_1(q) = 1$ or $i_1(q) = 3$. In the first case, we have $\mathbf{i}(q) = (1, 1, 1)$; in the second, $\mathbf{i}(q) = (3)$.

By a result of A. Pfister, $\mathbf{i}(q) = (3)$ if and only if q is a Pfister neighbor. Such forms clearly exist. Respectively, $\mathbf{i}(q) = (1, 1, 1)$ for all other anisotropic forms of dimension 7. The generic form $\langle a_1, \ldots, a_7 \rangle$ over the field $F = k(a_1, \ldots, a_7)$ provides such an example (it is sufficient to notice that over $E := F(\sqrt{-a_1 a_2})$, $i_W(q|_E) = 1$).

$\dim q = 9$

Again, by Theorem 7.2, $i_1(q) = 1$, so $\mathbf{i}(q)$ is either $(1, 1, 1, 1)$ or $(1, 3)$. And both these cases exist in the light of Theorem 7.3. It remains to describe both classes of forms.

Let $\mathbf{i}(q) = (1, 3)$. Consider $p := q \perp \langle -\det_{\pm} q \rangle$. Then, on the one hand, $p \in I^2(k)$, and so the splitting pattern of p is a specialization of $(1, 1, 1, 2)$. On the other hand, since p differs by a 1-dimensional form from q, the splitting pattern of p is a specialization of $(1, 1, 2, 1)$ (by Theorem 7.6). Taking into account Theorem 7.1, we get that the splitting pattern of p is a specialization of $(1, 4)$. By a result of A. Pfister (see [22, Satz 14 and Zusatz]), an anisotropic form in I^3 cannot have dimension 10. So, $\dim p_{\mathrm{an}} = 8$, and $\mathbf{i}(p_{\mathrm{an}}) = (4)$. By a result of A. Pfister, p_{an} is isomorphic to $\lambda \cdot \langle\langle a, b, c\rangle\rangle$ for some $\lambda \in k^*$ and $\{a, b, c\} \neq 0 \in K_3^M(k)/2$. Hence, $q = \lambda \cdot (\langle\langle a, b, c\rangle\rangle \perp \langle -d\rangle)$.

All other anisotropic 9-dimensional forms should have splitting pattern $(1,1,1,1)$. The generic form $q = \langle a_1, \ldots, a_9\rangle$ over the field $k(a_1, \ldots, a_9)$ provides such an example (it is sufficient to notice that over the field $E = k(\sqrt{-a_1a_2}, \sqrt{-a_3a_4})$ we have $i_W(q|_E) = 2$).

$\dim q = 11$

Let us show that $i_1(q) \neq 2$. This fact is a particular case of the cited result of O. Izhboldin, since $11 = 2^3 + 3$. Alternatively, we can argue as follows: suppose $i_1(q) = 2$, then the splitting pattern of q is either $(2,1,1,1)$ or $(2,3)$. Let N be an indecomposable direct summand in $M(Q)$ such that $a(N) = 0$. By Theorem 7.7 and Theorem 7.8 N is binary of size 8, a contradiction with Theorem 4.20.

By Theorem 7.2, $i_1(q)$ is either 1 or 3. If $i_1(q) = 1$, then $\mathbf{i}(q)$ is either $(1,1,1,1,1)$ or $(1,1,3)$, and we will see that both cases exist. If $i_1(q) = 3$, then $\mathbf{i}(q) = (3,1,1)$, and such quadrics also exist. Now we will describe the respective classes of forms.

We start with $(3,1,1)$. By a result of B. Kahn (see [10, Remark after Theorem 4]), q must be a Pfister neighbor. And conversely, any 11-dimensional neighbor of an anisotropic Pfister form $\langle\langle a, b, c, d\rangle\rangle$ has such splitting pattern. Such forms clearly exist.

If $\mathbf{i}(q) = (1,1,3)$, then set $p := q \perp \langle \det_{\pm} q\rangle$. Then $p \in I^2(k)$ and the splitting pattern of p is a specialization of $(1,1,1,1,2)$. On the other hand, since p differs from q by a 1-dimensional form, $\mathbf{i}(p)$ is a specialization of $(1,1,1,2,1)$, in the light of Theorem 7.6. By Theorem 7.1, $\mathbf{i}(p)$ is a specialization of $(1,1,4)$ (actually, of $(2,4)$, by [22, Satz 14 and Zusatz]). That means, $p \in J^3(k)$, and since $J^3(k) = I^3(k)$, $p \in I^3(k)$. So, q is a codimension 1 subform of some anisotropic 12-dimensional form in $I^3(k)$. Conversely, if p is some anisotropic 12-dimensional form in $I^3(k)$, then $\mathbf{i}(p) = (2,4)$, and for every 11-dimensional subform q of p, the splitting pattern of q will be a specialization of $(1,1,3)$. And in our list of possible splitting patterns only the splitting pattern $(1,1,3)$ satisfies such conditions. To show that forms with the splitting pattern $(1,1,3)$ exist it is sufficient to construct a 12-dimensional anisotropic form in I^3. The form $\langle\langle e\rangle\rangle \cdot \langle a, b, -ab, -c, -d, cd\rangle$ over the field $k := F(a, b, c, d, e)$ provides such an example.

Finally, all other anisotropic forms of dimension 11 will have splitting pattern $(1,1,1,1,1)$. The generic form $\langle a_1, \ldots, a_{11}\rangle$ over the field $k(a_1, \ldots, a_{11})$ provides an example.

$\dim q = 13$

We have $i_1(q) \leq 5$. Let us show that $i_1(q) \neq 2$, 3, or 4. $i_1(q) \neq 4$, since otherwise $M(Q)$ would contain a binary direct summand of size 8 (in the light of Theorem 7.7 and Theorem 7.8), which contradicts Theorem 4.20.

If $i_1(q) = 2$, then $\mathbf{i}(q)$ is either $(2,1,1,1,1)$ or $(2,1,3)$. In the former case, we get a binary direct summand of $M(Q)$ of size 10, which contradicts Theorem 4.20. Suppose $\mathbf{i}(q) = (2,1,3)$. Actually, we can treat the cases $(2,1,3)$ and $(3,3)$ simultaneously. Let $p := q \perp \langle -\det q \rangle$. Then $\mathbf{i}(p)$ is a specialization of $(1,1,1,1,2,1)$, and using the fact that $p \in I^2(k)$, Theorem 7.1 and [22, Satz 14 and Zusatz], we get that $\mathbf{i}(p)$ is a specialization of $(1,2,4)$. If N is an indecomposable direct summand in $M(Q)$ such that $a(N) = 0$, then since for every field extension E/k the conditions $i_W(p) > 1$ and $i_W(q) > 0$ are equivalent, $N(1)[2]$ must be isomorphic to some direct summand of $M(P)$ (by Theorem 4.15). If $\mathbf{i}(p) = (1,2,4)$, then $M(P)$ is indecomposable (by an inductive application of Theorem 7.9), which is impossible (since $\operatorname{rank} \mathrm{CH}_l(Q|_{\overline{k}}) \leq 1$). So, $i_W(p) = 1$ and $\mathbf{i}(p) = (2,4)$. Then $M(P_{\mathrm{an}}) = L \oplus L(1)[2]$ (again, by an inductive application of Theorem 7.9), where L is indecomposable and $L|_{\overline{k}} = \mathbb{Z} \oplus \mathbb{Z}(2)[4] \oplus \mathbb{Z}(4)[8] \oplus \mathbb{Z}(5)[10] \oplus \mathbb{Z}(7)[14] \oplus \mathbb{Z}(9)[18]$. But then N must be isomorphic to L (since $M(P) = \mathbb{Z} \oplus M(P_{\mathrm{an}})(1)[2] \oplus \mathbb{Z}(\dim P)[2 \dim P]$). In the case $\mathbf{i}(q) = (2,1,3)$, we get $\operatorname{size} L = 9 \neq 10 = \operatorname{size} N$, a contradiction (we used Corollary 4.7 here). In the case $\mathbf{i}(q) = (3,3)$, we get that $N|_{\overline{k}}$ contains $\mathbb{Z}(2)[4]$, which is impossible, since $i_1(q) = 3$ and so $N(2)[4]$ is a direct summand of $M(Q)$. So, $\mathbf{i}(q)$ cannot be $(2,1,3)$ or $(3,3)$, and $i_1(q) \neq 2$.

If $i_1(q) = 3$, then $\mathbf{i}(q)$ is either $(3,1,1,1)$ or $(3,3)$. In the former case, we get a binary direct summand in $M(Q)$ of size 9, contradiction with Theorem 4.20. The case $(3,3)$ was treated above. So, $i_1(q) \neq 3$.

Thus, $i_1(q)$ is either 1 or 5. This gives the splitting patterns $(1,1,1,1,1,1)$, $(1,1,1,3)$, $(1,3,1,1)$ and $(5,1)$. We will show that all of them are realized by appropriate quadratic forms. Let us describe the classes of forms corresponding to these four splitting patterns.

We start with the splitting pattern $(5,1)$. Then q is a Pfister neighbor, in the light of [17, Corollary 8.2] (see also [2, §4]). Conversely, any 13-dimensional neighbor of anisotropic 4-fold Pfister form has splitting pattern $(5,1)$. Such forms clearly exist.

Let $\mathbf{i}(q) = (1,3,1,1)$. We have $\dim(q|_{k(Q)})_{\mathrm{an}} = 11$, and $(q|_{k(Q)})_{\mathrm{an}}$ is a Pfister neighbor. Then by a result of B. Kahn (see [10, Theorem 2]), there exists some 5-dimensional form $r_4(q)$ such that $q \perp r_4(q) \in I^4(k)$. Clearly, $r_4(q)$ is anisotropic, since otherwise q would be a Pfister neighbor and would have splitting pattern $(5,1)$. Conversely, let q and $r_4(q)$ be 13-dimensional and 5-dimensional anisotropic forms such that $q \perp r_4(q) \in I^4(k)$. Then $\mathbf{i}((q \perp r_4(q))_{\mathrm{an}}) = (8)$. Since q differs from $(q \perp r_4(q))_{\mathrm{an}}$ by a 5-dimensional form, we get that $\mathbf{i}(q)$ is a specialization of $(1,3,1,1)$ (by Theorem 7.6). This means that $\mathbf{i}(q)$ is either $(1,3,1,1)$ or $(5,1)$. If $\mathbf{i}(q) = (5,1)$, then q is a Pfister neighbor, as we know. That is, there exists a 3-dimensional form p such that

$q \perp p \in I^4(k)$. Then $r_4(q) \perp -p \in I^4(k)$. Since $\dim(r_4(q) \perp -p) = 8 < 16$, we get $r_4(q) = p \perp \mathbb{H}$. But $r_4(q)$ is anisotropic, contradiction. Hence $\mathbf{i}(q) = (1,3,1,1)$. It remains to show that such anisotropic 13-dimensional forms do exist. Take $k := F(x_1, \dots, x_4, a_1, \dots, a_5)$ and $\tilde{q} := \langle\langle x_1, \dots, x_4 \rangle\rangle \perp \langle a_1, \dots, a_5 \rangle$. Let $k = k_0 \subset k_1 \subset \cdots \subset k_h$ be the generic splitting tower of M. Knebusch for $\tilde{q}$. Let $E = k(\sqrt{-a_1 a_2})$. By a result of D. Hoffmann, there exists a field extension $\tilde{E}/E$ such that $\langle a_3, a_4, a_5 \rangle|_{\tilde{E}}$ is a subform of the anisotropic Pfister form $\langle\langle x_1, \dots, x_4 \rangle\rangle|_{\tilde{E}}$. That means that $\dim(\tilde{q}|_{\tilde{E}})_{\mathrm{an}} = 13$. By a result of M. Knebusch ([16, Theorem 5.1]), there exists $0 < t < h$ such that $\dim(\tilde{q}|_{k_t})_{\mathrm{an}} = 13$. Since k_t is obtained from k by adjoining the generic points of quadrics of dimension ≥ 13, by a result of D. Hoffmann (see [2, Theorem 1]), $\langle a_1, \dots, a_5 \rangle|_{k_t}$ is anisotropic. So, we have proved the existence of the splitting pattern $(1,3,1,1)$.

Let $\mathbf{i}(q) = (1,1,1,3)$. Consider $p := q \perp \langle -\det_{\pm} q \rangle$. Then $p \in I^2(k)$. So, $\mathbf{i}(p)$ is simultaneously a specialization of $(1,1,1,1,2,1)$ and $(1,1,1,1,1,2)$. Hence, by Theorem 7.1, $\mathbf{i}(p)$ is a specialization of $(1,1,1,4)$, that is: $p \in I^3(k)$. Conversely, let q be an anisotropic 13-dimensional form such that $q \perp \langle -\det_{\pm} q \rangle \in I^3(k)$. Then $\mathbf{i}(q)$ is a specialization of $(1,1,1,3)$. As we know, the only possible specialization is $(1,1,1,3)$ itself. To construct an example, consider the form $p := (\langle\langle a_1, a_2, a_3 \rangle\rangle \perp -\langle\langle b_1, b_2, b_3 \rangle\rangle)_{\mathrm{an}}$ over the field $k := F(a_1, a_2, a_3, b_1, b_2, b_3)$. Clearly, $p \in I^3(k)$. By a result of R. Elman and T.Y. Lam (see [1]), $\dim p = 14$. Then any subquadric of codimension 1 in p will have splitting pattern $(1,1,1,3)$.

Finally, all other forms will have splitting pattern $(1,1,1,1,1,1)$. The generic form provides an example.

$\dim q = 15$

We know that $i_1(q) \leq 7$. If $i_1(q) = 7$, then q is a Pfister neighbor by [16, Theorem 5.8].

If $i_1(q) = 6$, or 5, or 4, then by standard arguments, $M(Q)$ contains a binary direct summand of size 8, 9 and 10, respectively. This contradicts Theorem 4.20.

Suppose $i_1(q) = 3$. Then $\mathbf{i}(q)$ is either $(3,1,1,1,1)$ or $(3,1,3)$. In the former case, we get a binary direct summand in $M(Q)$ of size 11, which is impossible, by Theorem 4.20. We will show that the case $(3,1,3)$ is possible.

Suppose $i_1(q) = 2$. Then $\mathbf{i}(q)$ is either $(2,1,1,1,1,1)$ or $(2,1,1,3)$ or $(2,3,1,1)$. In the first case, by Theorem 7.7 and Theorem 7.8, we get a binary direct summand in $M(Q)$ of size 12, which is impossible by Theorem 4.20. The same happens in the last case, since 2 does not divide 3.

To show that the case $(2,1,1,3)$ is not possible, let us first study the motivic decomposition of a quadric with splitting pattern $(1,1,3)$.

Lemma 7.10. *Let r be an anisotropic quadratic form over some field F such that $\mathbf{i}(r) = (1,1,3)$. Then $M(R)$ decomposes as follows:*

In particular, each Tate motive from the shell number 3 *is connected to some Tate motive from the shells* 1 *or* 2.

Proof. So, let r be such form over some field F. Consider $p := r \perp \langle \det_{\pm} r \rangle$. Then $\mathbf{i}(p)$ is simultaneously a specialization of $(1,1,1,1,2)$ and of $(1,1,1,2,1)$. By Theorem 7.1, $\mathbf{i}(p)$ is a specialization of $(1,1,4)$, and by [22, Satz 14 and Zusatz], a specialization of $(2,4)$. Since r is anisotropic, we have $\mathbf{i}(p) = (2,4)$. Let L be an indecomposable direct summand in $M(P)$ such that $a(L) = 0$. Then $M(P) = L \oplus L(1)[2]$ (by Theorem 7.9). Since $i_1(p) = 2$ and r is a codimension 1 subform of p, we have (by Corollary 3.10) that L is isomorphic to a direct summand N of $M(R)$. Let M be a complementary direct summand. Then it should have the form

If M were decomposable, then in $M(R)$ there would be a direct summand M' of the form

But then, by Theorem 4.13, $M'(-1)[-2]$ and $M'(1)[2]$ would be isomorphic to direct summands of $M(R)$ as well. We get that $\mathbb{Z}(2)[4]$ is contained in $M'(-1)[-2]|_{\overline{k}}$ and $L|_{\overline{k}}$. This contradicts the indecomposability of L (by Corollary 3.7). So, M is indecomposable and we get the desired picture for the decomposition of $M(R)$. □

Suppose now q is an anisotropic form with splitting pattern $(2,1,1,3)$, and N be an indecomposable direct summand of $M(Q)$ such that $a(N) = 0$. Then, by Theorem 7.7, $N|_{\overline{k}}$ does not contain Tate motives from the shells number 2 or 3. But, by Lemma 7.10, any Tate motive from the shell number 4 is connected to some Tate motive from the shells 2 or 3, so $N|_{\overline{k}}$ does not contain such motives either. Consequently, N is binary of size 12, contradiction with Theorem 4.20.

So, we have proved that $i_1(q) \neq 2$.

It remains to consider the case $i_1(q) = 1$. This gives the splitting patterns $(1,1,1,1,1,1,1)$, $(1,1,1,1,3)$, $(1,1,3,1,1)$, and $(1,5,1)$. All this patterns are realized by appropriate quadrics.

Let us now describe the classes of quadratic forms corresponding to particular splitting patterns.

The splitting pattern $\mathbf{i}(q) = (7)$ evidently corresponds to the case of a Pfister neighbor, that is, to a form of the type $\lambda \cdot (\langle\langle a,b,c,d\rangle\rangle \perp \langle -1\rangle)_{an}$, where $\{a,b,c,d\} \neq 0 \in K_4^M(k)/2$. Such forms clearly exist.

Let $\mathbf{i}(q) = (3,1,3)$. Consider $p := q \perp \langle \det q\rangle$. Then the splitting pattern of p is simultaneously a specialization of $(1,2,1,1,2,1)$ and of $(1,1,1,1,1,1,2)$

(since p differs from q by a 1-dimensional form and $p \in I^2(k)$). By Theorem 7.1, $\mathbf{i}(p)$ is a specialization of $(1,2,1,4)$. But, in the light of [22, Satz 14 and Zusatz], it should be a specialization of $(1,1,2,4)$. So, it is a specialization of $(1,3,4)$. But 3 does not divide 4, so, by Theorem 7.7, $\mathbf{i}(p)$ is a specialization of $(4,4)$ (otherwise, in the motive of a quadric with splitting pattern $(3,4)$ we would have a binary direct summand of size 10, which contradicts Theorem 4.20). So, p is anisotropic (since q is anisotropic of dimension 15), and $\mathbf{i}(p)$ is either $(4,4)$ or (8). The last case is impossible since, in this case, $\mathbf{i}(q)$ would be (7). So, $\mathbf{i}(p) = (4,4)$. By results of O. Izhboldin and B. Kahn ([6, Theorem 13.9] and [11, Theorem 2.12]), such a form is isomorphic to $\langle\langle a,b\rangle\rangle \cdot \langle u,v,w,t\rangle$, and (up to a scalar) is a difference of a 4-fold and a 3-fold Pfister form having (exactly) two common slots. Conversely, if p is a form of such type, then $\mathbf{i}(p) = (4,4)$, and so, $\mathbf{i}(q)$ is a specialization of $(3,1,3)$. Since $\mathbf{i}(q)$ is clearly not equal to (7), it is $(3,1,3)$.

Let $\mathbf{i}(q) = (1,5,1)$. We have $\dim(q|_{k(Q)})_{\mathrm{an}} = 13$, and $(q|_{k(Q)})_{\mathrm{an}}$ is a Pfister neighbor. Then, by a result of B. Kahn (see [10, Theorem 2]), there exists a 3-dimensional form $r_4(q)$ such that $q \perp r_4(q) \in I^4(k)$. That is, $q = (\lambda \cdot \langle\langle a,b,c,d\rangle\rangle \perp -r_4(q))_{\mathrm{an}}$ for some $\{a,b,c,d\} \neq 0 \in K_4^M(k)/2$ and $\lambda \in k^*$. Conversely, if q is an anisotropic 15-dimensional form of the specified type, then $\mathbf{i}(q) = (1,5,1)$. The form $(\langle\langle a,b,c,d\rangle\rangle \perp \langle a,b,e\rangle)_{\mathrm{an}}$ over the field $k(a,b,c,d,e)$ gives an example.

Let $\mathbf{i}(q) = (1,1,3,1,1)$. We have $\dim(q|_{k(Q)})_{\mathrm{an}} = 13$, and $(q|_{k(Q)})_{\mathrm{an}}$ differs by an anisotropic form of dimension 5 from some form in $I^4(k(Q))$. Then by a result of B. Kahn (see [10, Theorem 2]), there exists a 5-dimensional form $r_4(q)$ such that $q \perp r_4(q) \in I^4(k)$. Clearly, $r_4(q)$ is anisotropic, since otherwise $\mathbf{i}(q)$ would be a specialization of $(1,5,1)$. Conversely, let q and $r_4(q)$ be 15-dimensional and 5-dimensional anisotropic forms such that $q \perp r_4(q) \in I^4(k)$. Then $\mathbf{i}((q \perp r_4(q))_{\mathrm{an}}) = (8)$. Since q differs from $(q \perp r_4(q))_{\mathrm{an}}$ by a 5-dimensional form, in the light of Theorem 7.6, we get that $\mathbf{i}(q)$ is a specialization of $(1,1,3,1,1)$. This means that $\mathbf{i}(q)$ is either $(1,1,3,1,1)$ or $(1,5,1)$. If $\mathbf{i}(q)$ were $(1,5,1)$, then there would exist a 3-dimensional form p such that $q \perp p \in I^4(k)$. Then $r_4(q) \perp -p \in I^4(k)$. Since $\dim(r_4(q) \perp -p) = 8 < 16$, we get $r_4(q) = p \perp \mathbb{H}$. But $r_4(q)$ is anisotropic, contradiction. Hence $\mathbf{i}(q) = (1,1,3,1,1)$. It remains to show that such anisotropic 15-dimensional forms do exist. Take $k := F(x_1,\dots,x_4,a_1,\dots,a_5)$ and $\tilde{q} := \langle\langle x_1,\dots,x_4\rangle\rangle \perp \langle a_1,\dots,a_5\rangle$. Consider the field extension $E = k(\sqrt{-a_1a_2}, \sqrt{-a_3a_4}, \sqrt{-a_5})$. Then $\dim(\tilde{q}|_E)_{\mathrm{an}} = 15$. By [16, Theorem 5.1], there exists $0 < s < h$ such that $\dim(\tilde{q}|_{k_s})_{\mathrm{an}} = 15$. Since k_s is obtained from k by adjoining the generic points of quadrics of dimension ≥ 15, by [2, Theorem 1], $\langle a_1,\dots,a_5\rangle|_{k_s}$ is anisotropic. Then the form $q := (\tilde{q}|_{k_s})_{\mathrm{an}}$ has the splitting pattern $(1,1,3,1,1)$.

Let $\mathbf{i}(q) = (1,1,1,1,3)$. Consider $p := q \perp \langle \det_{\pm} q\rangle$. Then the splitting pattern of p is simultaneously a specialization of $(1,1,1,1,1,2,1)$ and of $(1,1,1,1,1,1,2)$ (since p differs from q by a 1-dimensional form and $p \in I^2(k)$). By Theorem 7.1, $\mathbf{i}(p)$ is a specialization of $(1,1,1,1,4)$. In the light of [22, Satz 14 and Zusatz], it should be a specialization of $(1,1,2,4)$. Clearly, $\mathbf{i}(p)$ must be either $(1,1,2,4)$ or $(2,2,4)$ or $(1,2,4)$ (in the last case, p is isotropic). Conversely, if p has one of the above splitting patterns and q is of codimension 1 in p, then q is anisotropic and its splitting pattern is a specialization of $(1,1,1,1,3)$. In our list of possible splitting patterns of forms of dimension 15 only the following three satisfy this property: $(1,1,1,1,3)$, $(3,1,3)$, and (7). But if $\mathbf{i}(q)$ were $(3,1,3)$ or (7), then $\mathbf{i}(p)$ would be $(4,4)$ or (8). So, $\mathbf{i}(q)=(1,1,1,1,3)$. And the forms p such that $i_h(p)=4$ and $i_{h-1}(p)=2$ can be described as $p\in I^3(k)$, such that $\pi(p)\in K_3^M(k)/2$ is not a pure symbol (here $\pi: I^3(k)\rightarrow K_3^M(k)/2$ is the projection induced by the isomorphism $K_3^M(k)/2\cong I^3(k)/I^4(k)$). This follows from a result of O. Izhboldin, see [6, Corollary 13.7]. The form $q=(\langle\langle a_1,a_2,a_3\rangle\rangle\perp-\langle\langle b_1,b_2,b_3\rangle\rangle)_{\mathrm{an}}\perp\langle c\rangle$ over the field $k(a_1,a_2,a_3,b_1,b_2,b_3,c)$ provides an example.

Finally, the remaining forms will have splitting pattern $(1,1,1,1,1,1,1)$. The generic form provides an example.

$\dim q = 17$

By Theorem 7.2, $i_1(q)=1$. And so, the possible splitting patterns are $(1,1,1,1,1,1,1,1)$, $(1,1,1,1,1,3)$, $(1,1,1,3,1,1)$, $(1,1,5,1)$, $(1,3,1,3)$, and $(1,7)$. Again, by Theorem 7.3, all these patterns are realized. Let us describe the corresponding classes of forms.

Let $\mathbf{i}(q)=(1,7)$. Consider $p:=q\perp\langle\det_\pm q\rangle$. Then the splitting pattern of p is simultaneously a specialization of $(1,1,6,1)$ and $(1,1,1,1,1,1,1,2)$. So, it is a specialization of $(1,8)$. By a result of D. Hoffmann, p is isotropic and $p_{\mathrm{an}}=\lambda\cdot\langle\langle a,b,c,d\rangle\rangle$, for some $\{a,b,c,d\}\neq 0\in K_4^M(k)/2$ and $\lambda\in k^*$. Since q is anisotropic, we also have $\{a,b,c,d,-\lambda\cdot\det q\}\neq 0\in K_5^M(k)/2$. Conversely, the form $\langle\langle a,b,c,d\rangle\rangle\perp\langle -e\rangle$, where $\{a,b,c,d,e\}\neq 0 \pmod 2$ has splitting pattern $(1,7)$. Such form clearly exists over the field $F(a,b,c,d,e)$.

Let $\mathbf{i}(q)=(1,3,1,3)$. Consider $p:=q\perp\langle\det_\pm q\rangle$. Then the splitting pattern of p is simultaneously a specialization of $(1,1,2,1,1,2,1)$ and $(1,1,1,1,1,1,1,2)$. So, it is a specialization of $(1,1,2,1,4)$. But, in the light of [22, Satz 14 and Zusatz], it should be a specialization of $(1,1,1,2,4)$. So, it is a specialization of $(1,1,3,4)$. But 3 does not divide 4, so, by Theorem 7.7, Theorem 7.8 and Theorem 4.20 (applied to the form with splitting pattern $(3,4)$), $\mathbf{i}(p)$ is a specialization of $(1,4,4)$. By results of O. Izhboldin and D. Hoffmann ([6, Proposition 13.6], [4, Corollary 3.4]), there are no forms with splitting pattern $(1,4,4)$ or $(1,8)$, so p is isotropic. Clearly, p cannot have splitting pattern (8), so $\mathbf{i}(p)=(4,4)$ and $p_{\mathrm{an}}=\langle\langle a,b\rangle\rangle\cdot\langle u,v,w,t\rangle$, where $\{a,b,uvwt\}\neq 0 \pmod 2$ and $\{a,b,-uv,-uw\}$ is not divisible by $\{a,b,uvwt\} \pmod 2$. Conversely, if p has the specified type and $q:=p\perp\langle c\rangle$ is anisotropic, then $\mathbf{i}(q)$ is a specialization of $(1,3,1,3)$. So, $\mathbf{i}(q)$ is either $(1,3,1,3)$ or $(1,7)$. In the last case, $\mathbf{i}(p)$ would be a specialization of $(1,1,6,1)$, which is not the case. So, $\mathbf{i}(q)=(1,3,1,3)$. Taking a, b, c, u, v, w, t generic, we get an example.

Let $\mathbf{i}(q)=(1,1,5,1)$. We have $\dim(q|_{k(Q)})_{\mathrm{an}}=15$, and $(q|_{k(Q)})_{\mathrm{an}}$ differs by a form of dimension 3 from some form in $I^4(k(Q))$. Then by a result of B. Kahn (see [10, Theorem 2]), there exists a 3-dimensional form $r_4(q)$ such that $q \perp r_4(q) \in I^4(k)$. That is, $q = (\lambda \cdot \langle\langle a,b,c,d\rangle\rangle \perp -r_4(q))_{\mathrm{an}}$, for some $\{a,b,c,d\} \neq 0 \in K_4^M(k)/2$ and $\lambda \in k^*$ (by a result of D. Hoffmann, in I^4 there are no anisotropic forms of dimensions 18, 20 and 22, see [4, Main Theorem]). Conversely, if q is an anisotropic 17-dimensional form of the specified type, then $\mathbf{i}(q) = (1,1,5,1)$. The form $(\langle\langle a,b,c,d\rangle\rangle \perp \langle a,e,f\rangle)_{\mathrm{an}}$ over the field $k(a,b,c,d,e,f)$ gives an example.

Let $\mathbf{i}(q) = (1,1,1,3,1,1)$. We have $\dim(q|_{k(Q)})_{\mathrm{an}} = 15$, and $(q|_{k(Q)})_{\mathrm{an}}$ differs by an anisotropic form of dimension 5 from some form in $I^4(k(Q))$. Then by [10, Theorem 2], there exists a 5-dimensional form $r_4(q)$ such that $q \perp r_4(q) \in I^4(k)$. Clearly, $r_4(q)$ is anisotropic, since otherwise q would have a specialization of $(1,1,5,1)$ as splitting pattern. Conversely, let q and $r_4(q)$ be 17-dimensional and 5-dimensional anisotropic forms such that $q \perp r_4(q) \in I^4(k)$. Then $\mathbf{i}((q \perp r_4(q))_{\mathrm{an}}) = (8)$ (since $\dim(q \perp r_4(q))_{\mathrm{an}} < 24$ and $(q \perp r_4(q))_{\mathrm{an}} \in I^4(k)$). Since q differs from $(q \perp r_4(q))_{\mathrm{an}}$ by a 5-dimensional form, we get that $\mathbf{i}(q)$ is a specialization of $(1,1,1,3,1,1)$. This means that $\mathbf{i}(q)$ is either $(1,1,1,3,1,1)$ or $(1,1,5,1)$ or $(1,7)$. If $\mathbf{i}(q) = (1,5,1)$, then there exists a 3-dimensional form p such that $q \perp p \in I^4(k)$. Then $r_4(q) \perp -p \in I^4(k)$. Since $\dim(r_4(q) \perp -p) = 8 < 16$, we get $r_4(q) = p \perp \mathbb{H}$. But $r_4(q)$ is anisotropic, contradiction. The case $(1,7)$ can be treated in the same way. Hence $\mathbf{i}(q) = (1,1,1,3,1,1)$. It remains to show that such anisotropic 17-dimensional forms do exist. Take $k := F(x_1,\ldots,x_4,a_1,\ldots,a_5)$ and $\tilde{q} := \langle\langle x_1,\ldots,x_4\rangle\rangle \perp \langle a_1,\ldots,a_5\rangle$. Let $k = k_0 \subset k_1 \subset \ldots \subset k_h$ be the generic splitting tower for $\tilde{q}$. We know (from the consideration of 15-dimensional forms), that there is a t such that $(\tilde{q}|_{k_t})_{\mathrm{an}}$ has the splitting pattern $(1,1,3,1,1)$. On the other hand, if $E = k(\sqrt{-a_1a_2}, \sqrt{-a_3a_4})$, then $\dim(\tilde{q}|_E)_{\mathrm{an}} = 17$. By [16, Theorem 5.1], the form $q := (\tilde{q}|_{k_{t-1}})_{\mathrm{an}}$ has the splitting pattern $(1,1,1,3,1,1)$.

Let $\mathbf{i}(q) = (1,1,1,1,1,3)$. Consider $p := q \perp \langle \det_{\pm} q\rangle$. Then the splitting pattern of p is simultaneously a specialization of $(1,1,1,1,1,1,2,1)$ and of $(1,1,1,1,1,1,1,2)$ (since p differs from q by a 1-dimensional form and $p \in I^2(k)$). By Theorem 7.1, $\mathbf{i}(p)$ is a specialization of $(1,1,1,1,1,4)$. In the light of [22, Satz 14 and Zusatz], it should be a specialization of $(1,1,1,2,4)$. Clearly, $i_h(p)$ must be 4 and $i_{h-1}(p)$ must be 2 (by Theorem 7.6). Conversely, if $i_h(p) = 4$, $i_{h-1}(p) = 2$, and q is anisotropic of codimension 1 in p, then $\mathbf{i}(q)$ is a specialization of $(1,1,1,1,1,3)$. In our list of possible splitting patterns of forms of dimension 17 only the following three satisfy this property: $(1,1,1,1,1,3)$, $(1,3,1,3)$, and $(1,7)$. But if $\mathbf{i}(q)$ were $(1,3,1,3)$ or $(1,7)$, then $\mathbf{i}(p)$ would be $(4,4)$ or (8). So, $\mathbf{i}(q) = (1,1,1,1,3)$. And again, by a result of O. Izhboldin ([6, Corollary 13.7]), the forms p such that $i_h(p) = 4$ and $i_{h-1}(p) = 2$ can be described as $p \in I^3(k)$, such that $\pi(p) \in K_3^M(k)/2$ is not a pure symbol (here $\pi\colon I^3(k) \to K_3^M(k)/2$ is the projection induced by the isomorphism $K_3^M(k)/2 \cong I^3(k)/I^4(k)$). The form $q = \langle\langle a_1,a_2,a_3\rangle\rangle \perp d \cdot \langle\langle b_1,b_2,b_3\rangle\rangle \perp \langle c\rangle$ over the field $k(a_1,a_2,a_3,b_1,b_2,b_3,c,d)$ provides an example.

Finally, the remaining forms have the splitting pattern $(1,1,1,1,1,1,1,1)$. The generic form provides an example.

We summarize our results in Table 1 (use Definition 6.8).

Table 1: Splitting patterns of forms of odd dimension ≤ 17

$\dim q$	splitting pattern	description
3	(1)	—
5	(1,1)	—
7	(3)	$\dim_3 q = 1$
	(1,1,1)	$\dim_3 q > 1$
9	(1,3)	$\dim_3 q = 1$
	(1,1,1,1)	$\dim_3 q > 1$
11	(3,1,1)	$\dim_4 q = 5$
	(1,1,3)	$\dim_3 q = 1$
	(1,1,1,1,1)	$\dim_3 q > 1$, $\dim_4 q > 5$
13	(5,1)	$\dim_4 q = 3$
	(1,3,1,1)	$\dim_4 q = 5$
	(1,1,1,3)	$\dim_3 q = 1$
	(1,1,1,1,1,1)	$\dim_3 q > 1$, $\dim_4 q > 5$
15	(7)	$\dim_4 q = 1$
	(3,1,3)	$\dim_3 q = 1$, $\omega_3(q)$ is a nonzero pure symbol
	(1,5,1)	$\dim_4 q = 3$
	(1,1,3,1,1)	$\dim_4 q = 5$
	(1,1,1,1,3)	$\dim_3 q = 1$, $\omega_3(q)$ is not a pure symbol
	(1,1,1,1,1,1,1)	$\dim_3 q > 1$, $\dim_4 q > 5$
17	(1,7)	$\dim_4 q = 1$
	(1,3,1,3)	$\dim_3 q = 1$, $\omega_3(q)$ is a nonzero pure symbol
	(1,1,5,1)	$\dim_4 q = 3$
	(1,1,1,3,1,1)	$\dim_4 q = 5$
	(1,1,1,1,1,3)	$\dim_3 q = 1$, $\omega_3(q)$ is not a pure symbol
	(1,1,1,1,1,1,1,1)	$\dim_3 q > 1$, $\dim_4 q > 5$

We can also describe the possible splitting patterns of forms of dimension 19 and 21. However, in these cases we will provide only a hypothetical description of the respected classes of forms.

$\dim q = 19$

By Theorem 7.2, $i_1(q) \leq 3$. Let us show that $i_1(q) \neq 2$. First of all, this is a particular case of a result of O. Izhboldin, since $19 = 2^4 + 3$. Alternatively, we can argue as follows. If $i_1(q) = 2$, then $\mathbf{i}(q)$ could be one of the following: $(2,1,1,1,1,1,1,1)$, $(2,1,1,1,1,3)$, $(2,1,1,3,1,1)$, $(2,1,5,1)$, $(2,3,1,3)$, or $(2,7)$. Let N be an indecomposable direct summand of $M(Q)$ such that $a(N) = 0$.

If $\mathbf{i}(q) = (2, 1, 1, 1, 1, 1, 1, 1)$, then we immediately get that N is binary of size $\dim Q - i_1(q) + 1 = 16$, a contradiction with Theorem 4.20.

Let now $\mathbf{i}(q) = (2, 1, 1, 1, 1, 3)$. Then $N|_{\overline{k}}$ does not contain Tate motives from the shells 2, 3, 4 and 5. At the same time, by Lemma 7.10, we know that each Tate motive from the shell number 6 is connected to some Tate motive from the shell number 4 or 5. So $N|_{\overline{k}}$ does not contain Tate motives from the 6-th shell either, and, by Theorem 7.8, N is binary of size 16, a contradiction with Theorem 4.20.

Let $\mathbf{i}(q) = (2, 7)$. Since $i_2(q)$ is not divisible by $i_1(q)$, by Theorem 7.7(2), N will be binary of size 16, a contradiction with Theorem 4.20.

To exclude the case $\mathbf{i}(q) = (2, 3, 1, 3)$, let us first study the motivic decomposition of a quadric with splitting pattern $(3, 1, 3)$.

Lemma 7.11. *Let R be an anisotropic quadric with splitting pattern* $(3, 1, 3)$. *Then its motive decomposes as*

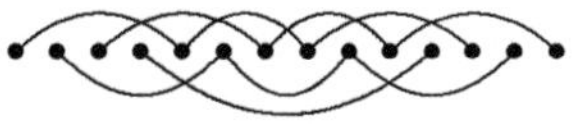

Proof. Let L be an indecomposable direct summand of $M(R)$ such that $a(L) = 0$. Then $L|_{\overline{k}}$ does not contain Tate motives from the second shell, and since L is not binary (by Theorem 4.20), $L|_{\overline{k}}$ should contain Tate motives from the third shell. Since $L(1)[2]$ and $L(2)[4]$ are also isomorphic to direct summands of $M(R)$ (by Theorem 4.13), $L|_{\overline{k}}$ must be $\mathbb{Z} \oplus \mathbb{Z}(4)[8] \oplus \mathbb{Z}(7)[14] \oplus \mathbb{Z}(11)[22]$, and in $M(R)$ we have indecomposables of the form

The complementary direct summand is binary, and so indecomposable as well (by Lemma 3.13). □

Let now q be a form with splitting pattern $(2, 3, 1, 3)$. Since $i_2(q)$ is not divisible by $i_1(q)$, $N|_{\overline{k}}$ does not contain Tate motives from the shell number 2. It does not contain any Tate motive from the shell number 3 either (since $1 < 2$). So, if N is not binary, then $N|_{\overline{k}}$ contains Tate motives from the shell number 4. But, by Lemma 7.11, each such Tate motive is connected to some Tate motive from the shell number 2. So, $N|_{\overline{k}}$ cannot contain Tate motives from the fourth shell either. And N is binary of size 16, a contradiction with Theorem 4.20.

Let $\mathbf{i}(q) = (2, 1, 1, 3, 1, 1)$. We know that $a(N) = 0$, $b(N) = 16$ (by Corollary 4.7), $N(1)[2]$ is a direct summand in $M(Q)$, and $N^\vee \cong N(1)[2]$ (by Theorem 4.19). In particular, if $\mathbb{Z}(l)[2l]$ is a direct summand of $N|_{\overline{k}}$, then $\mathbb{Z}(16 - l)[32 - 2l]$ is a direct summand too. But in $M(Q)$ we have connections (not to be confused with the indecomposable direct summands) of the following form:

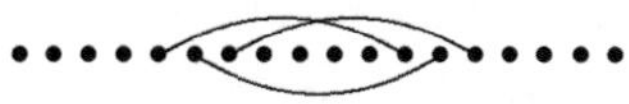

If N is not binary, then $N|_{\overline{k}}$ must contain some Tate motive from the shell number 4. But since any such $\mathbb{Z}(l)[2l]$ comes together with $\mathbb{Z}(16-l)[32-2l]$ and

$\mathbb{Z}(l+7)[2l+14]$ (because of the connections above), we get that $N|_{\overline{k}}$ contains at least four Tate motives from the shell number 4. But then $N(1)[2]|_{\overline{k}}$ contains another four from the same shell, a contradiction (the shell contains only 6 Tate motives). So, N is binary of size 16, a contradiction with Theorem 4.20.

Finally, let $\mathbf{i}(q) = (2,1,5,1)$. By [10, Theorem 2], $\dim_4 q = 3$. Consider $p := q \perp r_4(q) \in I^4(k)$. Since in I^4 there are no anisotropic forms of dimension 22, 20 and 18, $p = \mathbb{H} \perp \mathbb{H} \perp \mathbb{H} \perp p_{\text{an}}$, and p_{an} is proportional to an anisotropic 4-fold Pfister form. That means that $M(P_{\text{an}})$ consists of binary Rost motives, and because for any field extension E/k, $p_{\text{an}}|_E$ is isotropic if and only if $i_W(q|_E) > 3$, we get by Theorem 4.15, Theorem 4.13, that the shell number 3 of $M(Q)$ consists of the Rost motives. In particular, $N|_{\overline{k}}$ does not contain any Tate motive from the third shell, and so, N is binary of size 16, contradiction with Theorem 4.20. So, we have proved that $i_1(q) \neq 2$.

The remaining possibilities are $i_1(q) = 3$ and $i_1(q) = 1$. In the first case, we get the splitting patterns $(3,1,1,1,1,1,1)$, $(3,1,1,1,3)$, $(3,1,3,1,1)$, and $(3,5,1)$, and all these patterns are realized by appropriate forms in the light of Theorem 7.3.

Let now $i_1(q) = 1$. If $\mathbf{i}(q) = (1,1,7)$, consider $p := q \perp \langle \det_{\pm} q \rangle$. Then $\mathbf{i}(p)$ is simultaneously a specialization of $(1,1,1,6,1)$ and $(1,1,1,1,1,1,1,1,2)$. So, it is a specialization of $(1,1,8)$. Since in I^4 there are no anisotropic forms of dimension 20 or 18, it should be a specialization of (8). That means that q is isotropic, a contradiction. So, this splitting pattern is not possible.

We will show that the remaining splitting patterns $(1,1,1,1,1,1,1,1,1)$, $(1,1,1,1,1,1,3)$, $(1,1,1,1,3,1,1)$, $(1,1,1,5,1)$, and $(1,1,3,1,3)$ are realized by appropriate forms.

The splitting pattern $(1,1,1,1,1,1,1,1,1)$ is realized by the generic form $\langle x_1, \ldots, x_{19} \rangle$ over the field $k(x_1, \ldots, x_{19})$.

To construct a form with splitting pattern $(1,1,1,1,1,1,3)$, consider $\tilde{q} := \langle\langle a_1, a_2, a_3 \rangle\rangle \perp \lambda \cdot \langle\langle b_1, b_2, b_3 \rangle\rangle \perp \mu \cdot \langle\langle c_1, c_2, c_3 \rangle\rangle \perp \langle -1 \rangle$ over the field $F := k(a_1, a_2, a_3, b_1, b_2, b_3, c_1, c_2, c_3, \lambda, \mu)$. Let $F = F_0 \subset F_1 \subset \ldots \subset F_h$ be the generic splitting tower for $\tilde{q}$. Then, for some t, $\dim(\tilde{q}|_{F_t})_{\text{an}} = 19$ (since it happens over the field $F(\sqrt{-\lambda\mu}, \sqrt{b_1 c_1})$). On the other hand, there exists s (clearly, equal to $t+1$), such that $\dim(\tilde{q}|_{F_s})_{\text{an}} = 17$, and $(\tilde{q}|_{F_s})_{\text{an}}$ has splitting pattern $(1,1,1,1,1,3)$ (since it happens over the field $F(\sqrt{a_1})$). Consequently, $(\tilde{q}|_{F_t})_{\text{an}}$ has splitting pattern $(1,1,1,1,1,1,3)$.

For the splitting pattern $(1,1,1,1,3,1,1)$, consider the form

$$q := (\langle\langle a_1, a_2, a_3, a_4 \rangle\rangle \perp \langle -1, x_1, x_2, x_3, x_4 \rangle)_{\text{an}}$$

over the field

$$F := k(a_1, a_2, a_3, a_4, x_1, x_2, x_3, x_4).$$

Clearly, $\dim q = 19$. On the other hand, other the field $E = F(\sqrt{-a_1 x_1})$, $\dim(q|_E)_{\text{an}} = 17$. Hence $\dim(q|_{F(Q)})_{\text{an}} = 17$. And $\dim_4(q|_{F(Q)})_{\text{an}} = 5$. So, $(q|_{F(Q)})_{\text{an}}$ has splitting pattern $(1,1,1,3,1,1)$. Hence, q has splitting pattern $(1,1,1,1,3,1,1)$.

For the splitting pattern $(1,1,1,5,1)$, consider the form

$$q := \langle\langle a_1, a_2, a_3, a_4 \rangle\rangle \perp \langle x_1, x_2, x_3 \rangle$$

over the field

$$F := k(a_1, a_2, a_3, a_4, x_1, x_2, x_3).$$

Clearly, q is anisotropic, and over the field $E = F(\sqrt{-x_1})$, $\dim(q|_E)_{\text{an}} = 17$. Hence $\dim(q|_{F(Q)})_{\text{an}} = 17$. And also, $\dim_4(q|_{F(Q)})_{\text{an}} = 3$. So, $(q|_{F(Q)})_{\text{an}}$ has splitting pattern $(1,1,5,1)$. Hence, q has splitting pattern $(1,1,1,5,1)$.

Finally, for the splitting pattern $(1,1,3,1,3)$, consider the form

$$\tilde{q} := \langle\langle a_1, a_2, a_3, a_4 \rangle\rangle \perp \lambda \cdot \langle\langle b_1, b_2, b_3 \rangle\rangle \perp \langle \mu \rangle$$

over the field

$$F := k(a_1, a_2, a_3, a_4, b_1, b_2, b_3, \lambda, \mu).$$

Then for some t, $\dim(\tilde{q}|_{F_t})_{\text{an}} = 19$ (since over the field $F(\sqrt{-\lambda}, \sqrt{a_1 b_1}, \sqrt{a_2 \mu})$ this equality holds). And $\dim(\tilde{q}|_{F_{t+1}})_{\text{an}} = 17$, since it is so over the field $F(\sqrt{-\lambda}, \sqrt{a_1 b_1}, \sqrt{a_2 b_2})$. But $\dim_3(\tilde{q}|_{F_{t+1}})_{\text{an}} = 1$ and $\omega_3((\tilde{q}|_{F_{t+1}})_{\text{an}})$ is a non-zero pure symbol. So, $(q|_{F_{t+1}})_{\text{an}}$ has splitting pattern $(1,3,1,3)$, and $q := (\tilde{q}|_{F_t})_{\text{an}}$ has splitting pattern $(1,1,3,1,3)$.

$\dim q = 21$

By Theorem 7.2, $i_1(q) \leq 5$. Let us show that $i_1(q)$ is not equal to 2, 3, or 4. If $i_1(q) = 4$, then $\mathbf{i}(q)$ would be $(4,1,1,1,1,1,1)$, $(4,1,1,1,3)$, $(4,1,3,1,1)$, or $(4,5,1)$. In the light of Theorem 7.7, in all these cases we get a binary direct summand of $M(Q)$ of size $\dim Q - 4 + 1 = 16$, which contradicts Theorem 4.20.

If $i_1(q) = 2$, then $\mathbf{i}(q)$ would be $(2,1,1,1,1,1,1,1,1)$, $(2,1,1,1,1,1,3)$, $(2,1,1,1,3,1,1)$, $(2,1,1,5,1)$, $(2,1,3,1,3)$, or $(2,1,7)$. Let N be an indecomposable direct summand of $M(Q)$ such that $a(N) = 0$.

If $\mathbf{i}(q) = (2,1,1,1,1,1,1,1,1)$, then N is binary of size 18, a contradiction with Theorem 4.20.

The same will happen in the case $\mathbf{i}(q) = (2,1,1,1,1,1,3)$, since all Tate motives from the shell number 7 are connected to some Tate motives from the shells number 5 and 6 (by Lemma 7.10), and those shells are not connected to the shell number 1.

The nonexistence of the splitting pattern $(2,1,1,1,3,1,1)$ follows from the considerations we applied to the splitting pattern $(2,1,1,3,1,1)$ above (in $\dim = 19$) (with the only difference that N will be a binary direct summand of size 18 instead of 16, which still contradicts Theorem 4.20).

If $\mathbf{i}(q) = (2,1,3,1,3)$, Then, by Lemma 7.11, in $M(Q)$ we have connections (not to be confused with the indecomposable direct summands) of the form

Since $a(N) = 0$, $b(N) = 18$ and $N^\vee \cong N(1)[2]$ (in other words, N is symmetric with respect to flipping over) (here $N^\vee$ is the direct summand of $M(Q)$ given by the dual projector), we see that $N|_{\overline{k}}$ does not contain any of the Tate motives from the shells number 3 and 5. So, N is binary of size 18, a contradiction with Theorem 4.20.

If $\mathbf{i}(q) = (2, 1, 7)$, consider $p := q \perp \langle -\det_\pm q\rangle$. Then $\mathbf{i}(p)$ is a specialization of $(1, 1, 1, 1, 6, 1)$ and $p \in I^2(k)$. So, $\mathbf{i}(p)$ is a specialization of $(1, 1, 1, 8)$. Since in I^4 there are no anisotropic forms of dimension 22 or 20 (by a result of D. Hoffmann), q must be isotropic, a contradiction.

Finally, if $\mathbf{i}(q) = (2, 1, 1, 5, 1)$, then by [10, Theorem 2], $\dim_4 q = 3$, so there exists a 3-dimensional form $r_4(q)$ such that $p := q \perp r_4(q) \in I^4(k)$. Since in I^4 there are no forms of dimension 18, 20 and 22, we get that p is anisotropic of dimension 24, and $\mathbf{i}(p) = (4, 8)$. But since q is a subform of codimension 3 in p, and $i_1(p) = 4 > 3$, we get that N will be isomorphic to a direct summand L of $M(P)$ such that $a(L) = 0$. But $\operatorname{size} N = \dim Q - i_1(q) + 1 = 18$, and $\operatorname{size} L = \dim P - i_1(p) + 1 = 19$, a contradiction. So, we have proved that $i_1(q) \neq 2$.

Suppose $i_1(q) = 3$. We have the following possibilities for $\mathbf{i}(q)$:

$$(3, 1, 1, 1, 1, 1, 1, 1), \quad (3, 1, 1, 1, 1, 3), \quad (3, 1, 1, 3, 1, 1),$$
$$(3, 1, 5, 1), \quad (3, 3, 1, 3), \quad \text{and} \quad (3, 7).$$

Let N be an indecomposable direct summand of $M(Q)$ such that $a(N) = 0$.

If $\mathbf{i}(q) = (3, 1, 1, 1, 1, 1, 1, 1)$, then N is binary of size 17, which contradicts Theorem 4.20. The same happens in the case $\mathbf{i}(q) = (3, 1, 1, 1, 1, 3)$, since all Tate motives from the shell number 6 are connected to some Tate motives from the shells 4 and 5, and in the case $\mathbf{i}(q) = (3, 7)$, since 7 is not divisible by 3.

If $\mathbf{i}(q) = (3, 1, 5, 1)$, then by [10, Theorem 2], $\dim_4 q = 3$, so there exists a 3-dimensional form $r_4(q)$ such that $p := q \perp r_4(q) \in I^4(k)$. Since in I^4 there are no forms of dimension 18, 20 and 22, we get that p is anisotropic of dimension 24, and $\mathbf{i}(p) = (4, 8)$. But since q is a subform of codimension 3 in p, and $i_1(p) = 4 > 3$, we get that N will be isomorphic to a direct summand L of $M(P)$ such that $a(L) = 0$. But $\operatorname{size} N = \dim Q - i_1(q) + 1 = 17$, and $\operatorname{size} L = \dim P - i_1(p) + 1 = 19$, a contradiction.

If $\mathbf{i}(q) = (3, 3, 1, 3)$, then consider $p := q \perp \langle \det_\pm q\rangle$. $\mathbf{i}(p)$ is a specialization of $(1, 2, 1, 2, 1, 1, 2, 1)$, and $p \in I^2(k)$. Hence $\mathbf{i}(p)$ is a specialization of $(1, 2, 1, 2, 1, 4)$, and finally, of $(1, 2, 4, 4)$. Clearly, then $\mathbf{i}(p)$ is either $(1, 2, 4, 4)$ or $(2, 4, 4)$ (in the last case p is isotropic). Let p'' be a form with splitting pattern $(2, 4, 4)$. If L is an indecomposable direct summand of $M(P'')$ such that $a(L) = 0$, then, by inductive application of Theorem 7.9, $M(P'') = L \oplus L(1)[2]$. In particular, $L|_{\overline{k}}$ contains $\mathbb{Z}(2)[4]$. Return to our original form q. Since $i_1(q) = 3$, we have that $N(1)[2]$ and $N(2)[4]$ are also direct summands of $M(Q)$. In particular, $N|_{\overline{k}}$ does not contain $\mathbb{Z}(2)[4]$. But for every field extension E/k, the conditions $i_W(q|_E) > 0$ and $i_W(p|_E) > 1$ are equivalent (since

$i_1(q) = 3$). So, by Theorem 4.15, $N(1)[2]$ is a direct summand of $M(P)$. Consider the field $F = k(P)$. Then $p|_F = \mathbb{H} \perp p''$ and $\mathbf{i}(p'') = (2, 4, 4)$. Since $M(P|_F) = \mathbb{Z} \oplus M(P'')(1)[2] \oplus \mathbb{Z}(20)[40]$, we get that $N|_F$ is a direct summand of $M(P'')$ such that $a(N|_F) = 0$. In particular, the indecomposable direct summand L of $M(P'')$ described above should be a direct summand of $N|_F$. But $L|_{\overline{F}}$ does contain $\mathbb{Z}(2)[4]$ and $N|_{\overline{F}}$ does not, a contradiction. So, the splitting pattern $(3, 3, 1, 3)$ is not possible.

Finally, let $\mathbf{i}(q) = (3, 1, 1, 3, 1, 1)$. The only way for N not to be binary of size 17 is to contain Tate motives from the shell number 4. That is, $N|_{\overline{k}} = \mathbb{Z} \oplus \mathbb{Z}(5)[10] \oplus \mathbb{Z}(12)[24] \oplus \mathbb{Z}(17)[34]$. By a result of B. Kahn ([10, Theorem 2]), $\dim_4 q = 5$. So, let $r_4(q)$ be a 5-dimensional form such that $q \perp r_4(q) \in I^4(k)$. Let $p := (q \perp r_4(q))_{\mathrm{an}}$. We know that $\dim p \neq 18, 20$ or 22. Suppose $\dim p \geq 24$. Then $p|_{k(Q)}$ is isotropic, since $\dim(q|_{k(Q)})_{\mathrm{an}} = 15$. Suppose $q|_{k(P)}$ is isotropic. Then, by Corollary 3.9, $M(P)$ contains a direct summand L with $a(L) = 0$ isomorphic to N. But L has size $\dim P - i_1(p) + 1 = 19$ or 24, since $\mathbf{i}(p)$ is either $(4, 8)$ or $(1, 4, 8)$ (the last case does not exist, actually). In any case, it is not equal to $17 = \operatorname{size} N$. So, $q|_{k(P)}$ is anisotropic, and $\mathbf{i}(q|_{k(P)})$ is a specialization of $(3, 1, 1, 3, 1, 1)$. So, $\mathbf{i}(q|_{k(P)})$ is either $(3, 1, 1, 3, 1, 1)$, or $(5, 3, 1, 1)$ (we already know that i_1 cannot be 4 for 21-dimensional forms). But in the second case, for the indecomposable direct summand M of $M(Q|_{k(P)})$ with $a(M) = 0$ we would have that $M|_{\overline{k(P)}}$ contains $\mathbb{Z}(\dim Q - i_1(q|_{k(P)}) + 1)[2(\dim Q - i_1(q|_{k(P)}) + 1)] = \mathbb{Z}(15)[30]$, but already $N|_{\overline{k(P)}}$ does not contain this Tate motive, and M is clearly a direct summand in $N|_{k(P)}$. So, $\mathbf{i}(q|_{k(P)}) \neq (5, 3, 1, 1)$, and hence, $\mathbf{i}(q|_{k(P)}) = (3, 1, 1, 3, 1, 1)$. This means that by changing the field, we can assume that $\dim p < 24$, which means $\dim p = 16$, and p is a Pfister form up to a scalar multiple. Abusing notations, we will still call this new field k and the new form q. But then we notice that for every field extension E/k, $p|_E$ is isotropic if and only if $i_W(q|_E) > 5$. By Theorem 4.15, in $M(Q)$ there is a direct summand N' such that $a(N') = 5$. But $N|_{\overline{k}}$ contains $\mathbb{Z}(5)[10]$, a contradiction. So, the splitting pattern $(3, 1, 1, 3, 1, 1)$ is not possible, and we have proved that $i_1(q) \neq 3$.

The remaining values of $i_1(q)$ are 1 and 5. We will show that all the splitting patterns with such i_1 (which are provided by the already classified splitting patterns of forms of dimension 19 and 11) are realized by appropriate forms.

If $i_1(q) = 5$, then it is a consequence of Theorem 7.3 that all the splitting patterns $(5, 1, 1, 1, 1, 1)$, $(5, 1, 1, 3)$ and $(5, 3, 1, 1)$ are realized.

Let now $i_1(q) = 1$. The splitting pattern $(1, 1, 1, 1, 1, 1, 1, 1, 1, 1)$ is realized by the generic form $\langle x_1, \ldots, x_{21}\rangle$ over the field $k(x_1, \ldots, x_{21})$.

To construct a form with splitting pattern $(1, 1, 1, 1, 1, 1, 1, 3)$, consider $\tilde{q} := \langle\langle a_1, a_2, a_3\rangle\rangle \perp \lambda \cdot \langle\langle b_1, b_2, b_3\rangle\rangle \perp \mu \cdot \langle\langle c_1, c_2, c_3\rangle\rangle \perp \langle\eta\rangle$ over the field $F := k(a_1, a_2, a_3, b_1, b_2, b_3, c_1, c_2, c_3, \lambda, \mu, \eta)$. Let $F = F_0 \subset F_1 \subset \cdots \subset F_h$ be the generic splitting tower for $\tilde{q}$. Then, for some t, $\dim(\tilde{q}|_{F_t})_{\mathrm{an}} = 21$ (since it happens over the field $F(\sqrt{-\lambda\mu}, \sqrt{b_1 c_1})$). On the other hand, $\tilde{q}$

over some field has a splitting pattern $(1,1,1,1,1,1,3)$ (as we saw while considering forms of dimension 19). So, $(1,1,1,1,1,1,1,3)$ is a specialization of $\mathbf{i}((\tilde{q}|_{F_t})_{\rm an})$. But $\dim_3(\tilde{q}|_{F_t})_{\rm an}=1$. Consequently, $(\tilde{q}|_{F_t})_{\rm an}$ has splitting pattern $(1,1,1,1,1,1,1,3)$.

For the splitting pattern $(1,1,1,1,1,3,1,1)$, consider the form

$$q := \langle\langle a_1,a_2,a_3,a_4\rangle\rangle \perp \langle x_1,x_2,x_3,x_4,x_5\rangle$$

over the field

$$F := k(a_1,a_2,a_3,a_4,x_1,x_2,x_3,x_4,x_5).$$

Clearly, $\dim q = 21$. On the other hand, over the field $E = F(\sqrt{-x_5})$, $\dim(q|_E)_{\rm an} = 19$, and $\mathbf{i}((q|_E)_{\rm an}) = (1,1,1,1,3,1,1)$. So, $(1,1,1,1,1,3,1,1)$ is a specialization of $\mathbf{i}(q)$. But for every field extension K/F, $i_W(q|_K)>5 \Leftrightarrow i_W(q|_K)>7$. Hence, q has splitting pattern $(1,1,1,1,1,3,1,1)$.

For the splitting pattern $(1,1,1,1,5,1)$, consider the form

$$\tilde{q} := \langle\langle a_1,a_2,b_1,b_2\rangle\rangle \perp -\langle\langle a_1,a_2,c_1,c_2\rangle\rangle \perp \langle x_1,x_2,x_3\rangle$$

over the field

$$F := k(a_1,a_2,b_1,b_2,c_1,c_2,x_1,x_2,x_3).$$

For some t, $\dim(\tilde{q}|_{F_t})_{\rm an} = 21$ (since over the field $F(\sqrt{b_1x_1},\sqrt{b_2x_2},\sqrt{-c_1x_3})$ this equality holds). On the other hand, over the field $E = F(\sqrt{b_1c_1})$, $\dim(\tilde{q}|_E)_{\rm an} = 19$, and $\mathbf{i}((\tilde{q}|_E)_{\rm an}) = (1,1,1,5,1)$. Put $q := (\tilde{q}|_{F_t})_{\rm an}$. Then $(1,1,1,1,5,1)$ is a specialization of $\mathbf{i}(q)$. Since for every field extension K/F_t, $i_W(q|_K)>4 \Leftrightarrow i_W(q|_K)>8$, we get $\mathbf{i}(q)=(1,1,1,1,5,1)$.

For the splitting pattern $(1,1,1,3,1,3)$, consider the form

$$\tilde{q} := \langle\langle a_1,a_2,a_3,a_4\rangle\rangle \perp \lambda\cdot\langle\langle b_1,b_2,b_3\rangle\rangle \perp \langle\mu\rangle$$

over the field

$$F := k(a_1,a_2,a_3,a_4,b_1,b_2,b_3,\lambda,\mu).$$

Then there exists t with $\dim(\tilde{q}|_{F_t})_{\rm an} = 21$ (since it is so over the field $F(\sqrt{-\lambda},\sqrt{a_1b_1})$). On the other hand, we know that for some s (evidently, equal to $t+1$), $\dim(\tilde{q}|_{F_s})_{\rm an}=19$ and $\mathbf{i}(\tilde{q}|_{F_s})_{\rm an}) = (1,1,3,1,3)$. Consequently, for $q := (\tilde{q}|_{F_t})_{\rm an}$ we get $\mathbf{i}(q) = (1,1,1,3,1,3)$.

For the splitting pattern $(1,3,1,1,1,1,1,1)$, consider the form

$$\tilde{q} := \langle\langle a_1,a_2,a_3,a_4,a_5\rangle\rangle \perp \langle x_1,\dots,x_{13}\rangle$$

over the field

$$F = k(a_1,a_2,a_3,a_4,a_5,x_1,\dots,x_{13}).$$

Then, for some t, $\dim(\tilde{q}|_{F_t})_{\rm an} = 21$, since it is so over the field E obtained by adjoining to F the square roots of a_1x_1, a_2x_2, a_3x_3, a_4x_4, a_5x_5, $-a_1a_2x_6$, $-a_1a_3x_7$, $-a_1a_4x_8$, $-a_1a_5x_9$, $-a_2a_3x_{10}$, $-a_2a_4x_{11}$ and $-a_2a_5x_{12}$. If we adjoin also the square root of $-a_3a_4x_{13}$, then the dimension of the anisotropic part of $\tilde{q}$ will be 19. And finally, over the field $K = F(\sqrt{a_1})$, $\dim(\tilde{q}|_K)_{\mathrm{an}} = 13$, and $(\tilde{q}|_K)_{\mathrm{an}}$ is generic, so $\mathbf{i}((\tilde{q}|_K)_{\mathrm{an}}) = (1,1,1,1,1,1)$. Then for $q := (\tilde{q}|_{F_t})_{\mathrm{an}}$, $(1,3,1,1,1,1,1,1)$ is a specialization of $\mathbf{i}(q)$. Since for every field extension E/F_t, $i_W(q|_E) > 1 \Leftrightarrow i_W(q|_E) > 3$, we get $\mathbf{i}(q) = (1,3,1,1,1,1,1,1)$.

For the splitting pattern $(1,3,1,1,1,3)$, consider the form

$$\tilde{q} := \langle\langle a_1, a_2, a_3, a_4, a_5\rangle\rangle \perp \langle\langle b, c_1, c_2\rangle\rangle \perp -\langle\langle b, d_1, d_2\rangle\rangle \perp \langle e\rangle$$

over the field

$$F = k(\sqrt{-1})(a_1, a_2, a_3, a_4, a_5, b, c_1, c_2, d_1, d_2, e).$$

For some t, $\dim(\tilde{q}|_{F_t})_{\mathrm{an}} = 21$, since it is so over the field

$$E = F(\sqrt{a_1 b}, \sqrt{a_2 c_1}, \sqrt{a_3 c_2}, \sqrt{a_4 d_1}, \sqrt{a_5 d_2}).$$

And $\dim(\tilde{q}|_{E\sqrt{a_1 a_2 a_3 e}})_{\mathrm{an}} = 19$. On the other hand, $\dim(\tilde{q}|_{F\sqrt{a_1}})_{\mathrm{an}} = 13$, and $\mathbf{i}((\tilde{q}|_{F\sqrt{a_1}})_{\mathrm{an}}) = (1,1,1,3)$. So, for $q := (\tilde{q}|_{F_t})_{\mathrm{an}}$, $(1,3,1,1,1,3)$ is a specialization of $\mathbf{i}(q)$. Since for every field extension E/F_t, $i_W(q|_E) > 1 \Leftrightarrow i_W(q|_E) > 3$ and $i_W(q|_E) > 7 \Leftrightarrow i_W(q|_E) > 9$, we have $\mathbf{i}(q) = (1,3,1,1,1,3)$.

For the splitting pattern $(1,3,1,3,1,1)$, consider the form

$$\tilde{q} := \langle\langle a_1, a_2, a_3, a_4, a_5\rangle\rangle \perp -\langle\langle b_1, b_2\rangle\rangle \cdot \langle 1, -c_1, -c_2\rangle \perp \langle d\rangle$$

over the field

$$F = k(a_1, a_2, a_3, a_4, a_5, b_1, b_2, c_1, c_2, d).$$

For some t, $\dim(\tilde{q}|_{F_t})_{\mathrm{an}} = 21$, since it is so over the field

$$E = F(\sqrt{a_1 b_1}, \sqrt{a_2 b_2}, \sqrt{a_3 c_1}, \sqrt{a_4 c_2}).$$

Moreover, $\dim(\tilde{q}|_{E(\sqrt{a_5 d})})_{\mathrm{an}} = 19$. On the other hand, $\dim(\tilde{q}|_{F(\sqrt{a_1})})_{\mathrm{an}} = 13$, and $\mathbf{i}((\tilde{q}|_{F(\sqrt{a_1})})_{\mathrm{an}}) = (1,3,1,1)$. So, for $q := (\tilde{q}|_{F_t})_{\mathrm{an}}$, $(1,3,1,3,1,1)$ is a specialization of $\mathbf{i}(q)$. Since for every field extension E/F_t, $i_W(q|_E) > 1 \Leftrightarrow i_W(q|_E) > 3$ and $i_W(q|_E) > 5 \Leftrightarrow i_W(q|_E) > 7$, we have $\mathbf{i}(q) = (1,3,1,3,1,1)$.

For the splitting pattern $(1,3,5,1)$ take $q = \langle\langle a_1, a_2\rangle\rangle \cdot \langle b_1, b_2, b_3, b_4, b_5\rangle \perp \langle -b_1 b_2 b_3 b_4 b_5\rangle$ over the field $F = k(a_1, a_2, b_1, b_2, b_3, b_4, b_5)$. Then, on one hand, q has a codimension 1 subform $p' = \langle\langle a_1, a_2\rangle\rangle \cdot \langle b_1, b_2, b_3, b_4, b_5\rangle$, so, $\mathbf{i}(p') = (4,4,2)$, and hence, $\mathbf{i}(q)$ is a specialization of $(1,3,1,3,1,1)$. On the other hand, q is itself a subform of codimension 3 in the form $p'' = \langle\langle a_1, a_2\rangle\rangle \cdot \langle b_1, b_2, b_3, b_4, b_5, -b_1 b_2 b_3 b_4 b_5\rangle$ in $I^4(F)$. So, $\mathbf{i}(p'') = (4,8)$, and hence, $\mathbf{i}(q)$ is a specialization of $(1,1,1,1,5,1)$. Consequently, $\mathbf{i}(q)$ is a specialization of $(1,3,5,1)$. Since q is anisotropic, $\mathbf{i}(q) = (1,3,5,1)$ (it is the only specialization possible — check the list).

Table 2 contains the list of possible splitting patterns we obtained. We should stress that the description of the respective classes of forms is only hypothetical.

Table 2: Splitting patterns of forms of dimension 19 or 21

$\dim q$	splitting pattern	**hypothetical** description
19	(3,5,1)	$\dim_4 q = 3$, $\dim_5 q = 13 \Leftrightarrow$ excellent
	(3,1,3,1,1)	$\dim_4 q = 5$ and $\begin{cases} \text{either } \dim_5 q = 13, \\ \text{or } q \perp \langle \det_{\pm} q \rangle \text{ is divisible} \\ \qquad \text{by a 2-fold Pfister form} \end{cases}$
	(3,1,1,1,3)	$\dim_5 q = 13$, $\dim_3 q = 1$
	(3,1,1,1,1,1,1)	$\dim_5 q = 13$, $\dim_4 q > 5$, $\dim_3 q > 1$
	(1,1,3,1,3)	$\dim_3 q = 1$, $\omega_3(q)$ is a nonzero pure symbol
	(1,1,1,5,1)	$\dim_4 q = 3$, $\dim_5 q > 13$
	(1,1,1,1,3,1,1)	$\dim_4 q = 5$, $\dim_5 q > 13$ and $q \perp \langle \det_{\pm} q \rangle$ is not divisible by a two-fold Pfister form
	(1,1,1,1,1,1,3)	$\dim_3 q = 1$, $\omega_3(q)$ is not a pure symbol, $\dim_5 q > 13$
	(1,1,1,1,1,1,1,1,1)	$\dim_3 q > 1, \dim_4 q > 5, \dim_5 q > 13$
21	(5,3,1,1)	$\dim_5 q = 11, \dim_4 q = 5$
	(5,1,1,3)	$\dim_5 q = 11, \dim_3 q = 1$
	(5,1,1,1,1,1)	$\dim_5 q = 11, \dim_4 q > 5, \dim_3 q > 1$
	(1,3,5,1)	$\dim_4 q = 3$, and $(q \perp r_4(q))\vert_{k(r_4(q))}$ is hyperbolic
	(1,3,1,3,1,1)	$\dim_4 q = 5$ and $\begin{cases} \text{either } \dim_5 q = 13, \\ \text{or } \dim_5 q > 11, (q \perp \langle \det_{\pm} q \rangle)_{\mathrm{an}} \\ \qquad \text{is divisible by a 2-fold Pfister form} \end{cases}$
	(1,3,1,1,1,3)	$\dim_5 q = 13, \dim_3 q = 1$
	(1,3,1,1,1,1,1,1)	$\dim_5 q = 13, \dim_4 q > 5, \dim_3 q > 1$
	(1,1,1,3,1,3)	$\dim_3 q = 1$ and $\omega_3(q)$ is a nonzero pure symbol
	(1,1,1,1,5,1)	$\dim_4 q = 3$, and $(q \perp r_4(q))\vert_{k(r_4(q))}$ is not hyperbolic
	(1,1,1,1,1,3,1,1)	$\dim_4 q = 5, \dim_5 q > 13$, $(q \perp \langle \det_{\pm} q \rangle)_{\mathrm{an}}$ is not divisible by a 2-fold Pfister form
	(1,1,1,1,1,1,1,3)	$\dim_3 q = 1$, $\omega_3(q)$ is not a pure symbol, $\dim_5 q > 13$
	(1,1,1,1,1,1,1,1,1,1)	$\dim_3 q > 1, \dim_4 q > 5, \dim_5 q > 13$

7.3 Splitting Patterns of Even-dimensional Forms

I should mention that the cases of forms of dimension 2, 4, 6, 8 and 10 were classified by D. Hoffmann (see [3]). We still included these cases below.

$\dim p = 2$

$\mathbf{i}(p) = (1)$.

$\dim p = 4$

Either $\mathbf{i}(p) = (2)$, and p is a 2-fold Pfister form (up to scalar), or $\mathbf{i}(p) = (1,1)$, and p is any other form, for example, the generic one.

dim $p = 6$

By Theorem 7.2, $i_1(p) \leq 2$. If $i_1(p) = 2$, then $\mathbf{i}(p) = (2,1)$ and p is a Pfister neighbor. If $i_1(p) = 1$, then either $\mathbf{i}(p) = (1,2)$, which corresponds to the case of Albert forms, or $\mathbf{i}(p) = (1,1,1)$, which happens if $p \notin I^2(k)$ and p is not a Pfister neighbor. The generic form $\langle x_1, \ldots, x_6 \rangle$ over the field $k(x_1, \ldots, x_6)$ provides an example.

dim $p = 8$

Clearly, $i_1(p) \leq 4$. If $i_1(p) = 4$, then p is proportional to a 3-fold Pfister form. By Theorem 7.7, Theorem 7.8 and Theorem 4.20, $i_1(p) \neq 3$. If $i_1(p) = 2$, then $\mathbf{i}(p) = (2,2)$, again, by Theorem 7.7, Theorem 7.8 and Theorem 4.20. It is well-known that in this case, p is proportional to a difference of a 3-fold Pfister form and a 2-fold Pfister form having exactly one common slot. Finally, let $i_1(p) = 1$. Then all the cases $(1,2,1)$, $(1,1,2)$, and $(1,1,1,1)$ are realized by appropriate forms. If $\mathbf{i}(p) = (1,2,1)$, then p is proportional to the difference of a 3-fold Pfister form and a 1-fold Pfister form having no common slot. The case $(1,1,2)$ corresponds to a form in $I^2(k)$ such that $\omega_2(p) \in K_2^M(k)/2$ is not a pure symbol (this follows from Merkurjev's index reduction formula). And finally, all other forms have the splitting pattern $(1,1,1,1)$. The generic form provides an example.

dim $p = 10$

By Theorem 7.2, $i_1(p) \leq 2$. For $i_1(p) = 2$, all the splitting patterns $(2,2,1)$, $(2,1,2)$, and $(2,1,1,1)$ are realized by Theorem 7.3. Let us describe the respective classes of forms. Since $i_1(p) = 2$, by the result of O. Izhboldin ([6, proof of Conjecture 0.10]), either p is divisible by some binary form $\langle\langle a \rangle\rangle$, or p is a Pfister neighbor. If $\mathbf{i}(p) = (2,2,1)$, then p is clearly divisible by $\langle\langle \det_\pm p \rangle\rangle$ (by Theorem 7.1). And vice-versa, if p is divisible by $\langle\langle a \rangle\rangle$ then $i_s(p)$ are divisible by 2, for all $s < h(p)$. Since $i_1(p) \neq 4$, $\mathbf{i}(p)$ must be $(2,2,1)$. Consequently, the cases $(2,1,2)$ and $(2,1,1,1)$ correspond to Pfister neighbors. In the first case, $p \in I^2(k)$. In the second, $p \notin I^2(k)$, and p is not divisible by $\langle\langle \det_\pm p \rangle\rangle$, or, what is equivalent, $\dim_3 p > 2$. And vice-versa, if p is a Pfister neighbor, $p \in I^2(k)$, then $\mathbf{i}(p)$ is a specialization of $(2,1,2)$, and there are no nontrivial specializations at our disposal. Similarly, if p is a Pfister neighbor, $p \notin I^2(k)$, and $\dim_3 p > 2$, then $\mathbf{i}(p)$ is not equal to $(2,2,1)$ or $(2,1,2)$ but is a specialization of $(2,1,1,1)$. So, $\mathbf{i}(p) = (2,1,1,1)$.

Let now $i_1(p) = 1$. The case $(1,4)$ is not possible by a result of A. Pfister ([22, Satz 14 and Zusatz]). The other cases $(1,2,2)$, $(1,1,2,1)$, $(1,1,1,2)$, and $(1,1,1,1,1)$ are all realized by appropriate forms.

It is well known that the case $(1,2,2)$ corresponds to the difference of a 3-fold Pfister form and a 2-fold Pfister form having no common slot.

Let $\mathbf{i}(p) = (1,1,2,1)$. Then there exists $c \in k^*$ such that $p \perp c \cdot \langle\langle \det_{\pm} p \rangle\rangle \in I^3(k)$. Also, clearly, p is not divisible by any binary form. Conversely, let $\dim_3 p = 2$, and suppose p is not divisible by the binary form $\langle\langle \det_{\pm} p \rangle\rangle$. Then $\mathbf{i}(p)$ is a specialization of $(1,1,2,1)$, but not $(2,2,1)$, and $\det_{\pm} p \neq 1$, so $i_{h(p)}(p) = 1$. Hence, $\mathbf{i}(p) = (1,1,2,1)$. The form $p = \langle\langle a_1, a_2, a_3 \rangle\rangle \perp \langle b_1, b_2 \rangle$ over the field $k(a_1, a_2, a_3, b_1, b_2)$ provides an example.

If $\mathbf{i}(p) = (1,1,1,2)$, then $p \in I^2(k)$, and $\omega_2(p)$ is not a pure symbol (otherwise, we get a splitting pattern $(1,2,2)$), and p is not a Pfister neighbor. Conversely, any form satisfying these conditions has splitting pattern $(1,1,1,2)$. Such forms clearly exist: take $p = \langle\langle a_1, a_2 \rangle\rangle \perp \lambda \cdot \langle b_1, b_2, -b_1b_2, -c_1, -c_2, c_1c_2 \rangle$ over the field $F = k(a_1, a_2, b_1, b_2, c_1, c_2, \lambda)$, then $p \in I^2$, and at the same time, over the fields $E_1 = F(\sqrt{b_1c_1})$, $E_2 = F(\sqrt{a_1})$, and $E_3 = F(\sqrt{b_1}, \sqrt{c_1})$, the dimension of the anisotropic part of p is 8, 6, and 4, respectively. So, $\mathbf{i}(p) = (1,1,1,2)$. Finally, all the other forms have splitting pattern $(1,1,1,1,1)$. The generic form provides an example.

$\dim p = 12$

By Theorem 7.2, $i_1(p) \leq 4$. If $i_1(p) = 4$, then p is a Pfister neighbor by a result of B. Kahn ([10, Theorem 2]). So, $\mathbf{i}(p) = (4,2)$ if and only if $p = \lambda \cdot (\langle\langle a_1, a_2, a_3, a_4 \rangle\rangle \perp -\langle\langle a_1, a_2 \rangle\rangle)_{\mathrm{an}}$ for some $\{a_1, a_2, a_3, a_4\} \neq 0 \in K_4^M(k)/2$. And $\mathbf{i}(p) = (4,1,1)$ if and only if p is a Pfister neighbor and $p \notin I^2(k)$.

By Theorem 7.7, Theorem 7.8 and Theorem 4.20, $i_1(p) \neq 3$.

Let $i_1(p) = 2$. We have the following possibilities for $\mathbf{i}(p)$: $(2,4)$, $(2,2,2)$, $(2,1,2,1)$, $(2,1,1,2)$, and $(2,1,1,1,1)$. The case $(2,1,1,1,1)$ is not possible by Theorem 7.7, Theorem 7.8 and Theorem 4.20. The same applies to the case $\mathbf{i}(p) = (2,1,1,2)$, since the motive of a quadric with splitting pattern $(1,2)$ (Albert quadric) is indecomposable (by Theorem 7.9), and so, the Tate motives from the shell number 4 of $M(P)$ are connected to ones from the shell number 3.

Consider the case $\mathbf{i}(p) = (2,1,2,1)$. Then $\mathbf{i}(p|_{k\sqrt{\det_{\pm} p}})$ must be a specialization of $(2,4)$. Then for some $c \in k^*$, $p \perp c \cdot \langle\langle \det_{\pm} p \rangle\rangle$ belongs to $I^3(k)$. Really, consider $p' = p \perp \langle\langle \det_{\pm} p \rangle\rangle$. Then $p' \in I^2(k)$, and $\omega_2(p')|_{k\sqrt{\det_{\pm} p}} = 0$. So, by a result of A. Merkurjev (see [20]), there exists $c \in k^*$ such that $\omega_2(p') = \{c, \det_{\pm} p\}$. Then $p' \perp -\langle\langle c, \det_{\pm} p \rangle\rangle \in I^3(k)$. Hence, $p'' := p \perp c \cdot \langle\langle \det_{\pm} p \rangle\rangle \in I^3(k)$. So, $\mathbf{i}(p'')$ is a specialization of $(1,2,4)$. It must be either $(1,2,4)$ or $(2,4)$ (by Theorem 7.7, Theorem 7.8 and Theorem 4.20, there are no forms with splitting pattern $(3,4)$). By Corollary 4.9(2), $p|_{k(p'')}$ is anisotropic. At the same time, $\langle\langle \det_{\pm} p \rangle\rangle|_{k(p'')}$ is clearly not hyperbolic. So, $\mathbf{i}(p|_{k(p'')}) = (2,1,2,1)$ (there are no other specializations possible with $i_{h(p)} = 1$). This means that by changing the field, we can assume that p'' is isotropic and for $r := (p'')_{\mathrm{an}}$, $\mathbf{i}(r) = (2,4)$ (while still having $\mathbf{i}(p) = (2,1,2,1)$). But now p and r have a common subform of codimension 1, and since $i_1(p) > 1$, $i_1(r) > 1$, we get that $p|_{k(r)}$ and $r|_{k(p)}$ are isotropic. By Corollary 3.9, $M(P)$ and $M(R)$ contain isomorphic direct summands N and L with $a(N) = 0$. From Theorem 7.9 we know that $M(R) = L \oplus L(1)[2]$. Hence, $L|_{\overline{k}} = \mathbb{Z} \oplus \mathbb{Z}(2)[4] \oplus \mathbb{Z}(4)[6] \oplus \mathbb{Z}(5)[10] \oplus \mathbb{Z}(7)[14] \oplus \mathbb{Z}(9)[18]$. But the Tate motive $\mathbb{Z}(2)[4]$ belongs to the second shell of $M(P)$, so it is not contained in $N|_{\overline{k}}$ by Theorem 7.7, a contradiction. So, the case $(2,1,2,1)$ is not possible.

The remaining cases $(2,4)$ and $(2,2,2)$ are possible. By a result of Pfister, $\mathbf{i}(p) = (2,4)$ if and only if $p = (\langle\langle a, b_1, b_2\rangle\rangle \perp -\langle\langle a, c_1, c_2\rangle\rangle)_{\mathrm{an}}$, where $\{a, b_1, b_2\}$ and $\{a, c_1, c_2\}$ have exactly one common slot.

The forms with splitting pattern $(2,2,2)$ are not classified at the moment. However, hypothetically, p must have the form $\langle\langle a\rangle\rangle \cdot \langle b_1, \ldots, b_6\rangle$, where $\{a, -b_1 \cdot \ldots \cdot b_6\} \neq 0$ and p is not a Pfister neighbor (the last two conditions are clearly necessary, so the question is about the divisibility by a binary form). Clearly, the specified forms have the splitting pattern $(2,2,2)$.

Let $\mathbf{i}(p) = (1,2,2,1)$. Then, by Theorem 7.1 and Theorem 7.5, $p|_{k\sqrt{\det_{\pm} p}}$ must be hyperbolic. But then $i_1(p)$ must be divisible by 2, contradiction. So, this splitting pattern does not exist.

We will show that all the other possibilities

$$(1,2,1,2), \qquad (1,2,1,1,1), \qquad (1,1,2,2), \qquad (1,1,1,2,1),$$
$$(1,1,1,1,2), \qquad \text{and} \qquad (1,1,1,1,1,1)$$

are realized.

Let $\mathbf{i}(p) = (1,2,1,2)$. Then, as we saw above, $p_1 := (p|_{k(P)})_{\mathrm{an}}$ is a Pfister neighbor. So over the field $k(P)$ there exists a 6-dimensional form $\tilde{r}$ with trivial discriminant such that $p_1 \perp \tilde{r}$ is proportional to an anisotropic 4-fold Pfister form. Then $\tilde{r} \in W_{\mathrm{nr}}(k(P)/k)$, by standard arguments (see, for example, [10]). By a result of B. Kahn ([10, Theorem 2]), $\tilde{r}$ is defined over k, so there exists a 6-dimensional form r over k such that $r|_{k(P)} = \tilde{r}$. Then $p \perp r$ must be in $I^4(k)$. Really, if it were not, then $p_1 \perp \tilde{r}$ would not be in $I^4(k(P))$ either (since $\dim p > 8$). It is also clear that $\det_{\pm} r = 1$. So, up to a scalar, p differs from some Pfister form by an anisotropic form of dimension 6 with trivial discriminant (we use here the fact that $\dim \neq 18$ for anisotropic forms in I^4, see [4]). Conversely, if p is such a form, then, by Theorem 7.6, $\mathbf{i}(p)$ is a specialization of $(1,2,1,2)$. Since $\omega_2(p)$ is not a pure symbol, we have $i_{h(p)-1}(p) = 1$, and $\mathbf{i}(p)$ must be $(1,2,1,2)$.

Let us show that such forms really exist. Consider the form

$$\tilde{p} = \langle\langle a_1, a_2, a_3, a_4\rangle\rangle \perp \lambda \cdot \langle -b_1, -b_2, b_1 b_2, c_1, c_2, -c_1 c_2\rangle$$

over the field

$$F = k(a_1, a_2, a_3, a_4, b_1, b_2, c_1, c_2, \lambda).$$

Let $F = F_0 \subset \ldots \subset F_{h(\tilde{p})}$ be the generic splitting tower for $\tilde{p}$. Then, for some t, the form $p := (\tilde{p}|_{F_t})_{\mathrm{an}}$ has dimension 12. Really, it follows from the fact that $\dim(\tilde{p}|_E)_{\mathrm{an}} = 12$ for $E = F(\sqrt{b_1}, \sqrt{\lambda}, \sqrt{a_1 c_1}, \sqrt{a_2 c_2})$. Then $\mathbf{i}(p) = (1,2,1,2)$, as we saw above.

Let $\mathbf{i}(p) = (1,2,1,1,1)$. This is, actually, a complicated variant of the previous case (the difference is that we cannot use [10, Theorem 2] here, but, hopefully, we now have the results of O. Izhboldin and A. Laghribi, which permit to handle the problem). Let us do it in a separate Lemma.

Lemma 7.12. *Let p be an anisotropic form of dimension 12. Then the following conditions are equivalent:*

(1) $\mathbf{i}(p) = (1,2,1,1,1)$;

(2) $p = (r \perp d \cdot \langle\langle\gamma\rangle\rangle)_{\mathrm{an}}$, *where r is a 6-dimensional form with splitting pattern $(1,1,1)$, $d \in k^*$, and $\gamma \in K_4^M(k)/2$ is a nonzero pure symbol.*

Proof. We know that $p_1 := (p|_{k(P)})_{\mathrm{an}}$ is a Pfister neighbor. So over the field $k(P)$ there exists a 6-dimensional form r'' such that $p_1 \perp r''$ is proportional to an anisotropic 4-fold Pfister form $\langle\langle\alpha''\rangle\rangle$, where $\alpha'' \in K_4^M(k(P))/2$. Then $r'' \in W_{\mathrm{nr}}(k(P)/k)$, and $\alpha'' \in H^4_{nr}(k(P)/k, \mathbf{Z}/2)$. By a result of O. Izhboldin ([6, Theorem 0.5, Theorem 0.6]), there exists $\alpha \in K_4^M(k)/2 = H^4_{\text{ét}}(k, \mathbf{Z}/2)$ such that $\alpha|_{k(P)} = \alpha''$. Under the projection $\pi\colon I^4(k) \to K_4^M(k)/2$, α can be lifted to some form $q \in I^4(k)$. Let $k = k_0 \subset \cdots \subset k_{h(q)}$ be the generic splitting tower for q. Then $q_{h(q)-1} := (q|_{k_{h(q)-1}})_{\mathrm{an}}$ is proportional to some 4-fold Pfister form (by a result of B. Kahn, M. Rost, and R.J. Sujatha, see [12]), and, consequently, $\alpha|_{k_{h(q)-1}}$ is a nonzero pure symbol. Note that for any $1 \leq s < h(q)$, $k_s = k_{s-1}(q_{s-1})$, where q_{s-1} is a form of dimension ≥ 24. Denote $F := k_{h(q)-1}$. Then $\mathbf{i}(p|_F) = \mathbf{i}(p)$ (by [2], since $\dim q_{s-1} > 16$). At the same time, $(p|_{F(P)})_{\mathrm{an}}$ is a neighbor of the Pfister form $\langle\langle\alpha|_{F(P)}\rangle\rangle$. We know that $i_W(p|_{F(\langle\langle\alpha|_F\rangle\rangle)(P)}) = 3$. Hence, either $i_W(p|_{F(\langle\langle\alpha|_F\rangle\rangle)}) = 3$, or $p|_{F(\langle\langle\alpha|_F\rangle\rangle)}$ is anisotropic and $i_1(p|_{F(\langle\langle\alpha|_F\rangle\rangle)}) = 3$ (we recall that $(p|_{F(P)})_{\mathrm{an}}$ is a neighbor of $\langle\langle\alpha|_{F(P)}\rangle\rangle$). The last case is impossible, since $i_1 \neq 3$ for 12-dimensional forms. So, $i_W(p|_{F(\langle\langle\alpha|_F\rangle\rangle)}) = 3$. In particular, for any $\{a\} \in K_1^M(F)/2$ dividing $\alpha|_F$, $i_W(p|_{F(\langle\langle a\rangle\rangle)}) \geq 3$. Pick any such a. Then there exists $c \in F^*$ such that $i_W(p|_F \perp c \cdot \langle\langle a\rangle\rangle) \geq 2$, and so $i_W(p|_F \perp c \cdot \langle\langle\alpha|_F\rangle\rangle) \geq 2$, and for $\tilde{r} := (p|_F \perp c \cdot \langle\langle\alpha|_F\rangle\rangle)_{\mathrm{an}}$, $\dim\tilde{r} \leq 24$. We know that for some $\lambda \in F(P)^*$, $\dim(p|_{F(P)} \perp \lambda \cdot \langle\langle\alpha|_{F(P)}\rangle\rangle)_{\mathrm{an}} = 6$. Then $\dim\big((p|_{F(P)} \perp \lambda \cdot \langle\langle\alpha|_{F(P)}\rangle\rangle)_{\mathrm{an}} \perp -\tilde{r}|_{F(P)}\big) \leq 30$. But $(p|_{F(P)} \perp \lambda \cdot \langle\langle\alpha|_{F(P)}\rangle\rangle)_{\mathrm{an}} \perp -\tilde{r}|_{F(P)} \in I^5(F(P))$. So, $(p|_{F(P)} \perp \lambda \cdot \langle\langle\alpha|_{F(P)}\rangle\rangle)_{\mathrm{an}} \perp -\tilde{r}|_{F(P)}$ is hyperbolic. We have two possibilities: either $\dim\tilde{r} > 6$, or $\dim\tilde{r} = 6$. Suppose $\dim\tilde{r} > 6$. We know that $\dim(\tilde{r}|_{F(P)})_{\mathrm{an}} = 6$, and $\mathbf{i}((\tilde{r}|_{F(P)})_{\mathrm{an}}) = (1,1,1)$. Let F_t be a field from the generic splitting tower of $\tilde{r}$ such that $h((\tilde{r}_{F_t})_{\mathrm{an}}) = 4$ (in other words, $t = h(\tilde{r}) - 4$). Denote $r' := (\tilde{r}_{F_t})_{\mathrm{an}}$. Then $\dim r' \geq 10$ (since if $\dim r'$ were 8, then $\dim(r'|_{F_t(P)})_{\mathrm{an}}$ would be 8 as well $(12 > 8)$). Then $\mathbf{i}(r') = (m,1,1,1)$, where $m > 1$. Consequently, by Theorem 7.7, Theorem 7.8 and Theorem 4.20, $(\dim r') - m$ is a power of 2. In particular, either $\dim r' = 10$, or $\dim r' \geq 26$. Since $\dim(\tilde{r}) \leq 24$, we have $\dim r' = 10$. But then r' must be a neighbor of some 4-fold Pfister form $\langle\langle\beta\rangle\rangle$, as we saw above. And $\langle\langle\beta\rangle\rangle|_{F_t(P)}$ is hyperbolic, since $r'|_{F_t(P)}$ is isotropic. In particular, $p|_{F_t}$ must be a Pfister neighbor, and so, $\mathbf{i}(p|_{F_t})$ should be a specialization of $(4,1,1)$. But $\dim(p|_{F(P)})_{\mathrm{an}} = 10$, and there is a regular place $F(P) \to F_t$ (since $\dim(\tilde{r}|_{F(P)})_{\text{an}} = 6 < 10$). So, $\dim(p|_{F_t(P)})_{\text{an}} = 10$, a contradiction (with Theorem 7.5). This implies $\dim \tilde{r} = 6$. So, we have shown that $p|_F = (\tilde{r} \perp -c \cdot \langle\langle \alpha|_F \rangle\rangle)_{\text{an}}$, where $\alpha|_F \in K_4^M(F)/2$ is a nonzero pure symbol, and $\tilde{r}$ is a 6-dimensional form with splitting pattern $(1,1,1)$. But then $\tilde{r} \in W_{nr}(F/k)$, and since F is obtained from k by adjoining the function fields of forms of dimension > 16, we get by a result of A. Laghribi ([18, Théorème principal]) that $\tilde{r}$ is defined over k by some form r. Clearly, $\mathbf{i}(r) = (1,1,1)$. Then $(p \perp -r)_F \in I^4(F)$. But since $\dim q_{s-1} > 8$ for all $1 \le s < h(q)$, we must have $p \perp -r \in I^4(k)$, and $p = (r \perp -d\langle\langle\gamma\rangle\rangle)_{\text{an}}$ for some $d \in k^*$ and some nonzero pure symbol $\gamma \in K_4^M(k)/2$ (we used here the fact that in $I^4(k)$ there are no anisotropic forms of dimension 18, see [4]). Conversely, if p has such a form (with $\mathbf{i}(r) = (1,1,1)$), then $\mathbf{i}(p)$ must be a specialization of $(1,2,1,1,1)$. Since $\mathbf{i}((p|_{k(\langle\langle\gamma\rangle\rangle)})_{\text{an}}) = (1,1,1)$ and $i_1(p) \ne 3$, we get $\mathbf{i}(p) = (1,2,1,1,1)$. □

Let us show that such forms really exist. Consider the form

$$\tilde{p} = \langle\langle a_1, a_2, a_3, a_4 \rangle\rangle \perp \langle b_1, b_2, b_3, b_4, b_5, b_6 \rangle$$

over the field

$$F = k(a_1, \ldots, a_4, b_1, \ldots, b_6).$$

Let $F = F_0 \subset \ldots \subset F_{h(\tilde{p})}$ be the generic splitting tower for $\tilde{p}$. Then, for some t, the form $p := (\tilde{p}|_{F_t})_{\text{an}}$ has dimension 12. Really, it follows from the fact that $\dim(\tilde{p}|_E)_{\text{an}} = 12$ for $E = F(\sqrt{b_5}, \sqrt{b_6}, \sqrt{a_1 b_1}, \sqrt{a_2 b_2}, \sqrt{a_3 b_3}, \sqrt{a_4 b_4})$. Then, by the evident part of Lemma 7.12, $\mathbf{i}(p) = (1,2,1,1,1)$.

The classification of forms with splitting pattern $(1,1,2,2)$ depends on the hypothetical classification of forms with splitting pattern $(2,2,2)$ above, and so, is itself hypothetical. Let $\mathbf{i}(p) = (1,1,2,2)$. Then $p \in I^2(k)$ and, by the index reduction formula of A. Merkurjev (see [21]), $\omega_2(p) \in K_2^M(k)/2$ is a nonzero pure symbol. Also, p is not divisible by any binary form $\langle\langle a \rangle\rangle$, since $i_1(p) = 1$. Hypothetically, the converse should be also true. That is, an anisotropic 12-dimensional form in $I^2(k)$ for which $\omega_2(p)$ is a pure symbol, and which is not divisible by a binary form, should have splitting pattern $(1,1,2,2)$. It is evident that for such a form, $\mathbf{i}$ is either $(1,1,2,2)$ or $(2,2,2)$, but we do not know if the nondivisibility by a binary form guarantees that $\mathbf{i}(p)$ is not $(2,2,2)$. Let us construct an example of a form p with $\mathbf{i}(p) = (1,1,2,2)$. Take $p := \langle\langle a_1, a_2, a_3 \rangle\rangle \perp \lambda \cdot \langle\langle b_1, b_2 \rangle\rangle$ over the field $F := k(a_1, a_2, a_3, b_1, b_2, \lambda)$. Then p is anisotropic, $p \in I^2(F)$, and $\omega_2(p) = \{b_1, b_2\} \ne 0 \in K_2^M(F)/2$ is a pure symbol. So, $\mathbf{i}(p)$ is either $(1,1,2,2)$ or $(2,2,2)$. But if $E = F\sqrt{-\lambda}$, then $i_W(p|_E) = 1$ (by a result of R. Elman and T.Y. Lam ([1]), since $\{a_1, a_2, a_3\}|_E$ and $\{b_1, b_2\}|_E$ have no common slots). This shows that $\mathbf{i}(p) = (1,1,2,2)$.

Let $\mathbf{i}(p) = (1,1,1,2,1)$. Then for some $c \in k^*$, $p \perp c \cdot \langle\langle \det_{\pm} p \rangle\rangle \in I^3(k)$. Conversely, if $\dim_3 p = 2$, then $\mathbf{i}(p)$ is a specialization of $(1,1,1,2,1)$, and $i_{h(p)}(p) = 1$. But $(1,1,1,2,1)$ itself is the only possible specialization satisfying this condition. As an example of such p we can take any codimension 2 subform of the form $(\langle\langle a_1, a_2, a_3\rangle\rangle \perp -\langle\langle b_1, b_2, b_3\rangle\rangle)_{\text{an}}$ over the field $F = k(a_1, a_2, a_3, b_1, b_2, b_3)$.

Let $\mathbf{i}(p) = (1, 1, 1, 1, 2)$. Then $p \in I^2(k)$, $\omega_2(p) \in K_2^M(k)/2$ is not a pure symbol (since $i_{h(p)-1}(p) = 1$), and $\dim_4 p > 6$ (since otherwise $\mathbf{i}(p)$ would be a specialization of $(1, 2, 1, 1, 1)$). Conversely, all the forms satisfying these three conditions have splitting pattern $(1, 1, 1, 1, 2)$. Really, the first two conditions give us $i_{h(p)}(p) = 2$ and $i_{h(p)-1}(p) = 1$. So, $\mathbf{i}(p)$ is either $(1, 1, 1, 1, 2)$ or $(1, 2, 1, 2)$. The last possibility is excluded since $\dim_4 p > 6$. The form $\langle -a_1, -a_2, a_1a_2, d_1, d_2, -d_1d_2\rangle \perp \lambda\cdot\langle b_1, b_2, -b_1b_2, -c_1, -c_2, c_1c_2\rangle$ over the field $k(a_1, a_2, b_1, b_2, c_1, c_2, d_1, d_2, \lambda)$ provides an example (just observe that p is anisotropic, and for $F = k\sqrt{d_1}$, $\mathbf{i}((p|_F)_{\text{an}}) = (1, 1, 1, 2)$, see the corresponding case in dimension 10).

Finally, all the other forms have the splitting pattern $(1, 1, 1, 1, 1, 1)$. They clearly can be described as $p \notin I^2(k)$, $\dim_3 p > 2$, $\dim_4 p > 6$. The generic form provides an example.

Our results are summarized in Table 3.

7.4 Some Conclusions

Let us list a couple of observations concerning computations above.

Although, in arbitrary dimension, there is no even hypothetical description of the set of possible splitting patterns, there is a conjecture describing elementary pieces of such splitting patterns, that is, higher Witt indices.

Conjecture 7.13 (D. Hoffmann). [2] *Let q be an anisotropic form. Then $i_1(q) - 1$ is the remainder of $(\dim q) - 1$ under the division by some power of 2.*

Remarks. (1) Conjecture 7.13 claims, in particular, that higher Witt indices for odd-dimensional forms are always odd, and for even-dimensional forms are either even or 1.

(2) For each d and each s such that $2^s < d$, there exists an anisotropic form q of dimension d over some field F such that $i_1(q) - 1$ is exactly the remainder of $d - 1$ divided by 2^s. Really, let $d - 1 = 2^s \cdot n + r$, where $0 \leq r < 2^s$. Consider $F := k(a_1, \dots, a_s, x_1, \dots, x_{n+1})$, and let q be any $(2^s - r - 1)$-codimensional subform of $p := \langle\langle a_1, \dots, a_s\rangle\rangle \cdot \langle x_1, \dots, x_{n+1}\rangle$. By Lemma 6.2, $i_1(p)$ is divisible by 2^s, on the other hand, $i_W(p|_{F\sqrt{-x_1x_2}}) = 2^s$. So, $i_1(p) = 2^s$. By Corollary 4.9(3), $i_1(q) = r + 1$.

Our computations show:

Theorem 7.14. *Conjecture 7.13 is valid for all forms of dimension ≤ 22.*

Proof. We just need to note that, by Corollary 4.9(3), if $\dim p$ is even, $i_1(p) > 1$, and q is any codimension 1 subform of p, then $i_1(q) = i_1(p) - 1$. Thus, if

[2] This conjecture was proven by N. Karpenko after the article was originally submitted.

Table 3: Splitting patterns of forms of even dimension ≤ 12

$\dim q$	splitting pattern	description
2	(1)	—
4	(2)	$\dim_2 p = 0$
	(1,1)	$\dim_2 p > 0$
6	(2,1)	$\dim_3 p = 2$
	(1,2)	$\dim_2 p = 0$
	(1,1,1)	$\dim_2 p > 0, \dim_3 p > 2$
8	(4)	$\dim_3 p = 0$
	(2,2)	$\dim_2 p = 0$ and $\omega_2(p)$ is a nonzero pure symbol
	(1,2,1)	$\dim_3 p = 2$
	(1,1,2)	$\dim_2 p = 0$ and $\omega_2(p)$ is not a pure symbol
	(1,1,1,1)	$\dim_2 p > 0, \dim_3 p > 2$
10	(2,2,1)	p is divisible by the binary form $\langle\langle \det_\pm p \rangle\rangle$
	(2,1,2)	$\dim_4 p = 6, \dim_2 p = 0$
	(2,1,1,1)	$\dim_4 p = 6$, $\dim_2 p > 0, \dim_3 p > 2$
	(1,2,2)	$\dim_2 p = 0$, $\omega_2(p)$ is a nonzero pure symbol
	(1,1,2,1)	$\dim_3 p = 2$, p is not divisible by $\langle\langle \det_\pm p \rangle\rangle$
	(1,1,1,2)	$\dim_2 p = 0$, $\omega_2(p)$ is not a pure symbol, $\dim_4 p > 6$
	(1,1,1,1,1)	$\dim_2 p > 0, \dim_3 p > 2, \dim_4 p > 6$
12	(4,2)	$\dim_4 p = 4, \dim_2 p = 0$
	(4,1,1)	$\dim_4 p = 4, \dim_2 p > 0$
	(2,4)	$\dim_3 p = 0$
	(2,2,2)	** $\dim_3 p > 0, \dim_4 p > 4$, p is divisible by a binary form
	(1,2,1,2)	$\dim_4 p = 6, \dim_2 p = 0$
	(1,2,1,1,1)	$\dim_4 p = 6, \dim_2 p > 0$
	(1,1,2,2)	** $\dim_2 p = 0$, $\omega_2(p)$ is a pure symbol, and p is not divisible by a binary form
	(1,1,1,2,1)	$\dim_3 p = 2$
	(1,1,1,1,2)	$\dim_2 p = 0$, $\omega_2(p)$ is not a pure symbol, $\dim_4 p > 6$
	(1,1,1,1,1,1)	$\dim_2 p > 0, \dim_3 p > 2, \dim_4 p > 6$

** only hypothetically

Conjecture 7.13 is valid for q, then it is valid for p. But in the case of odd dimensional forms we have a complete classification of $\mathbf{i}(q)$ up to dimension 21. □

Also, looking at the tables above, it is not difficult to guess the description of forms with the "generic" splitting pattern $(1, 1, \dots, 1)$.

Conjecture 7.15. *The following conditions are equivalent:*

(1) $\mathbf{i}(q) = (1, 1, \dots, 1)$;
(2) $\dim_s q \geq 2^{s-1} - 1$, *for all* $2 \leq s \leq \log_2(\dim q - 2) + 1$.

References

1. Elman, R., Lam, T.Y.: Pfister forms and K-theory of fields. J. Algebra, **23**, 181–213 (1972)
2. Hoffmann, D.W.: Isotropy of quadratic forms over the function field of a quadric. Math. Zeit., **220**, 461–476 (1995)
3. Hoffmann, D.W.: Splitting patterns and invariants of quadratic forms. Math. Nachr., **190**, 149–168 (1998)
4. Hoffmann, D.W.: On the dimensions of anisotropic quadratic forms in I^4. Invent. Math., **131**, 185–198 (1998)
5. Izhboldin, O.T.: Quadratic Forms with Maximal Splitting, II. Preprint, Feb. 1999
6. Izhboldin, O.T.: Fields of u-invariant 9. Ann. Math., **154**, 529–587 (2001)
7. Izhboldin, O.T.: Some new results concerning isotropy of low dimensional forms. List of examples and results (without proofs). This Volume.
8. Izhboldin, O.T.: Virtual Pfister neighbors and first Witt index. This Volume.
9. Izhboldin, O.T., Vishik, A.: Quadratic forms with absolutely maximal splitting. In: Proceedings of the Quadratic Form Conference, Dublin 1999, Contemp. Math., **272**, 103–125 (2000)
10. Kahn, B.: A descent problem for quadratic forms. Duke Math. J., **80**, 139–155 (1995)
11. Kahn, B.: Formes quadratiques de hauteur et de degré 2. Indag. Math. N.S., **7**, 47–66 (1996)
12. Kahn, B., Rost, M., Sujatha, R.J.: Unramified cohomology of quadrics, I. Amer. J. Math., **120**, 841–891 (1998)
13. Karpenko, N.: Criteria of motivic equivalence for quadratic forms and central simple algebras. Math. Ann., **317**, 585–611 (2000)
14. Karpenko, N.: Characterization of minimal Pfister neighbors via Rost projectors. J. Pure Appl. Algebra, **160**, 195–227 (2001)
15. Karpenko, N.: Motives and Chow groups of quadrics with application to the u-invariant. This Volume.
16. Knebusch, M.: Generic splitting of quadratic forms, I. Proc. London Math. Soc., **33**, 65–93 (1976)
17. Knebusch, M.: Generic splitting of quadratic forms, II. Proc. London Math. Soc., **34**, 1–31 (1977)
18. Laghribi, A.: Sur le problème de descente des formes quadratiques. Arch. Math., **73**, 18–24 (1999)
19. Lam, T.Y.: Algebraic Theory of Quadratic Forms. Benjamin, Reading, Mass. (1973)
20. Merkurjev, A.S.: On the norm residue symbol of degree 2. (Russian) Dokl. Akad. Nauk SSSR, **261**, 542–547 (1981) Engl. transl.: Soviet Math. Dokl., **24**, 546–551 (1981)
21. Merkurjev, A.S.: Simple algebras and quadratic forms. (Russian) Izv. Akad. Nauk SSSR, Ser. Mat., **55**, 218–224 (1991) Engl. transl.: Math. USSR Izv., **38** 215–221 (1992)
22. Pfister, A.: Quadratische Formen in beliebigen Körpern. Invent. Math., **1**, 116–132 (1966)
23. Rost, M.: Some new results on the Chow-groups of quadrics. Preprint, Regensburg, 1990

24. Rost, M.: The motive of a Pfister form. Preprint, 1998 (See www.math.ohio-state.edu/~rost/motive.html)
25. Vishik, A.: Integral Motives of Quadrics. MPIM-preprint, 1998 (13), 1–82
26. Vishik, A.: Direct summands in the motives of quadrics. Preprint, 1999
27. Vishik, A.: On dimension of anisotropic forms in I^n. MPIM-preprint, 2000 (11), 1–41
28. Voevodsky, V.: Triangulated category of motives over the field. In: Cycles, Transfers and Motivic Homology Theories. Annals of Math Studies, pp. 87-137, Princeton Univ. Press, 2000
29. Voevodsky, V.: The Milnor conjecture. MPIM-preprint, 1997 (8), 1–51
30. Voevodsky, V.: On 2-torsion in motivic cohomology. K-theory preprint archives, Preprint 502, 2001 (www.math.uiuc.edu/K-theory/0502/)

Motives and Chow Groups of Quadrics with Application to the u-invariant (after Oleg Izhboldin)

Nikita A. Karpenko

Laboratoire Géométrie–Algèbre
Université d'Artois
Rue Jean Souvraz SP 18
62307 Lens Cedex, France
karpenko@euler.univ-artois.fr

These are the notes of my lectures delivered during the mini-course "Méthodes géométriques en théorie des formes quadratiques" at the Université d'Artois, Lens, 26–28 June 2000. Part 1 is based on [11], Part 2 on [10].

In this text we consider only non-degenerate quadratic forms over fields of characteristic different from 2.

Contents

1 Virtual Pfister Neighbors and First Witt Index

1.1 Introduction

Let ϕ be a quadratic form over a field F. The *splitting pattern* of ϕ (cf. [6]) is defined as the set of integers $\{i_W(\phi_E)\}$ where E runs over all field extensions of F and $i_W(\phi_E)$ stays for the Witt index of the quadratic form ϕ_E.

In [5], the list of all splitting patterns of anisotropic quadratic forms of dimensions up to 10 is given. For example, in dimension 9 the only possible splitting patterns are $\{0, 1, 4\}$ and $\{0, 1, 2, 3, 4\}$ (moreover, a 9-dimensional form ϕ has the splitting pattern $\{0, 1, 4\}$ if and only if its even Clifford algebra $C_0(\phi)$ is split).

One difficulty appears in dimension 11 and remains unsolved in [5]: it is not clear whether the set $\{0, 2, 3, 4, 5\}$ is the splitting pattern of an 11-dimensional form. In characteristic 0 this question was answered by negative in [30] (see also [12]) where it was shown that the difference $i_1 - i_0$ can be strictly bigger than every other difference $i_2 - i_1, i_3 - i_2, \ldots, i_n - i_{n-1}$ for a splitting pattern $\{i_0, i_1, \ldots, i_n\}$ of a form ϕ only in the case where $\dim \phi - i_0$ is a power of 2. The proof made use of methods developed in [33] and in particular of the existence and certain properties of Voevodsky's cohomological operations in the motivic cohomology. (See also [32, Sect. 7.2].)

In contrast to that, the proof of the following theorem, also answering the question raised, works in any characteristic and makes use of much simpler and more classical tools. Recall that the first Witt index of an anisotropic quadratic form ϕ is defined as the smallest positive number in the splitting pattern of ϕ:

$$i_1(\phi) = \min\{i_W(\phi_E) > 0 \mid E/F \text{ a field extension}\}.$$

Theorem 1.1 (Izhboldin, cf. [11, Corollary 5.13]). *Let ϕ be an anisotropic quadratic form of dimension $2^n + 3$ with some n. Then $i_1(\phi) \neq 2$.*

Since $11 = 2^3 + 3$, this implies

Corollary 1.2. *The splitting pattern $\{0, 2, 3, 4, 5\}$ is not possible for an 11-dimensional quadratic form.* □

Note that Theorem 1.1 also provides a restriction on the first Witt index for quadratic forms of dimensions different from $2^n + 3$:

Corollary 1.3. *Let ϕ be an anisotropic quadratic form of dimension $2^n + k$ with $3 \leq k \leq 2^n$. Then $i_1(\phi) \neq k - 1$ (we put $k \leq 2^n$ in order to have a non-trivial statement).*

Proof. Assume that $i_1(\phi) = k - 1$ and let ψ be a $(2^n + 3)$-dimensional subform of ϕ. The forms $\phi_{F(\psi)}$ and $\psi_{F(\phi)}$ are isotropic:[1] the latter is isotropic as a $k-3$-

[1] This type of relation between two quadratic forms is called *stably birational equivalence* of the forms and means in fact that the corresponding projective quadrics are stably birationally equivalent algebraic varieties.

codimensional subform in the form $\phi_{F(\phi)}$ of a Witt index $> k-3$. Therefore, by a theorem of A. Vishik [31, Corollary A. 18] (see also [19, Theorem 8.1])

$$\dim \phi - i_1(\phi) = \dim \psi - i_1(\psi).$$

It follows that $i_1(\psi) = 2$ which is in contradiction with Theorem 1.1. □

Besides, we would like to remark that Theorem 1.1 proves a particular case of the following general conjecture,[2] due to D. Hoffmann, on the possible values of the first Witt index of quadratic forms:

Conjecture 1.4. *For any anisotropic quadratic form ϕ, the number $i_1(\phi)-1$ is the remainder of* $\dim(\phi) - 1$ *modulo an appropriate power of* 2.

See also [32, Sect. 7.4].

1.2 Proof of Theorem 1.1

We fix an anisotropic quadratic form ϕ of dimension $2^n + 3$ with $n \geq 2$.

Case 1: ϕ is a Pfister neighbor. Then $i_1(\phi)$ equals 3 which differs from 2.

Case 2: ϕ is a *virtual Pfister neighbor*, that is, ϕ becomes an anisotropic Pfister neighbor over some field extension of F. Here we need a couple of simple observations concerning embeddings of quadratic forms into Pfister forms.

Lemma 1.5 (cf. [7, Lemma 2.1]). *Let π and τ be anisotropic quadratic forms over F which are similar to some n-fold Pfister forms. There exists a field extension of F over which the forms are isomorphic while still being anisotropic.*

Proof. Consider the generic splitting tower of the form $\pi \perp -\tau$. Over the top of the tower the forms π and τ become isomorphic, and we only need to check that they are still anisotropic over the top.

Since $\pi \perp -\tau \in I^n$, where $I \subset W(F)$ is the fundamental ideal in the Witt ring, it follows from the Arason–Pfister Hauptsatz ([26, Theorem 5.6 of Chap. 4]) that every step of the tower is the function field of a quadratic form of some dimension $\geq 2^n$. By the Cassels–Pfister subform theorem ([26, Theorem 5.4(ii) of Chap. 4]), any of π and τ cannot become isotropic over the function field of dimension strictly bigger that 2^n (recall that a form similar to a Pfister form is either anisotropic or hyperbolic). So we only need to see what can be done in the case where the anisotropic part of the difference $\pi \perp -\tau$ is a 2^n-dimensional form ρ such that the forms $\pi_{F(\rho)}$ and $\tau_{F(\rho)}$ are hyperbolic. This case is not possible however: again by the Cassels–Pfister subform theorem, π and τ should be now both similar to ρ whence similar to each other; therefore the difference $\pi \perp -\tau$ is in I^{n+1} and (again by the Arason–Pfister Hauptsatz) cannot have an anisotropic part of dimension smaller that 2^{n+1}. □

[2] This conjecture has recently been proved by the author.

Corollary 1.6. *Let ϕ be an anisotropic quadratic form over a field F, let $K = F(t_1, \ldots, t_n)$ be the field of rational functions in n variables, and let $\pi = \langle\langle t_1, \ldots, t_n \rangle\rangle$ be the "generic n-fold Pfister form" (π is a quadratic form over the field K). If there exists a field extension $\tilde{F}/F$ over which $\phi_{\tilde{F}}$ is similar to a subform of an anisotropic n-fold Pfister form τ, then there exists a field extension E/K such that π_E is anisotropic and contains a subform isomorphic to ϕ_E.*

Proof. We assume that $\phi_{\tilde{F}} \subset k\tau$ for some $\tilde{F}$ and $k \in \tilde{F}^*$. Put $\tilde{K} = \tilde{F}(t_1, \ldots, t_n)$. The forms $\pi_{\tilde{K}}$ and $k\tau_{\tilde{K}}$ are clearly anisotropic ($\pi_{\tilde{K}}$ is still a generic n-fold Pfister form; $\tau_{\tilde{K}}$ is anisotropic because the extension $\tilde{K}/\tilde{F}$ is purely transcendental). We take as E an extension of $\tilde{K}$ over which they become isomorphic while still being anisotropic. Such an extension exists according to Lemma 1.5. □

Lemma 1.7 ([4, Proof of Theorem 2]). *If a 1-codimensional subform ψ of an anisotropic form ϕ is contained in an anisotropic Pfister form π, then there exists a field extension E/F such that π_E contains the whole ϕ_E while still being anisotropic.*

Proof. We have $\pi = \psi \perp \psi'$ for some quadratic form ψ' and $\phi = \psi \perp \langle a \rangle$ for some $a \in F^*$. We define E as the function field of the quadratic form $\psi' \perp \langle -a \rangle$. Over E the form ψ'_E represents a, therefore $\phi_E \subset \pi_E$ and the only thing to check is the anisotropy of π_E.

Assume that π becomes isotropic over $E = F(\psi' \perp \langle -a \rangle)$. By the Cassels–Pfister subform theorem we then have $\psi' \perp \langle -a \rangle \subset k\pi$ for any $k \in F^*$ being the product of a value of the form $\psi' \perp \langle -a \rangle$ by a value of the form π. Since $\psi' \subset \pi$, one may take $k = 1$. So, $\psi' \perp \langle -a \rangle \subset \pi = \psi \perp \psi'$. Applying Witt cancellation, we get the inclusion $\langle -a \rangle \subset \psi$ which means that the form $\phi = \psi \perp \langle a \rangle$ is isotropic, a contradiction. □

We continue the proof of Theorem 1.1. We are considering the case where ϕ is a virtual Pfister neighbor. We set

$$K = F(t_1, \ldots, t_{n+1}) \quad \text{and} \quad \pi = \langle\langle t_1, \ldots, t_{n+1} \rangle\rangle / K.$$

Let us consider the generic splitting tower of the quadratic form $\phi_K \perp -\pi$. Let L be the smallest field in the tower having the property $i_W(\phi_K \perp -\pi)_L \geq 2^n + 2$ (i.e., the dimension of the anisotropic part $(\phi_L \perp -\pi_L)_{\text{an}}$ of the form $\phi_L \perp -\pi_L$ is at most $2^n - 1$).

Let us show that the form ϕ_L is anisotropic. Since ϕ is a virtual Pfister neighbor and according to Corollary 1.6, we can find an extension E/K such that ϕ_E is anisotropic and contained in π_E. The inclusion $\phi_E \subset \pi_E$ provides us with the inequality $i_W(\phi_E \perp -\pi_E) \geq \dim \phi_E = 2^n + 3 \geq 2^n + 2$ which implies that the free composite $E \cdot_K L$ (defined as the field of fractions of the ring $E \otimes_K L$; this ring is an integral domain because the extension L/K is a tower of function fields of quadrics which are absolutely integral varieties) is a purely transcendental field extension of E. Therefore the anisotropy of ϕ_E implies the anisotropy of ϕ_{EL}. In particular, the quadratic form ϕ_L is anisotropic.

Since our final goal is to show that $i_1(\phi) \neq 2$, we may assume that $i_1(\phi) \geq 2$. First of all we are going to show that $i_1(\phi) = i_1(\phi_L)$ in this case. Since $\dim \phi = 2^n + 3$, the condition $i_1(\phi) \geq 2$ means that $\dim \left(\phi_{F(\phi)}\right)_{\text{an}} \leq 2^n - 1$. The statement we are going to check means that the form $\left(\phi_{F(\phi)}\right)_{\text{an}}/F(\phi)$ remains anisotropic over the field $L(\phi)$. Recall that the field extension L/F is a tower with the first step being purely transcendental and the other steps given by the function fields of quadratic forms of dimensions at least $2^n + 1$. The same can be said about the extension $L(\phi)/F(\phi)$. Therefore, by Hoffmann's theorem [4, Theorem 1], every anisotropic quadratic form over $F(\phi)$ of any dimension $< 2^n + 1$ remains anisotropic over the field $L(\phi)$. In particular, the form $\left(\phi_{F(\phi)}\right)_{\text{an}}$ remains anisotropic indeed over the field $L(\phi)$.

The condition $i_W(\phi_L \perp -\pi_L) \geq 2^n + 2$ (appearing in the choice of L) means that the forms ϕ_L and π_L have a common subform of dimension $2^n + 2$. In other words, ϕ_L contains a 1-codimensional subform which is a Pfister neighbor (of π_L). But since $i_W(\phi_L) \geq 2$, the form ϕ_L is stably birationally equivalent with any of its 1-codimensional subforms. It follows that ϕ_L is a Pfister neighbor (more precisely, it is a neighbor of the form π_L) and by that reason $i_1(\phi_L)$ is 3. Having $i_1(\phi) = i_1(\phi_L)$, we get $i_1(\phi) = 3$. So, $i_1(\phi) \neq 2$ for any virtual $(2^n + 3)$-dimensional Pfister neighbor ϕ.

Case 3: the general case. Here we also start by considering the generic splitting tower of the quadratic form $\phi_K \perp -\pi$ with K and π/K as in the proof of the previous case. Let now L be the smallest field in the tower satisfying the property $i_W(\phi_K \perp -\pi)_L \geq 2^n$ (or, equivalently, $\dim(\phi_L \perp -\pi_L)_{\text{an}} \leq 2^n + 3$).

Let us check that the form π_L is anisotropic. Let $\psi \subset \phi$ be a subform of dimension 2^n. By Hoffmann's [4, Main Lemma], there exists an extension of F over which ψ is embeddable into an anisotropic $(n+1)$-Pfister form. Therefore, by Corollary 1.6, we can find a field extension E/K such that the form π_E is anisotropic and contains ψ_E. The inequality

$$i_W(\psi_E \perp -\pi_E) \geq \dim \psi_E = 2^n$$

shows that $i_W(\phi_E \perp -\pi_E) \geq 2^n$ as well, whence the field extension $L \cdot_K E/E$ is purely transcendental. Therefore π, being anisotropic over E, remains anisotropic over the composite $L \cdot_K E$; in particular, π is anisotropic over the smaller field $L \subset L \cdot_K E$.

Let us check that the field extension $L(\pi)/F$ is unirational. The function field $F(t)(\langle\langle t\rangle\rangle)$ of the 2-dimensional quadratic form $\langle\langle t\rangle\rangle = \langle 1, -t\rangle$ (t is transcendental over F) is easily seen to be purely transcendental over F. Therefore the extension $K' = K(\langle\langle t_1\rangle\rangle)/F$ is also purely transcendental. However the form $\pi_{K'}$ is hyperbolic whence the inequality $i_W(\phi_{K'} \perp -\pi_{K'}) \geq$

$\frac{1}{2}\dim \pi_{K'} = 2^n$ by the reason of which the extension $L \cdot_K K'/K'$ is purely transcendental. Since the extension $(L \cdot_K K')(\pi)/L \cdot_K K'$ is purely transcendental as well (because of the hyperbolicity of $\pi_{K'}$), it follows that the extension $(L \cdot_K K')(\pi)/F$ is made of three purely transcendental steps and so is itself purely transcendental. Thus the subextension $L(\pi)/F$ is unirational.

Note that the smaller extension L/F is therefore now also known to be unirational. In particular, the form ϕ_L is anisotropic and $i_1(\phi) = i_1(\phi_L)$.

Now, assuming that $i_1(\phi) = 2$, let us check that $\dim(\phi_L \perp -\pi_L)_{\text{an}} = 2^n + 3$. By the choice of L we have the inequality $\dim(\phi_L \perp -\pi_L)_{\text{an}} \leq 2^n + 3$. If the inequality is strict, then $i_W(\phi_L \perp -\pi_L) \geq 2^n + 1$, i.e., the forms ϕ_L and π_L have a common $(2^n + 1)$-dimensional subform. So, ϕ_L contains a $(2^n + 1)$-dimensional Pfister neighbor. By Lemma 1.7, it follows that ϕ_L contains a $(2^n + 2)$-dimensional virtual Pfister neighbor (to get it, one takes just any $(2^n + 2)$-dimensional subform of ϕ_L containing the $(2^n + 1)$-dimensional Pfister neighbor). Since $i_1(\phi_L) = 2 > 1$, the form ϕ_L is stably birationally equivalent with any of its 1-codimensional (i.e., $(2^n + 2)$-dimensional) subforms, thus ϕ_L is a virtual Pfister neighbor as well and so ϕ over F is already a virtual Pfister neighbor. Thereafter $i_1(\phi) \neq 2$ by the case which is already done, a contradiction.

So, for the form $\psi = (\phi_L \perp -\pi_L)_{\text{an}}$, we have $\dim \psi = 2^n + 3$. Going one step further in the generic splitting tower of $\phi_K \perp -\pi$, we see that if the form $\phi_{L(\psi)}$ were anisotropic, the form ϕ/F would be a virtual Pfister neighbor. Therefore the anisotropic form ϕ_L becomes isotropic over the function field of the form ψ/L. We claim that the form ψ also becomes isotropic over the function field $L(\phi)$. This claim will be checked in a moment, but before this we show how it ends the proof of Theorem 1.1.

The equality $\pi_L = \phi_L - \psi$ taking place in the Witt group $W(L)$ leads to the equality

$$\pi_{L(\phi)} = (\phi_{L(\phi)})_{\text{an}} - (\psi_{L(\phi)})_{\text{an}} \in W(L(\phi)).$$

We have $\dim(\phi_{L(\phi)})_{\text{an}} \leq 2^n - 1$ and $\dim(\psi_{L(\phi)})_{\text{an}} \leq 2^n - 1$ (to get the second relation we use the equality $\dim(\phi_L) - i_1(\phi_L) = \dim(\psi) - i_1(\psi)$ for the stably birationally equivalent forms ϕ_L and ψ). Thus the form $\pi_{L(\phi)}$ should be isotropic as being represented in the Witt group by a form of dimension $(2^n - 1) + (2^n - 1) < \dim \pi = 2^{n+1}$. Hence it is hyperbolic which implies that ϕ_L is a Pfister neighbor (of π_L) and ϕ is a virtual Pfister neighbor, a contradiction (recall our assumption $i_1(\phi) = 2$ which is already known to be impossible for a virtual Pfister neighbor of dimension $2^n + 3$).

The claim that ψ becomes isotropic over $L(\phi)$ which we did not prove so far, follows from the following general conjecture worthy to be mentioned anyway:

Conjecture 1.8. *Let ϕ and ψ be anisotropic quadratic forms over a field F.*

1. *If the form $\phi_{F(\psi)}$ is isotropic, then $\dim \phi - i_1(\phi) \geq \dim \psi - i_1(\phi)$;*
2. *if the form $\phi_{F(\psi)}$ is isotropic and if moreover $\dim \phi - i_1(\phi) = \dim \psi - i_1(\phi)$, then the form $\psi_{F(\phi)}$ is isotropic as well.*

Remark 1.9. To prove Conjecture 1.8 in general it suffices to handle the case where $i_1(\phi) = 1 = i_1(\psi)$.

Although it will not help us to finish the proof of Theorem 1.1 in a correct way, we first show how to deduce from Conjecture 1.8 the claim we need. We have $\dim \phi_L = \dim \psi$ and $i_1(\phi_L) = 2$. The first part of Conjecture 1.8 shows then that $i_1(\psi) \geq 2$. However over the field $L(\pi)$ the forms ϕ and ψ are anisotropic and isomorphic (because $0 = \pi_{L(\pi)} = \phi_{L(\pi)} - \psi_{L(\pi)} \in W(L(\pi))$). The extension $L(\pi)/F$, being unirational, does not change the first Witt index of a form, therefore $i_1(\psi_{L(\pi)}) = i_1(\phi_{L(\pi)}) = i_1(\phi) = 2$; thus $i_1(\psi) = 2$ as well, and the isotropy of the form $\psi_{L(\phi)}$ follows now from the second part of Conjecture 1.8.

To prove the claim in an honest way we need the following result which is in the heart of the whole business:

Proposition 1.10 (Izhboldin). *Let ϕ and ψ be some quadratic forms over a field F such that $\phi_{F(\psi)}$ is isotropic. We assume that* $\dim \phi$, $\dim \psi \geq 3$. *If the forms ϕ and ψ are anisotropic and stably birationally equivalent over some field extension E/F not affecting the first Witt index of the form ϕ, then they are stably birationally equivalent already over F.*

The proof of Proposition 1.10 will be given in the next section. Now we use Proposition 1.10 in order to finish the proof of Theorem 1.1.

We apply Proposition 1.10 to the quadratic forms ϕ_L and ψ over the field L. The function field $E = L(\pi)$ is an extension of L with the properties required in Proposition 1.10: it does not affect the first index of ϕ_L by the unirationality over F; by the same reason the form ϕ_E is anisotropic; since $\phi_E \simeq \psi_E$, the form ψ_E is anisotropic too; the forms ϕ_E and ψ_E are stably birationally equivalent simply because they are isomorphic. Therefore ψ is isotropic over $L(\phi)$.

The proof of Theorem 1.1 is complete.

1.3 Proof of Proposition 1.10

For ϕ and ψ satisfying the conditions of Proposition 1.10, let us choose some subforms $\phi_0 \subset \phi$ and $\psi_0 \subset \psi$ of dimension $\dim \phi - i_1(\phi) + 1$. Then ϕ_0 becomes isotropic over $F(\phi)$, ϕ over $F(\psi)$, and ψ over $F(\psi_0)$. Therefore, by transitivity, the form $(\phi_0)_{F(\psi_0)}$ is isotropic. Note that $i_1(\phi_0) = 1$ because of the relation $\dim \phi - i_1(\phi) = \dim \phi_0 - i_1(\phi_0)$ for the stably birationally equivalent forms ϕ and ϕ_0.

Thus, replacing ϕ and ψ by the subforms ϕ_0 and ψ_0, we reduce the proof of Proposition 1.10 to the following particular case:

Lemma 1.11. *Let ϕ and ψ be some quadratic forms over a field F having one and the same dimension ≥ 3, and assume that the form $\phi_{F(\psi)}$ is isotropic. If ϕ and ψ are anisotropic and stably birationally equivalent over some field extension E/F such that $i_1(\phi_E) = 1$ (therefore $i_1(\phi) = 1$), then ϕ and ψ are stably birationally equivalent already as forms over F.*

We will deduce Lemma 1.11 from the following statement about the integral Chow correspondences on a projective quadric of first Witt index 1:

Lemma 1.12 ([19, Theorem 6.4]). *Let ϕ be an anisotropic quadratic form of dimension ≥ 3 with $i_1(\phi) = 1$. Let X be the projective quadric $\phi = 0$ and $n = \dim X$ ($= \dim \phi - 2$). For any element $\alpha \in \mathrm{CH}^n(X \times X)$ of the Chow group of n-codimensional cycles on the variety $X \times X$, one then has $\deg_1(\alpha) \equiv \deg_2(\alpha) \pmod 2$, where $\deg_i$ stays for the degree of α over the i-th factor of the product $X \times X$.*

For the reader's convenience we recall the definition of $\deg_i(\alpha)$ (cf. [2, Example 16.1.4]): $\deg_i(\alpha)$ is the integer such that $(\mathrm{pr}_i)_*(\alpha) = \deg_i(\alpha) \cdot [X] \in \mathrm{CH}^0(X)$ for the push-forward $(\mathrm{pr}_i)_*$ with respect to the i-th projection $\mathrm{pr}_i \colon X \times X \to X$ (where $i = 1$ or 2).

Proof of Lemma 1.11. We denote by Y the projective quadric $\psi = 0$. The fact that the form $\phi_{F(\psi)}$ is isotropic means that the variety $X_{F(Y)}$ has a rational point, i.e. there exists a rational morphism $f \colon Y \dashrightarrow X$. Let $\alpha \in \mathrm{CH}^n(Y \times X)$ be the correspondence given by the closure of the graph of f. We have $\deg_1(\alpha) = 1$ ([19, Example 1.2]). By Springer's theorem, in order to show that the form $\psi_{F(\phi)}$ is isotropic, it suffices to show that the variety $Y_{F(X)}$ possesses a 0-dimensional cycle of odd degree. Since the pull-back of α to $Y_{F(X)}$ is a 0-dimensional cycle of the degree $\deg_2(\alpha)$, it suffices to show that $\deg_2(\alpha)$ is odd.

Since a base change does not affect $\deg_i(\alpha)$, it suffices to show that $\deg_2(\alpha_E)$ is odd. But the variety $Y_{E(X)}$ has a rational point. So there exists a correspondence $\beta \in \mathrm{CH}^n(X_E \times Y_E)$ with $\deg_1(\beta) = 1$. For $\gamma = \alpha_E \circ \beta \in \mathrm{CH}^n(X_E \times X_E)$ (γ is defined as the composition of the correspondences α_E and β, see [2, Sect. 16.1] for the notion of composition for correspondences) one has

$$\deg_1(\gamma) = \deg_1(\beta) \cdot \deg_1(\alpha_E) = 1 \cdot 1 = 1$$

and $\deg_2(\gamma) = \deg_2(\beta) \cdot \deg_2(\alpha_E)$. Since $\deg_1(\gamma) \equiv \deg_2(\gamma) \pmod 2$, the integer $\deg_2(\gamma)$ is odd. Therefore $\deg_2(\alpha_E)$ is odd, too. □

1.4 A Characterization of Virtual Pfister Neighbors

Note that an anisotropic $(2^n + 1)$-dimensional quadratic form is always a virtual Pfister neighbor ([4, Theorem 2]). By methods similar to those of above, one can obtain the following characterization of $(2^n + 2)$-dimensional virtual Pfister neighbors:

Theorem 1.13 (Izhboldin [11, Theorem 5.8]). *An anisotropic quadratic (2^n+2)-dimensional form is a virtual Pfister neighbor if and only if its splitting pattern contains* 2.

Proof. The first Witt index of an honest anisotropic Pfister neighbor of dimension $2^n + 2$ is equal to 2. Therefore the "only if" part of the theorem is trivial. Let us prove the "if" part.

We take an anisotropic (2^n+2)-dimensional quadratic form ϕ over a field F, put $K = F(t_1, \ldots, t_{n+1})$ and consider over K the $(n+1)$-fold Pfister form $\pi = \langle\langle t_1, \ldots, t_{n+1}\rangle\rangle$. In the generic splitting tower of the form $\phi_K \perp -\pi$ we take the smallest field L satisfying the condition $i_W(\phi_L \perp -\pi_L) \geq 2^n$, i.e., $\dim(\phi_L \perp -\pi_L)_{\mathrm{an}} \leq 2^n + 2$. By the same reason as in the proof of the general case of Theorem 1.1, the form π remains anisotropic over L.

If the inequality $i_W(\phi_L \perp -\pi_L) \geq 2^n$ is strict, the form ϕ_L contains a (2^n+1)-dimensional Pfister neighbor. Then it follows from Lemma 1.7 that ϕ_L is a virtual Pfister neighbor. Whence ϕ over F is a virtual Pfister neighbor.

It remains to consider the case where $i_W(\phi_L \perp -\pi_L) = 2^n$. In this case $\dim\psi = 2^n + 2$ for $\psi = (\phi_L \perp -\pi_L)_{\mathrm{an}}$. If $\phi_{L(\psi)}$ is anisotropic, then ϕ is a virtual Pfister neighbor; hence we may assume that $\phi_{L(\psi)}$ is isotropic. Over the function field $L(\pi)$ the quadratic form ϕ is anisotropic and isomorphic to ψ; moreover, $i_1(\phi) = i_1(\phi_{L(\pi)})$, because the field extension $L(\pi)/F$ is unirational (by the same argument as in the proof of the general case of Theorem 1.1). Applying Proposition 1.10, we get the stably birational equivalence for the forms ϕ_L and ψ.

Let now F'/F be a field extension such that $i_W(\phi_{F'}) = 2$. In the Witt group $W(F' \cdot_F L)$ of the free composite $F' \cdot_F L$ we have the equality $\pi_{F'L} = \phi_{F'L} - \psi_{F'L}$. Since $\dim(\phi_{F'L})_{\mathrm{an}} \leq 2^n - 2$ and $\dim(\psi_{F'L})_{\mathrm{an}} \leq 2^n$ ($\psi_{F'L}$ is isotropic as $\phi_{F'L}$ is so), we see that $\pi_{F'L}$ should be isotropic. On the other hand, one can check that $\pi_{F'L}$ is anisotropic by constructing a field extension E of $F'(t_1, \ldots, t_{n+1})$ such that π_E is anisotropic and $i_W(\phi_E \perp -\pi_E) \geq 2^n$: for the (2^n-2)-dimensional anisotropic part ϕ' of the form $\phi_{F'}$ we take an extension $E/F'(t_1, \ldots, t_{n+1})$ over which π is anisotropic and contains ϕ'. Such an extension exists by Hoffmann's [4, Main Lemma] together with Corollary 1.6. Since $i_W(\psi'_E \perp -\pi_E) \geq 2^n - 2$ for that extension and since $\phi_E \simeq \phi'_E \perp 2\mathbb{H}$ (where $\mathbb{H}$ stays for the hyperbolic plane), we get $i_W(\phi_E \perp -\pi_E) \geq 2^n$. □

2 *u*-invariant 9

2.1 Introduction

We recall the definition of the u-invariant $u(F)$ of a field F: $u(F) = \sup\{\dim\phi\}$ where ϕ runs over the anisotropic quadratic forms over F. A classical question in the theory of quadratic forms asks about the possible finite values of the u-invariant.

Since 1991 we know by [23] that every even positive integer is possible (before this result one was able to realize the powers of 2 only).

The u-invariant of a quadratically (e.g., separably or algebraically) closed field is 1. Is an odd value > 1 possible? The answer is classically known to be negative for the first three odd integers: 3, 5, and 7. Here we will prove the following

Theorem 2.1 (**[10]**). *There exists a field E with $u(E) = 9$.*

Proof. The construction of E is not a problem: for any n, if one knows that n is a value of the u-invariant, then n is the u-invariant of the field E constructed by the following procedure.

We start with an arbitrary field F and consider the field $K = F(t_1, \dots, t_n)$ of rational functions in n variables $t_1, \dots, t_n$ over F. Let ϕ be the generic n-dimensional quadratic form $\langle t_1, \dots, t_n \rangle / K$. We construct an infinite tower of fields $K = K_0 \subset K_1 \subset K_2 \subset \cdots$ as follows: for every $i \geq 0$ the field K_{i+1} is the free composite of the function fields $K_i(\psi)$ where ψ runs over all $(n+1)$-dimensional anisotropic forms over K_i (more precisely, one takes one ψ in every isomorphism class of such quadratic forms; the infinite free composite is defined as the directed direct limit of all finite subcomposites). This tower evidently has the following property: any anisotropic quadratic form of any dimension $> n$ over a field K_i becomes isotropic over the field K_{i+1}. Thus the union $E = \bigcup_i K_i$ is a field with $u(E) \leq n$. By the genericity of the construction, we have $u(E) = n$ (an anisotropic n-dimensional form over E is the form ϕ_E).

We do not prove the statement just announced, because we do not need it. But looking at the construction, we see what can be done in order to realize a number n: it is enough to find a list of properties of n-dimensional quadratic forms over fields such that the generic forms satisfy them and if a form ϕ satisfies them over a field F, then ϕ is anisotropic and still satisfies them over the function field $F(\psi)$ of any $(n+1)$-dimensional anisotropic quadratic form ψ/F.

If we have such a list, then $u(E) = n$ because the n-dimensional form ϕ_E is anisotropic. Of course in this case we are not obliged to take $K = F(t_1, \dots, t_n)$ with $\phi/K = \langle t_1, \dots, t_n \rangle$ anymore: we may start the construction of the tower giving E by any field K and a form ϕ/K satisfying the conditions of the list: the form ϕ_E will be anisotropic.

The problem of the choice of a list of properties needed is quite delicate. Of course, we cannot take the list of the only one property "the form is generic," because we cannot guarantee that a generic form over F will still be generic over $F(\psi)$.

Let us recall the property used in [23] working for any even n: *the even Clifford algebra $C_0(\phi)$ is a division algebra.* This property guarantees that ϕ is anisotropic and this property is preserved when climbing over the function field of an $(n+1)$-dimensional quadratic form according to the index reduction formula for quadrics [23, Theorem 1] (which is in fact the basic point of the even n business).

For n odd this property does not work (see **(1)** in the proof of Theorem 2.3). An appropriate list of properties for $n = 9$ is as follows:

(1) $\operatorname{ind} C_0(\phi) \geq 4$ where $\operatorname{ind} C_0(\phi)$ is the Schur index of $C_0(\phi)$ which is a central simple F-algebra (the stronger condition $\operatorname{ind} C_0(\phi) \geq 8$ can also be taken);
(2) ϕ is anisotropic;
(3) ϕ is not a Pfister neighbor.

We remark that these properties (with 4 in the first one) are also necessary in order that a field extension E/F with $u(E) = 9$ and ϕ_E anisotropic would exist: clearly, if (3) is not satisfied, then ϕ_E is a neighbor of a 4-fold Pfister form and hence is isotropic because the dimension of a 4-fold Pfister form is $16 > 9$; besides that, since the 10-dimensional form $\phi_E \perp \langle -\det \phi \rangle_E$ is isotropic, the form ϕ_E represents its determinant and therefore contains an 8-dimensional subform q of determinant 1. The Clifford algebra $C(q)$ of q is isomorphic to the even Clifford algebra $C_0(\phi_E)$. If condition (1) is not satisfied, then $\operatorname{ind} C(q) \leq 2$ whence $q \simeq \langle\langle a \rangle\rangle \otimes \langle b_1, b_2, b_3, b_4 \rangle$ for some a, b_1, b_2, b_3, $b_4 \in E^*$ ([22, Example 9.12]). Therefore ϕ_E is isomorphic to a subform of the 10-dimensional quadratic form $\langle\langle a \rangle\rangle \otimes \langle b_1, b_2, b_3, b_4, \det \phi \rangle$. This form is isotropic. Since its Witt index is divisible by 2, it is at least 2. Hence the 1-codimensional subform ϕ_E is isotropic.

Definition 2.2. A 9-dimensional quadratic form ϕ satisfying properties (1)–(3) is called *essential.*

Theorem 2.3. *For an essential quadratic form ϕ and a 10-dimensional quadratic form ψ over a field F, the form $\phi_{F(\psi)}$ is also essential.*

Proof. For the form $\phi_{F(\psi)}$, let us check the conditions of essentiality (1)–(3) one by one:

(1) According to the index reduction formula for quadrics, the Schur index $\operatorname{ind} C_0(\phi_{F(\psi)})$ of the central simple $F(\psi)$-algebra $C_0(\phi_{F(\psi)}) = C_0(\phi)_{F(\psi)}$ is either the same as that of $C_0(\phi)$ or $(\operatorname{ind} C_0(\phi))/2$, depending on whether the even Clifford algebra $C_0(\psi)$ maps homomorphically into the underlying division algebra of $C_0(\phi)$ (this is the simplified formulation of Merkurjev's index reduction [23] due to J.-P. Tignol [29]).

We only have to care about the situation where $\operatorname{ind} C_0(\phi)$ is 4, that is, $\dim_F D = 4^2 = 2^4$. Although the algebra $C_0(\psi)$ is not always simple, its subalgebra $C_0(\psi')$ is simple for any 9-dimensional subform $\psi' \subset \psi$. Thus an algebra homomorphism $C_0(\psi) \to D$ would give an embedding $C_0(\psi') \hookrightarrow D$ which is far from being possible by the simple dimension reason: $\dim_F C_0(\psi') = 2^{\dim \psi' - 1} = 2^8 > \dim_F D$ (as we see, the equality $\operatorname{ind} C_0(\phi_{F(\psi)}) = \operatorname{ind} C_0(\phi)$ also holds for any ϕ with $\operatorname{ind} C_0(\phi) = 8$; however, if the Schur index is 16 – the maximal possible value for a 9-dimensional quadratic form – it *can* go down over the function field of ψ; thus we would not come through if only looking at the Schur indexes which was enough for constructing the even u-invariants).

(2) The proof of the fact that the form $\phi_{F(\psi)}$ is still anisotropic is based on the following criterion of isotropy of an essential form ϕ over the function field of a 9-dimensional form (instead of a 10-dimensional) form ψ ([20, Theorem 1.13]): $\phi_{F(\psi)}$ is isotropic if and only if the forms ϕ and ψ are similar. This criterion is obtained as a consequence of the characterization of the 9-dimensional Pfister neighbors obtained in [20]: an anisotropic 9-dimensional quadratic form is a Pfister neighbor if and only if the projective quadric given by the form has a Rost correspondence. The details will be given in Sect. 2.2.

(3) The proof makes use of certain results on the unramified cohomology of projective quadrics due to B. Kahn, M. Rost and Sujatha. It also involves computation of the Chow group CH^3 for certain projective quadrics. The details will be explained in Sect. 2.3. The needed computation of CH^3 will be done in Sect. 2.4. □

Theorem 2.1 is proved (modulo **(2)** and **(3)** in the proof of Theorem 2.3). □

2.2 Checking (2)

In this section we check that an essential quadratic form ϕ/F remains anisotropic over the function field of any 10-dimensional quadratic form ψ/F. We shall indicate four different ways to do this (due respectively to myself, O. Izhboldin, D. Hoffmann, and B. Kahn).

First of all, this can be done by the same method as in the proof of the anisotropy of $\phi_{F(\psi)}$ for a 9-dimensional ψ non-similar to ϕ (Theorem 2.4). However the proof for a 10-dimensional ψ turns out to be a little bit more complicated than that for a 9-dimensional ψ because of some special effects in the intermediate Chow group of an even-dimensional quadric. Since in the same time it turns out that the 10-dimensional case is a formal consequence of the 9-dimensional one (see the three other ways which follow), it does not seem reasonable to argue this way anymore.

Now we assume that we already know the isotropy criterion of essential forms over the function fields of 9-dimensional forms. We indicate three ways to deduce the statement on 10-dimensional forms from it (the proof of the criterion itself will be explained right after). All of them are based on the following observation. If an essential quadratic form ϕ were isotropic over the function field of some 10-dimensional form ψ, then it would be also isotropic over the function field of any 9-dimensional subform $\psi_0 \subset \psi$. Therefore, to show that $\phi_{F(\psi)}$ is anisotropic, it suffices to find inside of ψ a 9-dimensional form ψ_0 non similar with ϕ. It can always be done, at least over a purely transcendental field extension of F (which is also enough for our purposes). Here are the three different ways to construct the subform ψ_0.

In [10], a sort of generic 9-dimensional subform of ψ is taken for ψ_0 (see [10, Lemma 7.9]). To be precise, the form $\tilde{\psi} = \psi_{F(t)} \perp \langle t \rangle$ over the field $\tilde{F}$ of rational functions in one variable t is considered, and ψ_0 is defined to be the anisotropic part of $\tilde{\psi}_{\tilde{F}(\tilde{\psi})}$. Note that the extension $\tilde{F}(\tilde{\psi})/F$ is purely transcendental. It is then shown in [10, Lemma 7.9] that for any 9-dimensional quadratic form q/F and any $k \in \tilde{F}(\tilde{\psi})^*$, the difference $\psi_0 - k \cdot q_{\tilde{F}(\tilde{\psi})}$ in the Witt ring $W(\tilde{F}(\tilde{\psi}))$ is not in $I^4(\tilde{F}(\tilde{\psi}))$, that is, ψ_0 is not similar to $q_{\tilde{F}(\tilde{\psi})}$ modulo I^4 (and, in particular, ψ_0 is not similar to $q_{\tilde{F}(\tilde{\psi})}$ in the usual sense).

This statement is interesting on its own. But of course it is much stronger than our simple needs.

As suggested by Detlev Hoffmann during the course, for $\psi = \langle a_1, \ldots, a_{10} \rangle$ one may take the subform $\psi_0 = \langle a_1 + a_2 t^2, a_3, \ldots, a_{10} \rangle \subset \psi_{\tilde{F}}$. This is a 1-codimensional subform of $\psi_{\tilde{F}}$ which is far from being generic. However, using exactly the same arguments as in [3, p. 224], one may show that ψ_0 is not similar to $q_{\tilde{F}}$ for any q/F with $\operatorname{ind} C_0(q) > 2$ (in particular, for any essential q).

Finally, a third method has been suggested by Bruno Kahn during the course. Let ψ/F be an anisotropic quadratic form of even dimension $2n$. Assume that ψ represents 1 and that all 1-codimensional subforms of ψ are similar. Then it is easy to check that $D(\psi) \subset G(\psi)$ with $G(\psi) \subset F^*$ staying for the group of similarity factors of ψ and $D(\psi) \subset F^*$ the set of non zero elements represented by ψ: we have $\psi = \langle 1 \rangle \perp \psi'$ with some 1-codimensional subform $\psi' \subset \psi$; for $a \in D(\psi)$, we can also write $\psi = \langle a \rangle \perp \psi''$ with some ψ''; we know that the forms ψ' and ψ'' are similar; comparing their determinants, we get $a\psi' \simeq \psi''$, whence $a\psi = \langle a \rangle \perp a\psi' \simeq \langle a \rangle \perp \psi'' = \psi$. This is not yet enough to get a contradiction, but if we assume additionally that for any purely transcendental extension $\tilde{F}/F$ (it suffices to assume this for $\tilde{F}$ being the function field of the affine space given by the F-vector space of definition of ψ) all 1-codimensional subforms of $\psi_{\tilde{F}}$ are still similar, the inclusion $D(\psi_{\tilde{F}}) \subset G(\psi_{\tilde{F}})$ we get implies by [26, Theorem 4.4(v) of Chap. 4] that ψ is a Pfister form and thus cannot be 10-dimensional.

Now we explain the proof of the isotropy criterion of essential forms over the function fields of 9-dimensional forms, namely

Theorem 2.4 ([20, Theorem 1.13]). *Let ϕ be an essential quadratic form over F and let ψ be any 9-dimensional quadratic form over F. Then $\phi_{F(\psi)}$ is isotropic if and only if ψ is similar to ϕ.*

Proof. Of course, a proof is needed only for the "only if" part. We shall give two proofs. The first one makes use of motives and is more conceptual. However the motives are not really needed: the second proof is much more elementary (although it seems to be more tricky) and is in fact a translation of the "motivic" proof into an elementary language. All the details will be given in the second proof; as to the first one, we shall give only a sketch.

The first proof. The "motivic" proof starts with the following observation. Let ϕ be a 9-dimensional anisotropic quadratic form (essential or not) such that $\operatorname{ind} C_0(\phi) \geq 4$. Let X be the projective quadric $\phi = 0$. One observes that any non-trivial decomposition of the Chow-motive $M(X)$ in a direct sum contains a summand R which is a *Rost motive*, that is $R_{\overline{F}} \simeq \mathbb{Z}_{\overline{F}} \oplus \mathbb{Z}_{\overline{F}}(d)$, where $\overline{F}$ is an algebraic closure of F, $\mathbb{Z}$ is the motive of Spec F, $d = \dim X$, and $\mathbb{Z}(d)$

is the d-fold twist of $\mathbb{Z}$. In particular, if the motive of X decomposes, then there exists a Rost correspondence on X, that is, in the Chow group $\mathrm{CH}^d(X \times X)$ there exists an element ρ such that $\rho_{\overline{F}} = [\overline{X} \times x] + [x \times \overline{X}] \in \mathrm{CH}^d(\overline{X} \times \overline{X})$, where $\overline{X} = X_{\overline{F}}$ and $x \in \overline{X}$ is a rational point. If we now assume that the form ϕ is essential (in other words, we additionally assume that ϕ is not a Pfister neighbor), then by [20, Theorem 1.7] we know that there are no Rost correspondences on X. Thus the motive $M(X)$ of an essential quadric X is indecomposable.

Let ϕ and ψ be anisotropic quadratic forms over F such that $\dim\phi = \dim\psi = 2^n + 1$ for some n. A theorem of Izhboldin [9, Theorem 0.2] states that if $\phi_{F(\psi)}$ is isotropic, then $\psi_{F(\phi)}$ is also isotropic. This theorem can be considered as a complement to [4, Theorem 1]. Hoffmann's proof of [4, Theorem 1] as well as Izhboldin's proof of [9, Theorem 0.2] are tricky and do not give a feeling to explain why do things happen this way in the nature. Such explanation (and new proofs) are given by the Rost degree formula ([24, Sect. 5]).

Applying Izhboldin's theorem to our particular situation, where ϕ is an essential form which becomes isotropic over the function field of some other 9-dimensional form ψ, we see that ψ also becomes isotropic over $F(\phi)$. In other words, there are rational morphisms in both directions: $X \dashrightarrow Y$ and $Y \dashrightarrow X$, where X and Y are the projective quadrics given by ϕ and ψ. An observation due to A. Vishik ([30], see also [32, Corollary 3.9]) says that every time we have rational morphisms in both directions for two projective quadrics X and Y, there is a non-trivial direct summand of $M(X)$ isomorphic to some direct summand of $M(Y)$. Since the motive of X is indecomposable in our setup, it follows that $M(X)$ as whole is isomorphic to a direct summand of $M(Y)$. Finally, since $\dim X = \dim Y$, we obtain a motivic isomorphism $M(X) \simeq M(Y)$ for X and Y.

Now we apply a theorem of Izhboldin [8, Corollary 2.9] stating that two projective quadrics of an odd dimension can be motivically isomorphic only if they are isomorphic as algebraic varieties, which means that the quadratic forms defining them are similar. Thus the quadratic forms ϕ and ψ are similar.

The second proof. In this proof all the details will be given. The word "motive" will be not pronounced in the proof. It will only appear in the comments indicating the motivic meaning of an intermediate result achieved.

Let X be the projective quadric given by a 9-dimensional quadratic form ϕ. We first assume that ϕ is completely split, i.e., the Witt index of ϕ is 4, $\phi \sim \mathbb{H} \perp \mathbb{H} \perp \mathbb{H} \perp \mathbb{H} \perp \langle 1 \rangle$. So, our X is the hypersurface in the projective space $\mathbb{P}^8$ given by the equation $x_1y_1 + x_2y_2 + x_3y_3 + x_4y_4 + t^2 = 0$. The variety X is known to be cellular: all successive differences of the filtration $X = X^0 \supset X^1 \supset X^2 \supset X^3 \supset \mathbb{P}^3 \supset \mathbb{P}^2 \supset \mathbb{P}^1 \supset \mathbb{P}^0$ are affine spaces, where X^i for $i = 1, 2, 3$ is the closed (singular!) subvariety of X given by the equations $x_0 = 0, \ldots, x_i = 0$, while $\mathbb{P}^i$ is an i-dimensional projective subspace of the 3-dimensional projective subspace $\mathbb{P}^3 \subset \mathbb{P}^8$ contained in X and determined by the equations $x_0 = 0, \ldots, x_4 = 0$ and $t = 0$. Therefore (see [2, Example 1.9.1]) the whole Chow group $\mathrm{CH}^*(X)$ of X is the free abelian group on $[X^i] \in \mathrm{CH}^i(X)$ and $[\mathbb{P}^i] \in \mathrm{CH}_i(X) = \mathrm{CH}^{7-i}(X)$, $i = 0, 1, 2, 3$. We write h^i for $[X^i]$, and l_i for $[\mathbb{P}^i]$. So, for every $i = 0, 1, 2, 3$, the groups $\mathrm{CH}^i(X)$ and $\mathrm{CH}_i(X)$ are infinite cyclic with the generators h^i and l_i respectively.

We are more interested in the Chow group $\mathrm{CH}^7(X \times X)$ however. To understand the Chow group of the product $X \times X$, note that the cellular structure on X induces a cellular structure on $X \times X$ (see, e.g., [18, Sect. 7]). In particular, it follows that $\mathrm{CH}^*(X \times X)$ is the free abelian group on $h^i \times l_j$ and $l_j \times h^i$, $i, j = 0, 1, 2, 3$. Since $h^i \times l_j$ and $l_j \times h^i$ are in $\mathrm{CH}^{i+7-j}(X \times X)$, the generators of the group $\mathrm{CH}^7(X \times X)$ are $h^i \times l_i$ and $l_i \times h^i$, $i = 0, 1, 2, 3$.

Now we do not assume anymore that the quadratic form ϕ giving the quadric X is completely split. Nevertheless, it is completely split over an algebraic closure $\overline{F}$ of F, and for any $\alpha \in \mathrm{CH}^7(X \times X)$ we may define the *type* of α as the sequence of integers

$$\operatorname{type}\alpha = (a_0, a_1, a_2, a_3, a'_3, a'_2, a'_1, a'_0) \qquad a_i, a'_i \in \mathbf{Z}$$

such that $\alpha_{\overline{F}} = \sum_{i=0}^{3} a_i(h^i \times l_i) + a'_i(l_i \times h^i)$. (See also [21, Sect. 2.1].)

Here is a couple of examples: $\operatorname{type}\alpha = (1, 0, \ldots, 0, 1)$ means that α is a Rost correspondence; the type of the diagonal class is $(1, 1, \ldots, 1)$.

In the case where $\alpha \in \mathrm{CH}^7(X \times X)$ is a projector (i.e., an idempotent with respect to the composition of correspondences), the type of α is a sequence of 0 and 1 having the following meaning: over $\overline{F}$, the motive (X, α) becomes isomorphic to the direct sum $\bigoplus_{i=0}^{r} \mathbb{Z}(j_i)$, where $j_1, \ldots, j_r$ are the numbers of places of the non-zero entries in the type of α (the places are numbered starting from 0).

Of course, one also may define the type for an $\alpha \in \mathrm{CH}^7(X \times Y)$ where Y is another projective quadric of the same dimension as X. We note that the first and the last entries of $\operatorname{type}\alpha$ are the *degrees* (or *indices*, see [2, Example 16.1.4]) of α over the first and over the second factor of the product $X \times Y$ respectively (see [19, Example 1.2]).

If $\alpha \in \mathrm{CH}^7(X \times Y)$ and $\beta \in \mathrm{CH}^7(Y \times Z)$ with one more 7-dimensional projective quadric Z, the type of the composition $\beta \circ \alpha$ of the correspondences α and β is the componentwise product of $\operatorname{type}\alpha$ and $\operatorname{type}\beta$.

Starting from this point, we shall consider the types *modulo 2.* The types $(1, 1, \ldots, 1)$ and $(0, 0, \ldots, 0)$ will be called *trivial.* It is not difficult to check (see [20, Sect. 9]) that in the case of an anisotropic ϕ with $\operatorname{ind} C_0(\phi) \geq 4$, the only possible non-trivial types are $(1, 0, \ldots, 0, 1)$ and its complement $(0, 1, \ldots, 1, 0)$. Thus for an essential ϕ, by [20, 1.7] (see also [20, Lemma 9.3]), there are no non-trivial types (this is a reflection of the fact that the motive of X is indecomposable for an essential ϕ).

Now we assume that our essential form ϕ becomes isotropic over the function field of some 9-dimensional form ψ. By Izhboldin's theorem the form $\psi_{F(\phi)}$ is then isotropic as well, and we have two rational morphisms $f\colon X \dashrightarrow Y$

and $g\colon Y \dashrightarrow X$, where Y is the quadric $\psi = 0$. Let $\alpha \in \mathrm{CH}^7(X \times Y)$ be given by the closure of the graph of f while $\beta \in \mathrm{CH}^7(Y \times X)$ is given by the closure of the graph of g. Recall that one may define the types of α and β in the same way as in the case $X = Y$. Moreover, the first entry of such a type is the degree of the correspondence over the first factor. Since α and β are given by the closures of the graphs of rational morphisms, these degrees are 1 (see [19]). Therefore, the first entry in the type of $\gamma = \beta \circ \alpha \in \mathrm{CH}^7(X \times X)$ is also 1. In particular, $\operatorname{type}\gamma \neq 0$. Since the only possible types for X are the trivial ones, we therefore have $\operatorname{type}\gamma = (1, 1, \ldots, 1)$ whence $\operatorname{type}\alpha = \operatorname{type}\beta = (1, 1, \ldots, 1)$ (at this stage we almost have constructed a motivic isomorphism between X and Y; this "almost" however turns out to be enough for our purposes).

In the first proof we applied Izhboldin's theorem [8, Corollary 2.9] to get $X \simeq Y$ from $M(X) \simeq M(Y)$. However the theorem [8, Corollary 2.9] has nothing to do with motives: in its proof, the isomorphism $X \simeq Y$ is obtained as a consequence of the equalities $i_W(\phi_E) = i_W(\psi_E)$ for any field extension E/F. Now we are able to get these equalities directly, without passing through motives.

For any i the inequality $i_W(\phi_E) > i$ is equivalent to the statement that the element $l_i \in \mathrm{CH}_i(X_{\overline{E}})$ is defined over E (i.e., is in the image of the restriction $\mathrm{CH}_i(X_E) \to \mathrm{CH}_i(X_{\overline{E}})$). The image of l_i with respect to the push-forward $(\alpha_{\overline{E}})_*\colon \mathrm{CH}_i(X_{\overline{E}}) \to \mathrm{CH}_i(Y_{\overline{E}})$ is l_i again. The same holds for $(\beta_{\overline{E}})_*$. Therefore, for any i, one has $i_W(\phi_E) > i$ if and only if $i_W(\psi_E) > i$. Thus $i_W(\phi_E) = i_W(\psi_E)$ for any E/F.

We have finished the second proof of Theorem 2.4. □

For the reader's convenience we formulate and prove Izhboldin's theorem used in the end of the proof of Theorem 2.4:

Theorem 2.5 (Izhboldin [8]). *Let ϕ and ψ be some quadratic forms over F. Assume that the dimension of ϕ coincides with the dimension of ψ and is odd. If $i_W(\phi_E) = i_W(\psi_E)$ for any field extension E/F, then $\phi \sim \psi$.*

Proof (cf. [8]). Replacing ψ by $\det(\phi) \cdot \det(\psi) \cdot \psi$, we come to the situation where $\det(\phi) = \det(\psi)$. We shall prove that $\phi \simeq \psi$ in this situation.

Replacing ϕ and ψ by their anisotropic parts, we come to the situation where both ϕ and ψ are anisotropic. We prove that $\phi \simeq \psi$ by induction on $\dim\phi$.

We put $\pi = \phi \perp -\psi$ and need to show that the quadratic form π is hyperbolic. Suppose that it is not. The form $\pi_{F(\phi)}$ is hyperbolic by the induction hypothesis. Since the anisotropic part π_{an} of π clearly has a common value with ϕ, we get that $\phi \subset \pi_{\mathrm{an}}$. Now if π_{an} were different from π, the form ψ would be isotropic. So, the form π is anisotropic.

Over the function field $F(\pi)$ of π the forms ϕ and ψ are anisotropic by Hoffmann's theorem [4, Theorem 1]. Since the form $\pi_{F(\pi)}$ is no more anisotropic, it should be hyperbolic by the above arguments. It follows from [26, Theorem 5.4(i)] that π is similar to a Pfister form. In particular, the dimension of π is a 2-power which contradicts the assumption that the dimension of the forms ϕ and ψ is odd (we do not consider the trivial case where $\dim \phi = \dim \psi = 1$). □

2.3 Checking (3)

The link to the unramified stuff comes with the following, as simple as crucial, observation:

Lemma 2.6 (c.f. [10, Lemma 6.2]). *Let ϕ be a quadratic form over F and let L/F be a field extension such that ϕ_L is a neighbor of an n-fold Pfister form π/L. Then the class of π in the Witt group $W(L)$ is unramified over F.*

Proof. We recall that an element $x \in W(L)$ is called unramified over F if $\partial_v(x) = 0$ for any discrete valuation v of L trivial on F, where ∂_v stays for the second residue homomorphism.

Let v be a discrete valuation of L trivial on F with a prime $p \in L^*$. We write k_v for the residue field of v. Recall that the second residue homomorphism $\partial_v \colon W(L) \to W(k_v)$ is the group homomorphism (depending on the choice of the prime p) such that

$$\partial_v(\langle l\rangle) = \begin{cases} 0 & \text{if } v(l) \text{ is even;} \\ \langle \text{the class of } lp^{-v(l)} \in L \text{ in } k_v\rangle & \text{if } v(l) \text{ is odd.} \end{cases}$$

(Note that even though ∂_v depends on the choice of p, its kernel does not).

We are going to prove that $\partial_v(\pi) = 0$. We may assume that ϕ represents 1 over F (because we may replace ϕ/F by a similar form). Then ϕ_L is a subform of π so that we can write π as $\phi_L \perp \phi'$. Since $\partial_v(\pi) = \partial_v(\phi_L)+\partial_v(\phi')$ and $\partial_v(\phi_L) = 0$, the Witt class $\partial_v(\pi) \in W(k_v)$ is represented by a form of dimension $\leq \dim \phi' < \frac{1}{2}\dim \pi = 2^{n-1}$.

On the other hand, since π is an n-fold Pfister form, the Witt class $\partial_v(\pi) \in W(k_v)$ is represented by a form similar to an $(n-1)$-fold Pfister form. Comparing with the previous paragraph, we obtain that the form representing $\partial_v(\pi)$ is isotropic. Hence it is hyperbolic, that is, $\partial_v(\pi) = 0$. □

We need some notation concerning Galois cohomology. We write $H^n(F)$ for the Galois cohomology group $H^n(F, \mathbf{Z}/2\mathbf{Z})$. We write $\mathrm{GP}_n(F)$ for the set of (isomorphism classes of) quadratic forms over F which are similar to n-fold Pfister forms. We write $e^n\colon\ \mathrm{GP}_n(F) \to H^n(F)$ for the degree n cohomological invariant of such quadratic forms defined as

$$e^n(a\langle\langle a_1, , \dots, a_n\rangle\rangle) = (a_1, \dots, a_n),$$

where $(a_1, \dots, a_n) = (a_1) \cup \dots \cup (a_n)$. For a field extension L/F we write $H^n(L/F)$ for the relative Galois cohomology group $\mathrm{Ker}\big(H^n(F) \to H^n(L)\big)$, and we write $H^n_{\mathrm{nr}}(L/F)$ for the group of cohomology classes in $H^n(L)$ unramified over F. Note that $H^n(L/F) \subset H^n(F)$ while $H^n_{\mathrm{nr}}(L/F) \subset H^n(L)$. Recall that the unramified cohomology group $H^n_{\mathrm{nr}}(L/F)$ is defined in the similar way as $W_{\mathrm{nr}}(L/F)$:

$$H^n_{\mathrm{nr}}(L/F) = \bigcap \mathrm{Ker}(\partial_v),$$

where the intersection runs over all discrete valuations of L trivial on F and $\partial_v\colon H^n(L) \to H^{n-1}(k_v)$ is the residue homomorphism.

One more convention: we shall write $H^n_{\mathrm{nr}}(L/F)/H^n(F)$ for the cokernel of the restriction homomorphism $H^n(F) \to H^n_{\mathrm{nr}}(L/F)$ even in the case where the restriction homomorphism is not injective.

Corollary 2.7. *In the condition of Lemma 2.6, the cohomological invariant $e^n(\pi) \in H^n(L)$ is unramified over F.*

Proof. This follows from the formula $\partial_v(e^n(\pi)) = e^{n-1}(\partial_v(\pi))$. Note that we do not use the fact that the cohomological invariant $e^n\colon I^n(L) \to H^n(L)$ is well-defined on the whole $I^n(L)$: we only apply it to quadratic forms from GP_n. □

The unramified cohomology group $H^4_{\mathrm{nr}}(F(\psi)/F)$ of the function field of a quadratic form ψ/F, as well as the relative cohomology group $H^4(F(\psi)/F)$ were investigated in [15] (see also [14]). We shall use only the following list of results obtained there:

Theorem 2.8 ([15]). *We consider quadratic forms ψ/F with* $\dim\psi \geq 9$.

(i) *For any 4-fold Pfister form ψ there is a monomorphism*

$$H^4_{\mathrm{nr}}(F(\psi)/F)/H^4(F) \hookrightarrow H^4(F)$$

natural in F.

(ii) *For any ψ which is not a 4-fold Pfister neighbor, there is a monomorphism $H^4_{\mathrm{nr}}(F(\psi)/F)/H^4(F) \hookrightarrow \mathrm{Tors}\,\mathrm{CH}^3(X_\psi)$, where $\mathrm{Tors}\,\mathrm{CH}^3(X_\psi)$ is the torsion subgroup of the Chow group $\mathrm{CH}^3(X_\psi)$ of the projective quadric given by ψ.*

(iii) *For any ψ which is not a 4-fold Pfister neighbor, the relative cohomology group $H^4(F(\psi)/F)$ is trivial.*

Now we recall that the goal of this section is the proof of the following statement: if ϕ/F is an essential form and ψ/F is an arbitrary quadratic form of dimension 10, then the form $\phi_{F(\psi)}$ is essential. To prove this, it suffices to find a field extension E/F such that the form ϕ_E is still essential while the form ψ_E is isotropic.

To begin we show that one can always climb over the function field of a 4-fold Pfister form (which will allow us later on to kill the Galois cohomology of the base field in degree 4).

Proposition 2.9. *Let ϕ/F be an essential quadratic form and let q/F be a 4-fold Pfister form. Then the form $\phi_{F(q)}$ is still essential.*

Proof. We know already that $\operatorname{ind} C_0(\phi_{F(q)}) \geq 4$ and that the form $\phi_{F(q)}$ is anisotropic. The only thing to check is that $\phi_{F(q)}$ does not become a Pfister neighbor.

Let us assume the contrary: $\phi_{F(q)}$ is a neighbor of some 4-fold Pfister form $\pi/F(q)$. The element $e^4(\pi) \in H^4_{\mathrm{nr}}(F(q)/F)$ is different from 0 (since the form $\phi_{F(q)}$ is anisotropic, the form π is anisotropic too, therefore $e^4(\pi) \neq 0$ simply by the classical "injectivity on symbols" known for e^n with any n).

Applying Theorem 2.8 (i) to the field extension $F(\phi)/F$, we get a commutative diagram

$$\begin{array}{ccc} H^4_{\mathrm{nr}}(F(q)/F)/H^4(F) & \longrightarrow & H^4_{\mathrm{nr}}(F(\phi,q)/F(\phi))/H^4(F(\phi)) \\ \downarrow & & \downarrow \\ H^4(F) & \longrightarrow & H^4(F(\phi)) \end{array}$$

where $F(\phi, q)$ is the function field of the direct product of the projective quadrics $\phi = 0$ and $q = 0$. Note that the vertical arrows of the diagram are monomorphisms (Theorem 2.8(i)). Moreover, the lower horizontal arrow is a monomorphism as well (Theorem 2.8 (iii)). Hence the upper horizontal arrow is a monomorphism, too. By this reason, the class of $e^4(\pi)$ in the quotient $H^4_{\mathrm{nr}}(F(q)/F)/H^4(F)$, evidently vanishing in the quotient

$$H^4_{\mathrm{nr}}(F(\phi,q)/F(\phi))/H^4(F(\phi)),$$

is 0, that is, $e^4(\pi)$ is in the image of the restriction homomorphism $H^4(F) \to H^4_{\mathrm{nr}}(F(q)/F)$, say $e^4(\pi) = \lambda_{F(q)}$ for some $\lambda \in H^4(F)$.

For this λ, we have $\lambda_{F(\phi,q)} = e^4(\pi)_{F(\phi)} = 0$, whence

$$\lambda_{F(\phi)} \in H^4(F(\phi,q)/F(\phi)).$$

Since $q_{F(\phi)}$ is a 4-fold Pfister form, we have ([13] and [28])

$$H^4(F(\phi,q)/F(\phi)) = \{0,\ e^4(q)_{F(\phi)}\},$$

whence $\lambda_{F(\phi)} = 0$ or $\lambda_{F(\phi)} = e^4(q)_{F(\phi)}$. By the injectivity of $H^4(F) \to H^4(F(\phi))$ (Theorem 2.8 (iii)) we get that $\lambda = 0$ or $\lambda = e^4(q)$ already over F. Therefore $\lambda_{F(q)} = 0$ which is a contradiction with $\lambda_{F(q)} = e^4(\pi) \neq 0$. □

Corollary 2.10. *For any F and any essential ϕ/F there exists a field extension $\tilde{F}/F$ such that $H^4(\tilde{F}) = 0$ while $\phi_{\tilde{F}}$ is still essential.*

Proof. The extension $\tilde{F}/F$ we construct is common for all essential ϕ/F. Let $F_0 = F$ and for every $i \geq 0$ let F_{i+1} be the free composite of the function fields of all 4-fold Pfister forms over F_i. The union $\tilde{F} = \bigcup F_i$ is a field extension of F with trivial $I^4(\tilde{F})$ and the form $\phi_{\tilde{F}}$ is still essential. Of course, we may conclude that $H^4(\tilde{F}) = 0$ by using the fact that $H^4(\tilde{F})$ is generated by $e^4(\mathrm{GP}_4(\tilde{F}))$.

Finally, we assume that $\operatorname{ind} C_0(\psi) = 1$. We choose a 9-dimensional subform $q \subset \psi$. We have $C_0(\psi) \simeq C_0(q) \otimes_F F(\sqrt{d})$ with $d = \operatorname{disc}(\psi)$. Therefore $\operatorname{ind} C_0(q) = 1$ or 2. In the second case, q is of type (iii), while in the first case q is a neighbor of a 4-fold Pfister form. □

We have finished part **(3)** of the proof of Theorem 2.3 modulo the computation of CH^3 for the particular forms needed for Proposition 2.15. This computation will be done in the next section.

2.4 Computing CH^3

In this section we prove Proposition 2.15. More precisely, we prove that $\operatorname{Tors} \mathrm{CH}^3 X_q = 0$ for any *particular* (see Definition 2.14) quadratic form q.

Lemma 2.19. *Every 9-dimensional quadratic form q with $\operatorname{ind} C_0(q) = 4$ is a subform of some 13-dimensional quadratic form ρ with $\operatorname{ind} C_0(\rho) = 1$.*

Proof. Let $q \perp \langle a \rangle$ be a 10-dimensional quadratic form of discriminant 1 containing q. The Clifford invariant $[C(q \perp \langle a \rangle)] = [C_0(q)] \in \operatorname{Br}(F)$ of this form is represented by a biquaternion algebra. Let $\langle -a \rangle \perp q'$ be an Albert form corresponding to this biquaternion algebra (the quadratic form q' here is 5-dimensional with $\det q' = a$ and $C_0(q')$ Brauer-equivalent to $C_0(q)$). Since the Clifford invariant of the Witt class

$$[q \perp \langle a \rangle] + [\langle -a \rangle \perp q'] = [q \perp q'] \in W(F)$$

is trivial, one can take $\rho = q \perp q''$ where q'' is a 4-dimensional subform of q' (in this case ρ is a 13-dimensional subform of the 14-dimensional form $q \perp q'$ with trivial $\operatorname{disc}(q \perp q')$, and therefore $[C_0(\rho)] = [C(q \perp q')] = 0 \in \operatorname{Br}(F)$). □

Corollary 2.20. *For any 9-dimensional quadratic form q with $\operatorname{ind} C_0(q) = 4$, one has $\operatorname{Tors} \mathrm{CH}^3 X_q = 0$.*

Proof. We write $K(X)$ for the Grothendieck group $K_0'(X)$ of a variety X. We consider the topological filtration on $K(X)$ given by the codimension of support and write $K^{(i)}(X)$ $(i \geq 0)$ for its i-th term. Since the canonical epimorphism $\mathrm{CH}^i(X) \twoheadrightarrow K^{(i)}(X)/K^{(i+1)}(X)$ is an isomorphism for $i \leq 3$ in the case where X is a projective quadric (see [16, Corollary 4.5] for $i = 3$), it suffices to show that the successive quotient group $K^{(3)}(X_q)/K^{(4)}(X_q)$ is torsion-free for q as in the statement under proof. According to [16, Theorem 3.8], this is equivalent to the fact that $l_1 \in K^{(4)}(X_q)$ where $l_1 \in K(\overline{X}_q)$ is the class of a line on $\overline{X}_q$ (given by some totally isotropic 2-dimensional subspace of $q_{\overline{F}}$). Note that according to Swan's computation [27] of the K-theory of projective quadrics, $K(X_q)$ is a subgroup of $K(\overline{X}_q)$ containing l_1.

Let ρ be a 13-dimensional quadratic form as in Lemma 2.19. As $\operatorname{ind} C_0(\rho) = 1$, we have $l_5 \in K(X_\rho)$ ([27]) for the class l_5 of a 5-dimensional projective subspace on $\overline{X}_\rho$. Since $\dim\rho$ is bigger than 12, the group $\mathrm{CH}^3(X_\rho)$ is torsion-free by [17]. Note that the groups $\mathrm{CH}^i(X_\rho)$ for $i < 3$ are torsion-free as well (see [16, Theorem 6.1] for $i = 2$). It follows that the groups $K^{(i)}(X_\rho)/K^{(i+1)}(X_\rho)$ are torsion-free for $i \leq 3$ which implies $l_5 \in K^{(4)}(X_\rho)$. Applying to this l_5 the pull-back $K^{(4)}(X_\rho) \to K^{(4)}(X_q)$ with respect to the embedding $X_q \hookrightarrow X_\rho$, we get l_1 (because $\operatorname{codim}_{X_\rho} X_q = 4$). Thus $l_1 \in K^{(4)}(X_q)$. □

Corollary 2.21. *For any 9-dimensional quadratic form q with $\operatorname{ind} C_0(q) \geq 4$, one has $\operatorname{Tors}\mathrm{CH}^3 X_q = 0$ as well.*

Proof. The possible values of $\operatorname{ind} C_0(q)$ (q is 9-dimensional) greater than 4 are 8 and 16. In the case of maximal index, there is no torsion in the successive quotients of the topological filtration on $K(X_q)$ at all ([16, Theorem 3.8]).

Let $\operatorname{ind} C_0(q) = 8$. To see that there is no torsion in $\mathrm{CH}^3(X_q)$ is is enough to show that $l_0 \in K^{(4)}(X_q)$ where $l_0 \in K(X_q) \subset K(\overline{X}_q)$ is the class of a rational point.

We may assume that the base field F has no extension of odd degree. Then there exists a quadratic field extension E/F such that $\operatorname{ind} C_0(q_E) = 4$. It follows by Corollary 2.20 that $l_1 \in K^{(4)}(X_{q_E})$ over E. Taking the transfer we get that $2l_1 \in K^{(4)}(X_q)$ over F. Since $2l_1 = h^6 + l_0 \in K(X_q)$ where $h^6 \in K^{(6)}(X_q)$ is the 6-th power of the hyperplane section class $h \in K^{(1)}(X_q)$ (cf. [16, proof of Lemma 3.9]), the desired relation $l_0 \in K^{(4)}(X_q)$ follows. □

Corollary 2.22. *Let q be an 8-dimensional quadratic form, $a \in F^*$, and let $U_{q,a}$ be the affine quadric $q + a = 0$. If $\operatorname{ind} C_0(q \perp \langle a\rangle) \geq 4$ then $\mathrm{CH}^3 U_{q,a} = 0$.*

Proof. Since $U_{q,a}$ is the complement of X_q in $X_{q\perp\langle a\rangle}$, we have the exact sequence

$$\mathrm{CH}^2 X_q \to \mathrm{CH}^3 X_{q\perp\langle a\rangle} \to \mathrm{CH}^3 U_{q,a} \to 0.$$

The middle term is torsion-free by Corollary 2.21, therefore it is generated by the third power h^3 of the hyperplane section $h \in \mathrm{CH}^1 X_{q\perp\langle a\rangle}$. Since this h^3 is the image of $h^2 \in \mathrm{CH}^2 X_q$, the first arrow of the exact sequence is surjective. □

Lemma 2.23. *Let q be an 8-dimensional quadratic form over F and let $a \in F$. If either $a \neq 0$ or q is not similar to a 3-fold Pfister form, then $\operatorname{Tors}\mathrm{CH}^2 U_{q,a} = 0$.*

Proof. We first consider the case where $a \neq 0$. Here the group $\operatorname{Tors}\mathrm{CH}^2 X_{q\perp\langle a\rangle}$ is torsion-free by [16, 6.1], and the exact sequence

$$\mathrm{CH}^1 X_q \to \mathrm{CH}^2 X_{q\perp\langle a\rangle} \to \mathrm{CH}^2 U_{q,a} \to 0$$

gives the desired statement.

For $a = 0$ the following sequence is exact:

$$\mathrm{CH}^1 X_q \to \mathrm{CH}^2 X_q \to \mathrm{CH}^2 U_{q,a} \to 0$$

with the first arrow given by multiplication by h. Since q is not similar to a 3-fold Pfister form, the middle term is generated by h^2 ([16, 6.1]) which is the image of $h \in \mathrm{CH}^1 X_q$. $\square$

Now we are able to prove that $\operatorname{Tors} \mathrm{CH}^3 X_q = 0$ for a particular form q of type (i). Let us write q as $q = q' \perp \langle a \rangle$. The exact sequence

$$\mathrm{CH}^2 X_{q'} \to \mathrm{CH}^3 X_q \to \mathrm{CH}^3 U_{q',a} \to 0$$

gives an isomorphism of $\operatorname{Tors} \mathrm{CH}^3 X_q$ with $\mathrm{CH}^3 U_{q',a}$. For q' written down as $q' = q'' \perp \langle b \rangle$, we have an exact sequence as follows (cf. [16, Sect. 1.3.2]):

$$\coprod_p \mathrm{CH}^2 U_{q''_{F(p)}, bt^2+a} \to \mathrm{CH}^3 U_{q',a} \to \mathrm{CH}^3 U_{q''_{F(t)}, bt^2+a} \to 0$$

where the direct sum is taken over all closed points p of the affine line $\mathbb{A}^1 = \operatorname{Spec} F[t]$, t a variable (here $bt^2 + a$ is considered as an element of the residue field $F(p)$). We claim that the terms on both sides of the exact sequence are 0 (this gives the triviality of the middle term and finishes the proof of Proposition 2.15 for the particular forms of type (i)).

The even Clifford algebra of an even-dimensional quadratic form is isomorphic to the even Clifford algebra of any 1-codimensional subform tensored by the etale quadratic F-algebra given by the square root of the discriminant of the even-dimensional form. Applying this to $q''_{F(t)} \perp \langle bt^2 + a \rangle \subset q_{F(t)}$ we get

$$C_0(q_{F(t)}) \simeq C_0(q''_{F(t)} \perp \langle bt^2 + a \rangle) \otimes_{F(t)} F(t)(\sqrt{\operatorname{disc} q}).$$

In particular,

$$\operatorname{ind} C_0(q''_{F(t)} \perp \langle bt^2 + a \rangle) \geq \operatorname{ind} C_0(q_{F(t)}) = \operatorname{ind} C_0(q) \geq 4.$$

By Corollary 2.22 it follows that $\mathrm{CH}^3 U_{q''_{F(t)}, bt^2+a} = 0$.

Now let us consider a summand $\mathrm{CH}^2 U_{q''_{F(p)}, bt^2+a}$ from the left hand side term of the exact sequence. If $bt^2 + a \neq 0 \in F(p)$, this summand is 0 by the first part of Lemma 2.23. Let us assume that $bt^2 + a = 0 \in F(p)$. This may happen only for a unique closed point $p \in \mathbb{A}^1$, namely, for the point given by the principal prime ideal of the polynomial ring $F[t]$ generated by $bt^2 + a$. In particular, $F(p) \simeq F(\sqrt{-a/b})$. If the form $q''_{F(p)}$ is not similar to a 3-fold Pfister form, $\mathrm{CH}^2 U_{q''_{F(p)}, 0} = 0$ according to the second part of Lemma 2.23. In the opposite case, $q''_{F(p)}$ has trivial discriminant and Clifford invariant. Since $[q''_{F(p)}] = [q_{F(p)}] \in W(F(p))$, the quadratic form $q_{F(p)}$ also has trivial discriminant and Clifford invariant. In particular, $\operatorname{ind} C_0(q_{F(p)}) = \operatorname{ind} C(q_{F(p)}) = 1$ (here we use that the even Clifford algebra of an even-dimensional quadratic form with trivial discriminant is isomorphic to $A \times A$, where A is a central simple algebra such that the algebra of 2 by 2 matrices over A is isomorphic to the whole Clifford algebra of the quadratic form).

On the other hand, $\operatorname{ind} C_0(q_{F(p)})$ is at least 2, because $\operatorname{ind} C_0(q) \geq 4$ and $[F(p) : F] = 2$. Thus every particular form of type (i) is special.

Now let us check that a particular form q of type (iv) is special. In order to show that $\operatorname{Tors} \mathrm{CH}^3 X_q = 0$, it suffices to show that $l_2 \in K^{(4)}(X_q)$. Let q' be a 7-dimensional Pfister neighbor sitting inside q. According to Swan's computation of $K(X_{q'})$, the element $l_2 \in K(\overline{X}_{q'})$ lies in $K(X_{q'}) \subset K(\overline{X}_{q'})$. Since the quotients $K^{(0)}(X_{q'})/K^{(1)}(X_{q'})$ and $K^{(1)}(X_{q'})/K^{(2)}(X_{q'})$ have no torsion, the element l_2 is in $K^{(2)}(X_{q'})$. Now taking the push-forward of this l_2 with respect to the 2-codimensional embedding $X_{q'} \hookrightarrow X_q$, we get $l_2 \in K^{(4)}(X_q)$. Thus every particular form of type (iv) is special as well.

For a particular form q of type (iii) we will use the 1-codimensional embedding $X_{q'} \hookrightarrow X_q$, where $q' \subset q$ is an 8-dimensional subform of trivial discriminant. The Clifford invariant of q' is represented by the even Clifford algebra of q which has index 2 and is therefore non-trivial. Hence q' is not similar to a 3-fold Pfister form and according to [16, Theorem 6.1] the group $\mathrm{CH}^2 X_{q'}$ is torsion-free. We obtain that $l_2 \in K^{(3)}(X_{q'})$ and, taking the push-forward, $l_2 \in K^{(4)}(X_q)$. Thus every particular form of type (iii) is special.

Finally, consider a particular quadratic form q of type (ii). Let E be the quadratic field extension of F given by the square root of the discriminant of q. The form q_E has trivial discriminant and $\operatorname{ind} C_0(q_E) = 2$. According to [16, Proposition 3.5], $2l_4 \in K(X_{q_E})$ where $l_4 \in K(\overline{X}_q)$ is the class of a 4-dimensional projective subspace on $\overline{X}$. Note that $4 = (\dim X)/2$ by which reason it is not true that all the 4-dimensional subspaces on $\overline{X}$ have the same class in the Chow group: there are precisely two different classes of such subspaces. We have denoted one of them as l_4 and we write l'_4 for the second one.

For the subform $q' \subset q$ as in the definition of this type of particular forms, we have $q_E \simeq q'_E \perp \mathbb{H}$. Therefore, for $i = 1, 2, 3$ there are isomorphisms $\mathrm{CH}^i X_{q_E} \simeq \mathrm{CH}^{i-1} X_{q'_E}$ ([16, Sect. 2.2]). It follows that the isomorphic groups are torsion-free ($\mathrm{CH}^2 X_{q'_E}$ is so because $\operatorname{ind} C(q'_E) = 2$ and so q'_E is not similar to a 3-fold Pfister form) and therefore $2l_4 \in K^{(4)}(X_{q_E})$. Applying the transfer homomorphism $K^{(4)}(X_{q_E}) \to K^{(4)}(X_q)$ to the element $2l_4$, we get $2(l_4 + l'_4)$. Using the relation $l_4 + l'_4 = h^4 + l_3 \in K(\overline{X}_q)$, we get $2l_3 = 2(l_4 + l'_4) - 2h^4 \in K^{(4)}(X_q)$. Finally, since $2l_3 = l_2 + h^5$, it follows that $l_2 \in K^{(4)}(X_q)$. Hence the group $K^{(3)}(X_q)/K^{(4)}(X_q) \simeq \mathrm{CH}^3 X_q$ has no torsion, i.e., q is special.

References

1. Arason, J., Elman, R., Jacob, B.: Fields of cohomological 2-dimension three. Math. Ann. **274**, 649–657 (1986)
2. Fulton, W.: Intersection Theory. Springer, Berlin Heidelberg New York Tokyo (1984)
3. Hoffmann, D.W.: Isotropy of 5-dimensional quadratic forms over the function field of a quadric. In: Proc. Symp. Pure Math. **58.2**, 217-225 (1995)

4. Hoffmann, D.W.: Isotropy of quadratic forms over the function field of a quadric. Math. Z. **220**, 461–476 (1995)
5. Hoffmann, D.W.: Splitting patterns and invariants of quadratic forms. Math. Nachr. **190**, 149–168 (1998)
6. Hurrelbrink, J., Rehmann, U.: Splitting patterns of quadratic forms. Math. Nachr. **176**, 111–127 (1995)
7. Izhboldin, O.T.: On the nonexcellence of field extensions $F(\pi)/F$. Doc. Math. **1**, 127–136 (1996)
8. Izhboldin, O.T.: Motivic equivalence of quadratic forms. Doc. Math. **3**, 341–351 (1998)
9. Izhboldin, O.T.: Motivic equivalence of quadratic forms II. Manuscripta Math. **102**, 41–52 (2000)
10. Izhboldin, O.T.: Fields of u-invariant 9. Ann. Math. **154**, 529–587 (2001)
11. Izhboldin, O.T.: Virtual Pfister neighbors and first Witt index. This volume.
12. Izhboldin, O.T., Vishik, A.: Quadratic forms with absolutely maximal splitting. Contemp. Math. **272**, 103–125 (2000)
13. Jacob, W., Rost, M.: Degree four cohomological invariants for quadratic forms. Invent. Math. **96**, 551–570 (1989)
14. Kahn, B: Cohomologie non ramifiée des quadriques. This volume.
15. Kahn, B., Rost, M., Sujatha, R.: Unramified cohomology of quadrics I. Amer. J. Math. **120**, 841–891 (1998)
16. Karpenko, N.A.: Algebro-geometric invariants of quadratic forms. Algebra i Analiz **2**, 141–162 (1991) (in Russian). Engl. transl.: Leningrad (St. Petersburg) Math. J. **2**, 119–138 (1991)
17. Karpenko, N.A.: Chow groups of quadrics and index reduction formula. Nova J. Algebra Geom. **3**, 357–379 (1995)
18. Karpenko, N.A.: Cohomology of relative cellular spaces and isotropic flag varieties. Algebra i Analiz **12**, 3–69 (2000) (in Russian). Engl. transl.: St. Petersburg Math. J. **12**, 1–50 (2001)
19. Karpenko, N.A.: On anisotropy of orthogonal involutions. J. Ramanujan Math. Soc. **15**, 1–22 (2000)
20. Karpenko, N.A.: Characterization of minimal Pfister neighbors via Rost projectors. J. Pure Appl. Algebra **160**, 195–227 (2001)
21. Karpenko, N.A.: Izhboldin's results on stably birational equivalence of quadrics. This volume.
22. Knebusch, M.: Generic splitting of quadratic forms II. Proc. London Math. Soc. **34**, 1–31 (1977)
23. Merkurjev, A.S.: Simple algebras and quadratic forms. Izv. Akad. Nauk SSSR Ser. Mat. **55**, 218–224 (1991) (in Russian). English transl.: Math. USSR Izv. **38**, 215–221 (1992)
24. Merkurjev, A.S.: Rost's degree formula. June, 2001.
25. Pfister, A.: Quadratische Formen in beliebigen Körpern. Invent. Math. **1**, 116–132 (1966)
26. Scharlau, W.: Quadratic and Hermitian Forms. Springer, Berlin Heidelberg New York Tokyo (1985)
27. Swan, R.G.: K-theory of quadric hypersurfaces. Ann. Math. **122**, 113–154 (1985)
28. Szyjewski, M.: The fifth invariant of quadratic forms. Algebra i Analiz **2**, 213–234 (1990) (Russian). English transl.: Leningrad Math. J. **2**, 179–198 (1991)

29. Tignol, J.-P.: Réduction de l'indice d'une algèbre simple centrale sur le corps des fonctions d'une quadrique. Bull. Soc. Math. Belgique **42**, 725–745 (1990)
30. Vishik, A.: Integral motives of quadrics. (Ph.D. thesis). Max-Planck-Institut für Mathematik in Bonn, preprint MPI **1998-13**, 1–82 (1998)
31. Vishik, A.: On the dimension of anisotropic forms in I^n. Max-Planck-Institut für Mathematik in Bonn, preprint MPI **2000-11**, 1–41 (2000)
32. Vishik, A.: Motives of quadrics with applications to the theory of quadratic forms. This volume.
33. Voevodsky, V.: The Milnor conjecture. Max-Planck-Institut für Mathematik in Bonn, preprint MPI **1997-8**, 1–51 (1997)

Virtual Pfister Neighbors and First Witt Index

Oleg T. Izhboldin

Introduction (by Nikita Karpenko)

This is a paper almost finished by Oleg Izhboldin in the beginning of the year 2000. I only have checked the text for evident misprints and correct references. Also I have erased several parts of the text which I have recognized as traces of earlier versions. Finally I have inserted Remark 4.7 and several (mostly very short) missing proofs; namely, the proofs for Theorem 1.3, Lemma 4.5, Lemma 5.4, Lemma 5.6, Corollary 5.9, and Theorem 5.14(2).

I think that the main results of the paper are Theorem 5.8 (with Corollary 5.9) and Theorem 5.11 (with Corollary 5.13).

In this paper, Oleg Izhboldin studies virtual Pfister neighbors, i.e. anisotropic quadratic forms over a field F which become Pfister neighbors of some anisotropic Pfister form over some field extension. A complete classification of such forms is known in dimensions ≤ 9 and ("trivially" by a theorem of Hoffmann) for forms of dimension $2^n + 1$ (see also the paper *Embeddability of quadratic forms in Pfister forms*, Indag. Math. **11(2)** (2000), 219–237, by Hoffmann and Izhboldin, in particular Proposition 2.9 in that paper).

The second main result of the paper, Theorem 5.11 and its Corollary 5.13 deal with the possible values of the first Witt index of a quadratic form, another interesting question which is the subject of active research (most notably by Vishik). What distinguishes Izhboldin's results from Vishik's work is that they are obtained in very tricky and subtle, yet elementary ways. The study of this problem started in Hoffmann's paper [1] where also the notion of maximal splitting has been coined.

Here are some explanations on the notation used in the paper: ϕ_{an} is the anisotropic part of a quadratic form ϕ; $i_1(\phi)$ and $i_2(\phi)$ are the first and the second Witt indexes of ϕ; $\phi \overset{st}{\sim} \psi$ notifies the stably birational equivalence of two quadratic forms ϕ and ψ; $\phi \subset \psi$ means that ϕ is isomorphic with a subform in ψ. A *virtual Pfister neighbor* is a quadratic form which becomes an anisotropic Pfister neighbor over some extension of the base field. If ϕ is a quadratic form over a field F, $F(\phi)$ is its function field.

The only fields over which quadratic forms are considered are of characteristic different from 2.

1 Generic Principles

The following statement is well-known:

Proposition 1.1. *Let X be a projective homogeneous variety over a field F. The following conditions are equivalent:*

- *X has a closed F-rational point,*
- *X is a rational variety,*
- *X is a unirational variety.*

Theorem 1.2. *Let $X_1, \ldots, X_r$ and X be projective homogeneous varieties over F. Suppose that for any $i = 1, \ldots, r$ there exists a field extension L_i/F such that the variety $(X_i)_{L_i}$ is not rational and X_{L_i} is rational. Then there exists an extension L/F such that all varieties $(X_1)_L, \ldots, (X_r)_L$ are not rational and X_L is rational.*

Proof. We define L as the function field $F(X)$ of X. Clearly $X_L = X_{F(X)}$ has a rational point. Hence, X_L is rational. Now we need to check that $(X_i)_L$ is not rational. Suppose at the moment that $(X_i)_L = (X_i)_{F(X)}$ is rational. Then $(X_i)_{L_i(X)}$ is rational too. This means that the extension $L_i(X)(X_i)/L_i(X)$ is purely transcendental. Since X_{L_i} is rational, it follows that the extension $L_i(X)/L_i$ is purely transcendental. Hence $L_i(X)(X_i)/L_i$ is also purely transcendental. Since $L_i(X_i) \subset L_i(X)(X_i)$, it follows that $L_i(X_i)/L_i$ is unirational. Hence, $(X_i)_{L_i}$ is unirational. By Proposition 1.1, it follows that $(X_i)_{L_i}$ is rational. We get a contradiction to our assumption. □

Theorem 1.3 (generic principle). *Let $\phi_1, \ldots, \phi_r$ and ϕ be quadratic forms over F. Let $m_1, \ldots, m_r$ and m be positive integers. Suppose that for any $i = 1, \ldots, r$ there exists a field extension L_i/F such that $\dim((\phi_i)_{L_i})_{\mathrm{an}} \geq m_i$ and $\dim(\phi_{L_i})_{\mathrm{an}} \leq m$. Then there exists an extension L/F such that $\dim((\phi_i)_L)_{\mathrm{an}} \geq m_i$ for all $i = 1, \ldots, r$ and $\dim(\phi_L)_{\mathrm{an}} \leq m$.*

Proof. We apply Theorem 1.2 taking as $X_1, \ldots, X_r$, and X the appropriate generic splitting varieties (see e.g. [4]) of the quadratic forms $\phi_1, \ldots, \phi_r$, and ϕ respectively. □

Corollary 1.4 (generic principle). *Let $\phi_1, \ldots, \phi_s$ and ϕ be quadratic forms over F. Suppose that for any $i = 1, \ldots, s$ there exists a field extension L_i/F such that $(\phi_i)_{L_i}$ is anisotropic and $\dim(\phi_{L_i})_{\mathrm{an}} \leq m$. Suppose also that there exists an extension E/F such that $\dim(\phi_E)_{\mathrm{an}} = m$. Then there exists an extension L/F such that the forms $(\phi_i)_L$ are anisotropic for all $i = 1, \ldots, s$ and $\dim(\phi_L)_{\mathrm{an}} = m$.*

Proof. It suffices to substitute in the formulation of Theorem 1.3 the following data:

- $r = s + 1$, $\phi_r = \phi$, and $L_r = E$;
- $m_i = \dim \phi_i$ for all $i = 1, \ldots, s = r - 1$ and $m_r = m$.

□

2 Maximal Splitting

Theorem 2.1 ([1]). *Let ϕ be an anisotropic form over a field F of dimension $2^n + m$ with $0 < m \leq 2^n$. Then $i_1(\phi) \leq m$ and $\dim(\phi_{F(\phi)})_{\mathrm{an}} \geq 2^n - m$.*

Definition 2.2 (Hoffmann, [1, §4]). Let ϕ be an anisotropic form over a field F of dimension $2^n + m$ with $0 < m \leq 2^n$. We say that ϕ has *maximal splitting* if $i_1(\phi) = m$ (in this case, $\dim(\phi_{F(\phi)})_{\mathrm{an}} = 2^n - m$).

Let $(F_i, \psi_i)_{i=0,\ldots,h}$ be the generic splitting tower of an anisotropic quadratic F-form ψ. We recall that the field F_i and the F_i-forms ψ_i are defined by the following recursive procedure:

- $F_0 := F$ and $\psi_0 := \psi$;
- for $i \geq 1$, we set $F_i := F_{i-1}(\psi_{i-1})$ and $\psi_i = ((\psi_{i-1})_{F_i})_{\mathrm{an}}$.

Lemma 2.3. *Let ϕ be an anisotropic F-form with $\dim \phi = 2^n + m$, $n \geq 1$, $1 \leq m \leq 2^n$. Let ψ be an F-form and $(F_i, \psi_i)_{i=0,\ldots,h}$ be the generic splitting tower of ψ. Let $s \geq 0$ be such that $\dim \psi_s > 2^n$ and $\phi_{F_{s+1}}$ is anisotropic. Then ϕ has maximal splitting if and only if $\phi_{F_{s+1}}$ has maximal splitting.*

Proof. An obvious induction reduces the general case to the case where $s = 0$. In this case, the lemma coincides with [1, Lemma 5]. □

3 Basic Construction

In this section we introduce some basic notation which will be used in the following sections. We start with

Definition 3.1. Let ϕ be a quadratic form over F. We denote by $\mathrm{Dim}(\phi)$ the set of integers defined as follows:

$$\mathrm{Dim}(\phi) = \{m \mid \text{there exists a field extension } L/F \text{ such that } \dim(\phi_L)_{\mathrm{an}} = m\}.$$

Now let k be an arbitrary field of characteristic $\neq 2$. We fix some anisotropic form ϕ over k. The dimension of the form ϕ will be written in the form $\dim \phi = 2^n + m$ where $0 < m \leq 2^n$. Now, we define the field F as the purely transcendental extension of k of transcendence degree $n + 1$. Namely, we set $F = k(X_1, \ldots, X_{n+1})$. Now, we define the F-forms π and ψ as follows:

$$\pi = \langle\langle X_1, \ldots, X_{n+1} \rangle\rangle \qquad \text{and} \qquad \psi = \phi_F \perp -\pi.$$

Lemma 3.2. *Let $s \geq 0$ be an integer such that $2^n - s \in \mathrm{Dim}(\phi)$ (see Definition 3.1). There exists an extension L/F such that the form ϕ_L is isotropic, $\dim(\phi_L)_{\mathrm{an}} = 2^n - s$, the form π_L is anisotropic, and $\dim(\psi_L)_{\mathrm{an}} = 2^n + s$.*

Proof. Let K/k be an extension such that $\dim(\phi_K)_{\mathrm{an}} = 2^n - s$. Since $s \geq 0$, it follows that ϕ_K is isotropic. Put $E = K(X_1, \dots, X_{n+1}) \supset k(X_1, \dots, X_{n+1}) = F$ (we mean that the extension E/K is purely transcendental). Clearly, the form $\pi_E = \langle\langle X_1, \dots, X_{n+1}\rangle\rangle_E$ is anisotropic. Since E/K is purely transcendental, we have $\dim(\phi_E)_{\mathrm{an}} = 2^n - s$. By [1, Theorem 4], there exists an extension L/E such that $((\phi_E)_{\mathrm{an}})_L \subset \pi_L$ and π_L is anisotropic. Let ξ be an L-form such that $((\phi_E)_{\mathrm{an}})_L \perp -\xi = \pi_L$. Since π_L is anisotropic, it follows that ξ is anisotropic and $\dim \xi = \dim \pi - \dim((\phi_E)_{\mathrm{an}}) = 2^{n+1} - (2^n - s) = 2^n + s$. In the Witt ring $W(L)$ we have $\xi = \phi_L - \pi_L = (\phi_F \perp -\pi)_L = \psi_L$. Therefore, $\dim(\psi_L)_{\mathrm{an}} = \dim \xi = 2^n + s$. □

Lemma 3.3. *If ϕ is a virtual neighbor, then there exists an extension L/F such that ϕ_L and π_L are anisotropic and $\dim(\psi_L)_{\mathrm{an}} = 2^n - m$.*

Proof. Since ϕ is a virtual neighbor, there exists an extension K/k and an anisotropic form $\tau \in \mathrm{GP}_{n+1}(K)$ such that $\phi_K \subset \tau$. Let $E = K(X_1, \dots, X_{n+1})$. Clearly, τ_E and π_E are anisotropic forms from $\mathrm{GP}_{n+1}(E)$. Then there exists an extension L/E such that $\tau_L = \pi_L$ and the forms τ_L and π_L are anisotropic (see [3, proof of Lemma 2.1]). Since $\phi_L \subset \tau_L = \pi_L$ it follows that ϕ_L is anisotropic. Let ξ be an L-form such that $\phi_L \perp -\xi = \pi_L$. Since π_L is anisotropic, it follows that ξ is anisotropic and $\dim \xi = \dim \pi - \dim \phi = 2^{n+1} - (2^n + m) = 2^n - m$. In the Witt ring $W(L)$ we have $\xi = \phi_L - \pi_L = (\phi_F \perp -\pi)_L = \psi_L$. Therefore, $\dim(\psi_L)_{\mathrm{an}} = \dim \xi = 2^n - m$. □

Lemma 3.4. *Suppose that ϕ is a virtual Pfister neighbor such that*

$$\dim(\phi_{k(\phi)})_{\mathrm{an}} = 2^n - 1.$$

Then $\dim \phi = 2^n + 1$.

Proof. Obviously, $2^n - 1 \in \mathrm{Dim}(\phi)$. By Lemma 3.2, we have $2^n + 1 \in \mathrm{Dim}(\psi)$. Let (F_i, ψ_i) be the generic splitting tower of ψ. Since $2^n + 1 \in \mathrm{Dim}(\psi)$, there exists r such that $\dim \psi_r = 2^n + 1$. By Theorem 2.1, it follows that $\dim \psi_{r+1} = 2^n - 1$. Let L/F be the extension constructed in Lemma 3.3. Since $\dim(\psi_L)_{\mathrm{an}} = 2^n - m \leq 2^n - 1 = \dim \psi_{r+1}$, it follows that the extension $(L \cdot F_{r+1})/L$ is purely transcendental. Since ϕ_L and π_L are anisotropic, it follows that $\phi_{L \cdot F_{r+1}}$ and $\pi_{L \cdot F_{r+1}}$ are also anisotropic. Hence the forms $\phi_{F_{r+1}}$ and $\pi_{F_{r+1}}$ are anisotropic. We claim that $\phi_{F_{r+1}}$ is a Pfister neighbor of $\pi_{F_{r+1}}$. By the Cassels–Pfister subform theorem, it suffices to verify that the form $\pi_{F_{r+1}(\phi)}$ is hyperbolic. Since $\pi = \phi_F - \psi$ in the Witt ring $W(F)$, we obviously have

$$\begin{aligned} \dim(\pi_{F_{r+1}(\phi)})_{\mathrm{an}} &\leq \dim(\phi_{F_{r+1}(\phi)})_{\mathrm{an}} + \dim(\psi_{F_{r+1}(\phi)})_{\mathrm{an}} \\ &\leq \dim(\phi_{F(\phi)})_{\mathrm{an}} + \dim \psi_{r+1} = 2^n - 1 + 2^n - 1 < 2^{n+1}. \end{aligned}$$

Since π is an $(n+1)$-fold Pfister form, it follows that $\pi_{F_{r+1}(\phi)}$ is hyperbolic. This shows that $\phi_{F_{r+1}}$ is a Pfister neighbor of $\pi_{F_{r+1}}$. Hence $\phi_{F_{r+1}}$ is an anisotropic form with maximal splitting. By Lemma 2.3, it follows that ϕ has maximal splitting. Finally, Definition 2.2 and the equality $\dim(\phi_{F(\phi)})_{\mathrm{an}} = 2^n - 1$ show that $\dim \phi = 2^n + 1$. □

Theorem 3.5. *Let k be a field of characteristic $\neq 2$. Let ϕ be a virtual neighbor over k of dimension $2^n + m$ where $0 < m \leq 2^n$. Let us suppose that $\dim(\phi_{k(\phi)})_{\mathrm{an}} < 2^n$. Then $\dim(\phi_{k(\phi)})_{\mathrm{an}} = 2^n - m$.*

Proof. The cases where $m = 1$ or $\dim(\phi_{k(\phi)})_{\mathrm{an}} = 2^n - 1$ are obvious in view of Theorem 2.1 and Lemma 3.4. Thus, we may assume that $m > 1$ and $\dim(\phi_{k(\phi)})_{\mathrm{an}} < 2^n - 1$. Then we have $i_1(\phi) > 1$.

Now we use induction on m. Let ρ be a subform of ϕ of codimension 1, i.e., $\dim \rho = 2^n + (m-1)$. Since $i_1(\phi) > 1$, it follows that $\rho \overset{st}{\sim} \phi$. By Theorem 4.3, we have $\dim(\rho_{k(\rho)})_{\mathrm{an}} + \dim \rho = \dim(\phi_{k(\phi)})_{\mathrm{an}} + \dim \phi$. Therefore, $\dim(\rho_{k(\rho)})_{\mathrm{an}} = \dim(\phi_{k(\phi)})_{\mathrm{an}} + 1 < 2^n$. Applying the induction assumption to the $(2^n + m - 1)$-dimensional form ρ, we have $\dim(\rho_{k(\rho)})_{\mathrm{an}} = 2^n - (m-1)$. Therefore $\dim(\phi_{k(\phi)})_{\mathrm{an}} = \dim(\rho_{k(\rho)})_{\mathrm{an}} - 1 = 2^n - m$. □

Corollary 3.6. *Let ϕ be a virtual neighbor of dimension $2^n + m$ where $0 < m \leq 2^n$. Then either $i_1(\phi) = m$ or $i_1(\phi) \leq m/2$.*

Proof. The condition $i_1(\phi) = m$ is equivalent to the condition $\dim(\phi_{F(\phi)})_{\mathrm{an}} = 2^n - m$. The condition $i_1(\phi) \leq m/2$ is obviously equivalent to the condition $\dim(\phi_{F(\phi)})_{\mathrm{an}} \geq 2^n$. □

4 Stable Equivalence of Quadratic Forms

Definition 4.1. Let ϕ be a quadratic form. We define the *essential dimension* of the form ϕ as follows:

$$\dim_{\mathrm{es}} \phi = \min\{\dim \phi_0 \mid \phi_0 \text{ is a subform of } \phi \text{ such that } \phi_0 \overset{st}{\sim} \phi\}.$$

Theorem 4.2 ([6, Corollary A.18]). *For any anisotropic form ϕ, we have $\dim_{\mathrm{es}} \phi = \dim \phi - i_1(\phi) + 1$. In particular, the condition $\dim_{\mathrm{es}} \phi = \dim \phi$ is equivalent to the condition $i_1(\phi) = 1$.*

Theorem 4.3 ([6, Corollary A.18]). *If ϕ and ψ are anisotropic forms such that $\phi \overset{st}{\sim} \psi$, then $\dim_{\mathrm{es}} \phi = \dim_{\mathrm{es}} \psi$.*

Conjecture 4.4. *Let ϕ and ψ be forms over a field F such that $\phi_{F(\psi)}$ is isotropic and*

$$\dim_{\mathrm{es}} \phi \leq \dim_{\mathrm{es}} \psi.$$

Then $\dim_{\mathrm{es}} \phi = \dim_{\mathrm{es}} \psi$ and $\phi \overset{st}{\sim} \psi$.

Lemma 4.5. *Let ϕ and ψ be quadratic forms over a field F of the same dimension and such that $\phi_{F(\psi)}$ is isotropic. Suppose that there exists an extension E/F with the following properties:*

(a) ϕ and ψ are anisotropic over E;
(b) $\psi_E \overset{st}{\sim} \phi_E$;
(c) $i_1(\phi_E) = 1$ or $i_1(\psi_E) = 1$.

Then $\dim_{\text{es}} \phi = \dim_{\text{es}} \psi$ and $\psi \overset{st}{\sim} \phi$.

Proof. See [5, Lemma 3.1]. □

Theorem 4.6. *Let ϕ and ψ be forms over a field F such that $\phi_{F(\psi)}$ is isotropic and $\dim_{\text{es}} \phi \leq \dim_{\text{es}} \psi$. Suppose that there exists an extension E/F with the following properties:*

(a) ϕ and ψ are anisotropic over E;
(b) $\psi_E \overset{st}{\sim} \phi_E$.

Then $\dim_{\text{es}} \phi_E = \dim_{\text{es}} \phi$ if and only if $\dim_{\text{es}} \psi_E = \dim_{\text{es}} \psi$, in which case $\dim_{\text{es}} \phi = \dim_{\text{es}} \psi$ and $\psi \overset{st}{\sim} \phi$.

Remark 4.7. If $\dim_{\text{es}} \phi_E = \dim_{\text{es}} \phi$, then the hypothesis $\dim_{\text{es}} \phi \leq \dim_{\text{es}} \psi$ is fulfilled automatically: $\dim_{\text{es}} \phi = \dim_{\text{es}} \phi_E = \dim_{\text{es}} \psi_E \leq \dim_{\text{es}} \psi$.

Proof of Theorem 4.6. (1) First, suppose that $\dim_{\text{es}} \phi_E = \dim_{\text{es}} \phi$. Let $n = \dim_{\text{es}} \phi$. By our assumption, we have $\dim_{\text{es}} \phi_E = n$ and $\dim_{\text{es}} \psi \geq n$.

Since $\psi_E \overset{st}{\sim} \phi_E$, it follows that $\dim_{\text{es}} \psi_E = \dim_{\text{es}} \phi_E = n$. Let ϕ_0 be an n-dimensional subform of ϕ and ψ_0 be an n-dimensional subform of ψ.

Since $\dim_{\text{es}} \phi = \dim_{\text{es}} \phi_E = n$, it follows that $\phi \overset{st}{\sim} \phi_0$ and $i_1(\phi_0) = i_1((\phi_0)_E) = 1$.

Since $\dim_{\text{es}} \psi_E = n$, it follows that $\psi_E \overset{st}{\sim} (\psi_0)_E$ and $i_1((\psi_0)_E) = 1$. We have $(\phi_0)_E \overset{st}{\sim} \phi_E \overset{st}{\sim} \psi_E \overset{st}{\sim} (\psi_0)_E$.

By Lemma 4.5, we see that $\phi_0 \overset{st}{\sim} \psi_0$. Since $\phi \overset{st}{\sim} \phi_0$, it follows that $\phi \overset{st}{\sim} \psi_0$. Hence $(\psi_0)_{F(\phi)}$ is isotropic. Therefore, $\psi_{F(\phi)}$ is isotropic. Since $\phi_{F(\psi)}$ and $\psi_{F(\phi)}$ are both isotropic, it follows that $\phi \overset{st}{\sim} \psi$. Hence, $\dim_{\text{es}} \phi = \dim_{\text{es}} \psi$.

(2) Now, we may assume that $\dim_{\text{es}} \psi_E = \dim_{\text{es}} \psi$. Since $\phi_E \overset{st}{\sim} \psi_E$, it follows that $\dim_{\text{es}} \phi_E = \dim_{\text{es}} \psi_E$. Clearly, $\dim_{\text{es}} \phi \geq \dim_{\text{es}} \phi_E$. By the hypothesis of the theorem, we have $\dim_{\text{es}} \psi \geq \dim_{\text{es}} \phi$. We have proved that

$$\dim_{\text{es}} \phi \geq \dim_{\text{es}} \phi_E = \dim_{\text{es}} \psi_E = \dim_{\text{es}} \psi \geq \dim_{\text{es}} \phi.$$

Therefore, $\dim_{\text{es}} \phi = \dim_{\text{es}} \phi_E$. We have reduced the proof to the case (1) considered earlier. □

5 The Invariant $d(\phi)$

Let k be a field of characteristic $\neq 2$ and let ϕ be an anisotropic k-form of dimension $2^n + m$ with $0 < m \leq 2^n$. In this section we define a new invariant $d(\phi)$ of the form ϕ as follows.

First of all, we define the field F, the F-forms π and ψ as at the beginning of Sect. 3. Namely, $F = k(X_1, \ldots, X_{n+1})$, $\pi = \langle\langle X_1, \ldots, X_{n+1}\rangle\rangle$, and $\psi = \phi_F \perp -\pi$. Now, let $(F_i, \psi_i)_{i=0,\ldots,h}$ be the generic splitting tower of ψ. We define the integer $d(\phi)$ as

$$d(\phi) = \min\{\dim \psi_i \mid i \text{ is such that } \phi_{F_i} \text{ is anisotropic}\}.$$

Lemma 5.1. *Let L/F be a field extension. If ϕ_L is anisotropic, then $d(\phi) \leq \dim(\psi_L)_{\mathrm{an}}$.*

Proof. Suppose that $d(\phi) > \dim(\psi_L)_{\mathrm{an}}$. Let i be such that $\dim \psi_i = d(\phi)$. Then we have $\dim \psi_{i+1} \geq \dim(\psi_L)_{\mathrm{an}}$. The "generic property" shows that the extension $(F_{i+1} \cdot L)/L$ is purely transcendental. Now $\phi_{F_{i+1}}$ is isotropic, hence $\phi_{F_{i+1} \cdot L}$ is isotropic, therefore ϕ_L is isotropic. □

We see that

$$d(\phi) = \min\{\dim(\psi_L)_{\mathrm{an}} \mid L/F \text{ field extension with } \phi_L \text{ anisotropic}\}.$$

Lemma 5.2. *One has $d(\phi) \geq 2^n - m$. Moreover, $d(\phi) = 2^n - m$ if and only if ϕ is a virtual Pfister neighbor.*

Proof. Let i be such that $d(\phi) = \dim \psi_i$. Since $\psi = \phi_F \perp -\pi$, we have $\pi_{F_i} = \phi_{F_i} - \psi_{F_i} = \phi_{F_i} - \psi_i$.

If we assume that $d(\phi) < 2^n - m$, then we get $\dim(\pi_{F_i})_{\mathrm{an}} \leq \dim \phi + \dim \psi_i < 2^n + m + 2^n - m = 2^{n+1}$. Therefore, π_{F_i} is hyperbolic. Hence $(\phi_{F_i})_{\mathrm{an}} \simeq \psi_i$. Therefore, $\dim(\phi_{F_i})_{\mathrm{an}} = \dim \psi_i = 2^n - m < \dim \phi$. Hence ϕ_{F_i} is isotropic, a contradiction.

Now, we assume that $d(\phi) = 2^n - m$. Since $\pi_{F_i} = \phi_{F_i} - \psi_i$ and $\dim \pi = 2^n = 2^n + m + 2^n - m = \dim \phi + \dim \psi_i$, it follows that $\pi_{F_i} \simeq \phi_{F_i} \perp -\psi_i$. This shows that ϕ_{F_i} is a Pfister neighbor of π. Since ϕ_{F_i} is anisotropic, it follows that ϕ is a virtual Pfister neighbor.

To complete the proof, it suffices to consider the case where ϕ is a virtual neighbor. By Lemma 3.3, there exists an extension L/F such that ϕ_L is anisotropic and $\dim(\psi_L)_{\mathrm{an}} = 2^n - m$. By Lemma 5.1, we have $d(\phi) \leq 2^n - m$. Since $d(\phi) \geq 2^n - m$, we are done. □

Lemma 5.3. *One has $d(\phi) \leq \dim \phi = 2^n + m$.*

Proof. Let $L = F(\sqrt{X_1})$. Obviously, L/k is purely transcendental and π_L is hyperbolic. Hence ϕ_L is anisotropic and $(\psi_L)_{\mathrm{an}} \simeq \phi_L$. Hence $\dim(\psi_L)_{\mathrm{an}} = \dim \phi = 2^n + m$. By Lemma 5.1, we are done. □

Lemma 5.4. *Let $d = d(\phi)$. Then*

(1) *if $d > 2^n - m$, then $d \geq 2^n - m + 4$;*
(2) *if s is the integer such that $\dim \psi_s = d$, then the form π_{F_s} is anisotropic; moreover, if $d > 2^n - m$, then $\pi_{F_{s+1}}$ is anisotropic.*

Proof. We start the proof with the second part.

(2) Let us assume that π_{F_s} is isotropic. Let r be the smallest integer such that $\pi_{F_{r+1}}$ is isotropic. We recall that $F_{r+1} = F_r(\psi_r)$. Since $\psi_r = (\phi_{F_r} \perp -\pi_{F_r})_{\mathrm{an}}$ and $\dim \phi \leq \dim \pi$, the anisotropic forms ψ_r and $-\pi_{F_r}$ have a common value. By the Cassels–Pfister subform theorem, we conclude that $\psi_r \subset -\pi_{F_r}$. Since $\phi_{F_r} = \psi_r + \pi_{F_r}$ in the Witt ring $W(F_r)$ and ϕ_{F_r} is anisotropic, it follows that

$$\begin{aligned}\dim \phi = \dim(\psi_r \perp \pi_{F_r})_{\mathrm{an}} \leq \dim \pi - \dim \psi_r <\\ < \dim \pi - \dim \psi_s = 2^{n+1} - d \leq 2^{n+1} - (2^n - m) = 2^n + m\,,\end{aligned}$$

a contradiction.

We have shown that the form π_{F_s} is anisotropic. To complete the proof, it remains to show that for $d \neq 2^n - m$ the form $\pi_{F_{s+1}}$ is anisotropic as well. Indeed, if $\pi_{F_{s+1}}$ is isotropic, then $\psi_s \subset \pi_{F_s}$, therefore $\dim \phi \leq 2^{n+1} - d$. Since $d > 2^n - m$ and $\dim \phi < 2^n + m$, we have a contradiction.

(1) Let us assume that $d < 2^n - m + 4$, i.e., $d \leq 2^n - m + 2$. For the integer s such that $d = \dim \psi_s$ we then have

$$\begin{aligned}i_W(\phi_{F_s} \perp -\pi_{F_s}) = \frac{1}{2}(2^n + m + 2^{n+1} - d) \geq\\ \frac{1}{2}\big((2^n + m + 2^{n+1}) - (2^n - m + 2)\big) = 2^n + m - 1 = \dim \phi - 1\end{aligned}$$

which means that the anisotropic form ϕ_{F_s} contains a 1-codimensional subform which is isomorphic to a subform of π_{F_s} where the form π_{F_s} is anisotropic (by part (2) above). It follows from [5, Lemma 2.3] that ϕ_{F_s} is a virtual Pfister neighbor. Then ϕ is a virtual Pfister neighbor as well and thus $d = 2^n - m$ according to Lemma 5.2. □

Corollary 5.5. *If $m = 2$, then $d(\phi) = 2^n + 2$ or $d(\phi) = 2^n - 2$.* □

Lemma 5.6. *If $2^n - m \in \mathrm{Dim}(\phi)$ or $i_1(\phi) > m/2$, then $d(\phi) < 2^n + m$.*

Proof. We assume that $d(\phi) = 2^n + m$ and we are going to show that neither $2^n - m \in \mathrm{Dim}(\phi)$ nor $i_1(\phi) > m/2$ in this case.

Let s be the integer such that $\dim \psi_s = d(\phi)$. Let us check that the hypotheses of Theorem 4.6 are satisfied for the quadratic F_s-forms ϕ_{F_s} and ψ_s with the field extension $F_s(\pi)/F_s$.

First of all, these two forms are anisotropic and have the same dimension $2^n + m$. Since $(\psi_s)_{F_s(\pi)} = \phi_{F_s(\pi)} - \pi_{F_s(\pi)} = \phi_{F_s(\pi)}$ in the Witt ring of $F_s(\pi)$, the forms $\phi_{F_s(\pi)}$ and $(\psi_s)_{F_s(\pi)}$ are isometric. In particular, they are stably birationally equivalent. To see the rest of the hypothesis, we verify that the field extension $F_s(\pi)/k$ is unirational (and therefore it does not affect the anisotropy and the essential dimension of the k-form ϕ).

The extension $F_s(\pi)/k$ is a subextension of $F_s(\sqrt{X_1})(\pi)/k$ which turns out to be purely transcendental, since it decomposes as

$$F_s(\sqrt{X_1})(\pi) \overset{\text{(i)}}{\supset} F_s(\sqrt{X_1}) \overset{\text{(ii)}}{\supset} F(\sqrt{X_1}) \overset{\text{(iii)}}{\supset} k ,$$

where the step (iii) is evidently purely transcendental, the step (i) is purely transcendental by the hyperbolicity of $\pi_{F_s(\sqrt{X_1})}$, and, finally, the step (ii) is purely transcendental because $\dim(\psi_{F(\sqrt{X_1})})_{\mathrm{an}} = \dim\phi = d$.

So, by Theorem 4.6 (see also Remark 4.7), we get $\phi_{F_s} \overset{st}{\sim} \psi_s$.

Now we assume that $i_1(\phi) > m/2$ and we are looking for a contradiction. Of course we also have that $i_1(\phi_{F_s}) > m/2$; moreover, $i_1(\psi_s) > m/2$ because $i_1(\psi_s) = i_1(\phi_{F_s})$ (Theorem 4.3). Therefore $\dim\psi_{s+1} < 2^n$ and $\dim(\phi_{F_{s+1}})_{\mathrm{an}} < 2^n$, therefore

$$\dim(\pi_{F_{s+1}})_{\mathrm{an}} \leq \dim\psi_{s+1} + \dim(\phi_{F_{s+1}})_{\mathrm{an}} < 2^{n+1} = \dim\pi,$$

that is, $\pi_{F_{s+1}}$ is hyperbolic. We get a contradiction to Lemma 5.4(2).

It remains to consider the case where $2^n - m \in \mathrm{Dim}(\phi)$. By Lemma 3.2 there exists an extension L/F such that $\dim(\phi_L)_{\mathrm{an}} = 2^n - m$, $\dim(\psi_L)_{\mathrm{an}} = 2^n + m\ (= d)$, and π_L is anisotropic. We write L_s for the free composite $L \cdot_F F_s$. The field extension L_s/L is purely transcendental. Therefore $\dim(\psi_{L_s})_{\mathrm{an}} = \dim(\psi_L)_{\mathrm{an}} = 2^n + m$. On the other hand, since the forms ϕ_{F_s} and $\psi_s = (\psi_{F_s})_{\mathrm{an}}$ are stably birationally equivalent and ϕ_{L_s} is isotropic, the form $(\psi_s)_{L_s}$ is isotropic as well, that is,

$$\dim((\psi_s)_L)_{\mathrm{an}} = \dim(\psi_L)_{\mathrm{an}} < \dim\psi_s = 2^n + m,$$

a contradiction. □

Corollary 5.7. *If $m = 2$ and $2^n - 2 \in \mathrm{Dim}(\phi)$, then $d(\phi) = 2^n - 2$ and ϕ is a virtual Pfister neighbor.* □

Theorem 5.8. *Let ϕ be an anisotropic quadratic form of dimension $2^n + 2$. Then the following conditions are equivalent:*

(1) *ϕ is a virtual Pfister neighbor;*
(2) *$2^n - 2 \in \mathrm{Dim}(\phi)$;*
(3) *either $i_1(\phi) = 2$ or $i_1(\phi) + i_2(\phi) = 2$.*

Proof. (1) ⇒ (2). Let ϕ be a virtual neighbor over k. Let K/k be an extension such that ϕ_K is an anisotropic Pfister neighbor. Then ϕ_K has maximal splitting, i.e., $\dim(\phi_{K(\phi)})_{\mathrm{an}} = 2^n - 2$.

(2) ⇒ (1). Follows from Corollary 5.7.

(2) ⟺ (3). Evident. □

Corollary 5.9. *Let ϕ be an anisotropic form of dimension 10 over k. Then the following conditions are equivalent:*

- *ϕ is not a virtual neighbor;*
- *$\phi \in I^2(k)$ and $\operatorname{ind} C(\phi) = 2$;*
- *ϕ has the form $\phi \simeq w(\langle\langle a,b,c\rangle\rangle' \perp -\langle\langle u,v\rangle\rangle')$ for suitable $a,b,c,u,v,w \in F^*$ (where π' stands for the pure subform of a Pfister form π).*

Proof. Follows from Theorem 5.8 by [2, thm. 5.1]. □

Lemma 5.10. *Let $r = 2^n - m + 2 \cdot i_1(\phi)$. Then*

(1) $2^n - m < r \leq 2^n + m$;
(2) *if* $d(\phi) \leq r$, *then* $d(\phi) = 2^n - m$;
(3) *if* $2^n \leq r < d(\phi) < 2^n + 2(i_1(\phi) + i_2(\phi)) - m$, *then* $d(\phi) = 2^n + 3m - 4i_1(\phi)$.

Proof. (1) Follows from the inequality $0 \leq i_1(\phi) \leq m$.

(2) Let s be such that $\dim \psi_s = d(\phi)$. Let $E = F_{s+1}$. Since $\dim(\psi_E)_{\mathrm{an}} = \dim \psi_{s+1} < \dim \psi_s = d(\phi)$, the form ϕ_E is isotropic. Hence $\dim(\phi_E)_{\mathrm{an}} \leq \dim \phi - 2 \cdot i_1(\phi) = 2^n + m - 2 \cdot i_1(\phi)$. Since $d(\phi) \leq r$, we have $\dim(\psi_E)_{\mathrm{an}} < d(\phi) \leq r = 2^n - m + 2 \cdot i_1(\phi)$. Therefore

$$\dim(\phi_E)_{\mathrm{an}} + \dim(\psi_E)_{\mathrm{an}} < (2^n + m - 2 \cdot i_1(\phi)) + (2^n - m + 2 \cdot i_1(\phi)) = 2^{n+1}.$$

In the Witt ring $W(E)$, we have $\pi_E = \psi_E - \phi_E$. Since π_E is a $(n+1)$-Pfister form, the Arason–Pfister Hauptsatz shows that $\pi_E = \pi_{F_{s+1}}$ is hyperbolic. By Lemma 5.4, we see that $d(\phi) = 2^n - m$.

(3) Let s be such that $\dim \psi_s = d(\phi)$ and let $E = F_s$. By Lemma 5.4, the form π_E is anisotropic. We claim that the form $\pi_{E(\phi)}$ is also anisotropic. Indeed, otherwise, ϕ_E is a Pfister neighbor of π_E. Hence ϕ is a virtual neighbor. This implies that $d(\phi) = 2^n - m$, a contradiction.

Sublemma. *The form $(\psi_s)_{E(\phi)}$ is isotropic and* $\dim((\psi_s)_{E(\phi)})_{\mathrm{an}} = r$.

Proof. Let $L = E(\phi)$. Since ϕ_L is isotropic, there exists an L-form γ such that $\phi_L \simeq \gamma \perp i_1(\phi)\mathbb{H}$. Clearly, $i_W(\gamma_{L(\gamma)}) \geq i_2(\phi)$. Hence $\dim(\phi_{L(\gamma)})_{\mathrm{an}} = \dim(\gamma_{L(\gamma)})_{\mathrm{an}} \leq \dim \phi - 2(i_1(\phi) + i_2(\phi))$.

Since $\pi = \phi_F - \psi$, it follows that

$$\dim(\pi_{L(\gamma)})_{\mathrm{an}}) \leq \dim \phi - 2(i_1 + i_2) + d(\phi) < \\ (2^n + m - 2(i_1 + i_2)) + (2^n + 2(i_1 + i_2) - m) = 2^{n+1}.$$

Therefore, $\pi_{L(\gamma)}$ is hyperbolic. Since the form $\pi_L = \pi_{E(\phi)}$ is anisotropic, it follows that γ is similar to a subform of π_L. Now $\gamma - \pi_L = (\psi_s)_L$ in $W(L)$ and comparing dimensions yields that $\gamma \perp -\pi_L$ is isotropic, i.e. γ and π_L represent a common element. Hence, there exists an anisotropic L-form ξ such that $\pi_L \simeq \gamma \perp \xi$. We obviously have

$$\dim \xi = \dim \pi - \dim \gamma = 2^{n+1} - (2^n + m - 2i_1) = 2^n - m + 2i_1 = r.$$

In the Witt ring $W(L)$, we have

$$\xi + \psi_L = (\pi_l - \gamma) + \psi_L = (\pi_L - \phi_L) + (\phi_L - \pi_L) = 0.$$

Hence

$$\dim((\psi_s)_{E(\phi)})_{\mathrm{an}} = \dim(\psi_L)_{\mathrm{an}} = \dim \xi = r < d(\phi) = \dim \psi_s \ ,$$

which implies that $(\psi_s)_{E(\phi)}$ is isotropic. □

Now, we return to the proof of item (3) of Lemma 5.10. The definition of the integer s shows that the form $\phi_{E(\psi_s)}$ is isotropic. Since the forms $\phi_{E(\psi_s)}$ and $(\psi_s)_{E(\phi)}$ are isotropic, it follows that $\psi_s \stackrel{st}{\sim} \phi_E$. Therefore, the Sublemma implies that $\dim((\psi_s)_{E(\psi_s)})_{\mathrm{an}} = \dim((\psi_s)_{E(\phi)})_{\mathrm{an}} = r$.

By Theorem 4.3, we have

$$\dim \phi + \dim(\phi_{E(\phi)})_{\mathrm{an}} = \dim \psi_s + \dim((\psi_s)_{E(\psi_s)})_{\mathrm{an}}.$$

Finally, we get $d(\phi) = \dim \psi_s = (\dim \phi + \dim(\phi_{E(\phi)})_{\mathrm{an}}) - \dim((\psi_s)_{E(\psi_s)})_{\mathrm{an}} = (2^n + m + 2^n + m - 2i_1) - r = 2^n + m + 2^n + m - 2i_1 - (2^n - m + 2i_1) = 2^n + 3m - 4i_1$. □

Theorem 5.11. *Let ϕ be a quadratic form of dimension $2^n + m$ with $0 < m \leq 2^n$. Suppose also that $i_1(\phi) \geq 2m/3$ and $i_1(\phi) + i_2(\phi) \geq m$. Then $i_1(\phi) = m$.*

Proof. Let $d = d(\phi)$, $i_1 = i_1(\phi)$, and $i_2 = i_2(\phi)$. By Lemma 5.2 and Corollary 3.6, it suffices to prove that $d = 2^n - m$.

Set $r = 2^n - m + 2i_1$. In the case where $d \leq r$, Lemma 5.10 shows that $d = 2^n - m$. Hence, we may assume that $r < d$.

By Lemma 5.3 we have $d \leq 2^n + m$. Since $i_1 \geq 2m/3$, we have $r = 2^n - m + 2i_1 \geq 2^n - m + 4m/3 > 2^n$. Therefore, $2^n < r < d \leq 2^n + m$. We claim that $d < 2^n + 2(i_1 + i_2) - m$.

To prove this, we consider two cases, where $i_1 + i_2$ is equal to m or not.

If $i_1 + i_2 = m$, then $2^n - m = \dim \phi - 2i_1 - 2i_2 \in \mathrm{Dim}(\phi)$. Then Lemma 5.6 shows that $d < 2^n + m = 2^n + 2(i_1 + i_2) - m$.

If $i_1 + i_2 \neq m$, then (by the hypothesis of the theorem), we have $i_1 + i_2 > m$. Therefore, $d < 2^n + 2(i_1 + i_2) - m$.

Thus, in any case we have proved that $d < 2^n + 2(i_1 + i_2) - m$. Summarizing, we have $2^n < r < d < 2^n + 2(i_1 + i_2) - m$.

By Lemma 5.10, we see that $d = 2^n + 3m - 4i_1$. Therefore, $2^n - m + 2i_1 = r < d = 2^n + 3m - 4i_1$. Hence $6i_1 < 4m$. Therefore, $i_1 < 2m/3$. We get a contradiction to the hypothesis of the theorem. This completes the proof. □

Corollary 5.12. *Let ϕ be an anisotropic quadratic form of dimension $2^n + m$ with $3 \leq m \leq 2^n$. Then $i_1(\phi) \neq m - 1$.*

Proof. Suppose that $i_1(\phi) \geq m-1$. Since $m \geq 3$, we have $i_1(\phi) \geq m-1 \geq 2m/3$. Since $i_2(\phi) \geq 1$, we have $i_1(\phi)+i_2(\phi) \geq m$. By Theorem 5.11, we have $i_1(\phi) = m$. □

Corollary 5.13. *Let ϕ be a form of dimension 2^n+3. Then $i_1(\phi) \neq 2$.* □

Theorem 5.14. *Let ϕ be a form of height 2 and degree d over a field k. Suppose that $\dim\phi > 2^{d+1}$. Then*

(1) *ϕ has maximal splitting,*
(2) *there exists $N > d+1$ such that $\dim\phi = 2^N - 2^d$.*

Proof. (1) Let $\dim\phi = 2^n+m$ with $0 < m \leq 2^n$. Let $i_1 = i_1(\phi)$ and $i_2 = i_2(\phi)$. By Theorem 5.11, it suffices to prove that $i_1 \geq 2m/3$ and $i_1+i_2 \geq m$.

By the hypothesis of the theorem, we have $n \geq d+1$, $\dim(\phi_{k(\phi)})_{\mathrm{an}} = 2^d$, and $i_2 = 2^{d-1}$. We have $i_1 = \frac{1}{2}(\dim\phi - \dim(\phi_{k(\phi)})_{\mathrm{an}}) = \frac{1}{2}(2^n+m-2^d) \geq \frac{1}{2}(2^n+m-2^{n-1}) = \frac{1}{2}(2^{n-1}+m) \geq \frac{1}{2}(m/2+m) = 3m/4 > 2m/3$.

Finally, $i_1+i_2 = \frac{1}{2}\dim\phi = \frac{1}{2}(2^n+m) \geq \frac{1}{2}(m+m) = m$.

(2) Comparing the equality $\dim\phi = 2^n+m$ with $\dim\phi = 2(i_1+i_2) = 2(m+2^{d-1}) = 2m+2^d$, we get $m = 2^n-2^d$, whereby $\dim\phi = 2^{n+1}-2^d$. Thus we may take $N = n+1$. □

References

1. Hoffmann, D.W.: Isotropy of quadratic forms over the function field of a quadric. Math. Z. **220**, 461–467 (1995)
2. Hoffmann, D.W.: Splitting patterns and invariants of quadratic forms. Math. Nachr. **190**, 149–168 (1998)
3. Izhboldin, O.T.: On the nonexcellence of field extensions $F(\pi)/F$. Doc. Math. **1**, 127–136 (1996)
4. Izhboldin, O.T.: The groups $H^3(F(X)/F)$ and $\mathrm{CH}^2(X)$ for generic splitting varieties of quadratic forms. *K*-Theory **22**, 199–229 (2001)
5. Karpenko, N.A.: Motives and Chow groups of quadrics with application to the *u*-invariant (after Oleg Izhboldin). This volume.
6. Vishik, A.: On the dimension of anisotropic forms in I^n. Max Planck Institut für Mathematik, Bonn, Preprint MPI-2000-11.

Some New Results Concerning Isotropy of Low-dimensional Forms

List of Examples and Results (Without Proofs)

Oleg T. Izhboldin

Summary. Let ϕ and ψ be quadratic forms over a field F of characteristic $\neq 2$. We give an (almost) complete classification of pairs ϕ, ψ of dimension ≤ 9 such that ϕ is stably equivalent to ψ. We also study the question when the form ϕ is isotropic over the function field of ψ. In the case where $\dim \phi = 9$ and $\dim \psi \geq 9$ we solve this problem completely.

The current draft contains only a list of results. We are planning to write three articles with the following titles:

(a) Isotropy of 7-dimensional forms and 8-dimensional forms.
(b) Stable equivalence of 9-dimensional forms.
(c) Isotropy of 10- and 12-dimensional forms.

Introduction

Let ϕ and ψ be quadratic forms over F. In this paper we study the question when the form ϕ is isotropic over the function field of ψ. This problem was solved completely in the case where $\dim \phi \leq 5$ ([W], [Sh], [H1]). In the case where $\dim \phi = 6$ the problem was solved almost completely except for some specific cases where (in particular) $\dim \psi = 4$ ([H2], [L4], [L3], [IK2], [IK1]). In the case where $\dim \phi = 8$ and $\phi \in I^2(F)$ the problem was also solved almost completely except for the case where (in particular) $\dim \psi = 4$ ([L2, L4, L1], [IK3, IK4]). In the case where either $\dim \phi = 7$ or $\dim \phi = 8$ and $\phi \notin I^2(F)$ there is a solution of our problem only in very special cases ([L1], [I2]).

In this paper we are mostly interested in the cases where $\dim \phi \geq 9$. Let us explain the main results of the paper:

- For any 9-dimensional form ϕ, we give a complete classification of the forms ψ of dimension ≥ 9 such that $\phi_{F(\psi)}$ is isotropic (see Corollary 3.7).
- We prove that if $\phi \in I^2(F)$ is an anisotropic 10-dimensional form with $\operatorname{ind} C(\phi) = 2$, and ψ is a form of dimension ≥ 9, then the form $\phi_{F(\psi)}$ is isotropic if and only if ψ is similar to a subform of ϕ (see Theorem 4.1).

- We prove that if $\phi \in I^3(F)$ is an anisotropic 12-dimensional form and ψ is a form of dimension ≥ 9 then the form $\phi_{F(\psi)}$ is isotropic if and only if ψ is similar to a subform of ϕ (see Theorem 4.4).
- We prove that if ϕ is an anisotropic 10-dimensional form and ψ is a form of dimension > 10 which is not a Pfister neighbor then $\phi_{F(\psi)}$ is anisotropic (see Theorem 4.3).

Some words about the methods. Let us start from the question concerning the isotropy of a 9-dimensional form ϕ over the function field of a form ψ of dimension ≥ 9. The proof of the main result consists of several steps which are based on the methods developed by Vishik [V1, V2], Karpenko [K2], and the author [I4]. Let us explain, very approximately, the plan of the proofs.

- The case where ϕ is a Pfister neighbor of some form π is trivial in view of the Cassels–Pfister subform theorem. Namely, $\phi_{F(\psi)}$ is isotropic if and only if ψ is similar to a subform of π. Thus, we may suppose in what follows that ϕ is not a Pfister neighbor.
- In the case where $\operatorname{ind} C_0(\phi) \geq 4$ the problem was solved by N. Karpenko (see [K2] for the case $\dim \psi = 9$ and [I4] for the case $\dim \psi > 9$). Thus, we may assume that $\operatorname{ind} C_0(\phi) \leq 2$.
- We give a "preliminary" classification of the 9-dimensional forms satisfying the condition $\operatorname{ind} C_0(\phi) \leq 2$.
- In the case under consideration ($\dim \phi = 9 \leq \dim \psi$), [I3] shows that the form $\phi_{F(\psi)}$ is isotropic if and only if the forms ϕ and ψ are stably equivalent. By [V1] this implies that the Chow motives of the quadrics X_ϕ and X_ψ have isomorphic direct summands.
- For any 9-dimensional quadratic form ϕ we decompose the motive of the quadric X_ϕ in the direct sum of indecomposable direct summands. Here we use the result of N. Karpenko [K2]: *If a 9-dimensional form ϕ is not a Pfister neighbor, then the motive of the quadric X_ϕ does not possess a Rost projector*. Besides, we show that if the motives of two quadrics X_ϕ and X_ψ have the same direct summand, then certain invariants of the forms ϕ and ψ should be the same. Analyzing these invariants, we complete the classification.

To prove the statements concerning 10-dimensional and 12-dimensional forms (see Theorems 4.1 and 4.4), we use the following results:

- Results concerning isotropy of 9-dimensional forms over the function fields of quadrics (see Sect. 3).
- New results concerning unramified cohomology of quadrics [I4].

To explain the method of the proof, we note that Theorems 4.1 and 4.4 were both proved in [I4] in the particular case where $\dim \psi > 10$ and $\dim \psi > 12$, respectively. The general case can be obtained by using methods similar to those of [I4].

1 Stable Equivalence

Let X_ϕ and X_ψ be the projective quadrics corresponding to ϕ and ψ. In this paper, we consider three types of equivalence relations:

- The quadrics X_ϕ and X_ψ are isomorphic as F-varieties. In this case, we write $\phi \sim \psi$.
- The Chow motive of X_ϕ is isomorphic to the Chow motive of X_ψ. In this case, we say that ϕ and ψ are *motivic equivalent* and write $\phi \overset{m}{\sim} \psi$.
- The variety X_ϕ is stably birationally equivalent to the variety X_ψ. In this case, we say that ϕ is *stably equivalent* to ψ and write $\phi \overset{st}{\sim} \psi$.

The equivalence relations $\phi \sim \psi$, $\phi \overset{m}{\sim} \psi$, and $\phi \overset{st}{\sim} \psi$ can be written directly in terms of quadratic forms:[1]

- $\phi \sim \psi$ if and only if ϕ is similar to ψ;
- $\phi \overset{m}{\sim} \psi$ if and only if $\dim \phi = \dim \psi$ and $i_W(\phi_E) = i_W(\psi_E)$ for all field extensions E/F;
- $\phi \overset{st}{\sim} \psi$ if and only if the forms $\phi_{F(\psi)}$ and $\psi_{F(\phi)}$ are isotropic.

Let us recall some basic properties of the relations $\phi \sim \psi$, $\phi \overset{m}{\sim} \psi$, and $\phi \overset{st}{\sim} \psi$. Let ϕ and ψ be anisotropic forms over F. One has

- if $\phi \sim \psi$ or $\phi \overset{m}{\sim} \psi$, then $\dim \phi = \dim \psi$;
- $\phi \sim \psi \Rightarrow \phi \overset{m}{\sim} \psi \Rightarrow \phi \overset{st}{\sim} \psi$;
- if $\dim \phi$ is odd or $\dim \phi < 8$, then $\phi \sim \psi \iff \phi \overset{m}{\sim} \psi$.

In this paper, we mostly study the relation $\phi \overset{st}{\sim} \psi$. If the form ϕ is a Pfister neighbor of a Pfister form π, then the condition $\phi \overset{st}{\sim} \psi$ holds if and only if ψ is also a Pfister neighbor of π (cf. [H3, Proposition 2]). Thus, we can always assume that ϕ is not a Pfister neighbor. In the case where $\dim \phi \leq 6$ we have the following theorem:

Theorem 1.1 (Wadsworth for dimension 4; Hoffmann for dimensions 5 and 6). *Let ϕ be an anisotropic form of dimension ≤ 6. Suppose that ϕ is not a Pfister neighbor. Then for any form ψ we have*

$$\phi \overset{st}{\sim} \psi \quad \iff \quad \phi \sim \psi \quad \iff \quad \phi \overset{m}{\sim} \psi.$$

2 Stable Equivalence of 7- and 8-dimensional Forms

In this section we explain some results concerning stable equivalence of forms of dimension 7 and 8.

Let ϕ be either a form of dimension 7 or a form of dimension 8. Let ψ be some other form. In this section we discuss the following two questions:

[1] Only one of the three statement presented here is non-trivial: namely, the criterion of motivic equivalence [V1, K1].

- When is the form $\phi_{F(\psi)}$ isotropic?
- When is $\phi \overset{st}{\sim} \psi$?

The answer to both questions is known in the following cases:

- ϕ is a Pfister neighbor (Cassels–Pfister subform theorem);
- $\dim \phi = 8$ and $\phi \in I^2(F)$ (see the introduction);
- $\dim \phi = 7$ and $\operatorname{ind} C_0(\phi) \leq 2$ (in this case ϕ is stably equivalent to the 8-dimensional form $\tilde{\phi} = \phi \perp \langle \det \phi \rangle$ which lies in $I^2(F)$);
- $\dim \phi = 8$, $\phi \notin I^2(F)$, and $\operatorname{ind} C_0(\phi) = 1$ (in this case ϕ is similar to a twisted Pfister form by [H5, Lemma 3.1]; this case was studied completely in [H4, I1]).

Thus, it suffices to study only the following two cases:

- $\dim \phi = 7$ and $\operatorname{ind} C_0(\phi) \geq 4$;
- $\dim \phi = 8$, $\phi \notin I^2(F)$, and $\operatorname{ind} C_0(\phi) \geq 2$.

Theorem 2.1. *Let ϕ be an anisotropic quadratic form of dimension 7 such that $\operatorname{ind} C_0(\phi) \geq 4$. Suppose also that ϕ contains no Albert form (for example, $\operatorname{ind} C_0(\phi) = 8$). Let ψ be a form such that $\phi_{F(\psi)}$ is isotropic. Then*

- *if ψ is not a 3-fold neighbor, then $\dim \psi \leq 7$;*
- *if $\dim \psi = 7$ and $\operatorname{ind} C_0(\phi) = 8$, then $\psi \sim \phi$;*
- (Karpenko) if $\psi \overset{st}{\sim} \phi$, then $\psi \sim \phi$.

Corollary 2.2. *Let ϕ be an anisotropic 7-dimensional quadratic form with $\operatorname{ind} C_0(\phi) = 8$. Let ψ be a form of dimension ≥ 7 such that $\phi_{F(\psi)}$ is isotropic. Then $\dim \psi = 7$ and $\psi \sim \phi$.* □

Theorem 2.3. *Let ϕ be an anisotropic quadratic form of dimension 8. Suppose also that ϕ contains no Albert form. Let ψ be a form of dimension 8 such that $\phi_{F(\psi)}$ is isotropic. Suppose also that $i_1(\psi) = 1$ (i.e., $\psi \notin I^2(F)$ or $\operatorname{ind} C_0(\psi) \geq 4$). Then*

- *$\psi_{F(\phi)}$ is isotropic (and hence $\psi \overset{st}{\sim} \phi$);*
- *if $\operatorname{ind} C_0(\phi) \geq 2$, then $\psi \overset{m}{\sim} \phi$;*
- *if $\operatorname{ind} C_0(\phi) = 2$ or $\operatorname{ind} C_0(\phi) = 8$, then ϕ and ψ are half-neighbors.*

Corollary 2.4. *Let ϕ be an anisotropic 8-dimensional quadratic form with $\operatorname{ind} C_0(\phi) = 8$. Let ψ be a form of dimension 8 such that $\phi_{F(\psi)}$ is isotropic. Then ϕ and ψ are half-neighbors.* □

3 Isotropy of 9-dimensional Forms over Function Fields of Quadrics

Let ϕ be an anisotropic form of dimension 9 and ψ be a form of dimension ≥ 9. In this section we give a complete classification of the pairs ϕ, ψ such that $\phi_{F(\psi)}$ is isotropic.

We start from some examples. The first example is absolutely trivial:

Example 3.1. Let ϕ_1 and ϕ_2 be 9-dimensional forms such that $\phi_1 \sim \phi_2$. Then $\phi_1 \overset{st}{\sim} \phi_2$.

The second example is a particular case of well-known properties of Pfister neighbors:

Example 3.2. Let ϕ_1 be an anisotropic 9-dimensional form and ϕ_2 be a form of dimension ≥ 9. Suppose that there exist a, b, c, $d \in F^*$ such that

- ϕ_1 is similar to a subform of $\langle\langle a, b, c, d\rangle\rangle$,
- ϕ_2 is similar to a subform of $\langle\langle a, b, c, d\rangle\rangle$.

Then $\phi_1 \overset{st}{\sim} \phi_2$.

The third example is not as "classical" as the previous ones, but it is based on the well-known properties of 10-dimensional forms of the type $\langle\langle a\rangle\rangle \otimes \tau$ (here τ is a 5-dimensional form). Such a form has maximal splitting and hence is stably equivalent to any 9-dimensional subform.

Example 3.3. Let ϕ_1 be an anisotropic 9-dimensional form and ϕ_2 be a form of dimension 9 or 10. Suppose that there exist a_1, $a_2 \in F^*$ and two 5-dimensional forms τ_1 and τ_2 with the following properties:

- ϕ_1 is similar to a subform of the 10-dimensional form $\langle\langle a_1\rangle\rangle \otimes \tau_1$,
- ϕ_2 is similar to a subform of the 10-dimensional form $\langle\langle a_2\rangle\rangle \otimes \tau_2$,
- the forms $\langle\langle a_1\rangle\rangle \otimes \tau_1$ and $\langle\langle a_2\rangle\rangle \otimes \tau_2$ contain a common 9-dimensional subform.

Then $\phi_1 \overset{st}{\sim} \phi_2$.

The fourth example is really new:

Example 3.4. Let ϕ_1 and ϕ_2 be anisotropic 9-dimensional forms. Suppose that there exist a_1, a_2, b, c, u, v, $k \in F^*$ with the following properties:

- ϕ_1 is similar to $\langle\langle a_1, b, c\rangle\rangle' \perp \langle u, v\rangle$,
- ϕ_2 is similar to $\langle\langle a_2, b, c\rangle\rangle' \perp \langle u, v\rangle$,
- $\langle\langle a_1a_2, b, c\rangle\rangle = \langle\langle k, u, v\rangle\rangle$.

Then $\phi_1 \overset{st}{\sim} \phi_2$.

Proof. Let $\pi_i = \langle\langle a_i, b, c\rangle\rangle$ for $i = 1, 2$. We claim that for any field extension E/F the following conditions are equivalent:

(i) the form $(\phi_1)_E$ is isotropic,
(ii) there exists $d \in D_E(\langle u, v\rangle)$ such that π_1 is hyperbolic over $E(\sqrt{d})$,
(iii) there exists $d \in D_E(\langle u, v\rangle)$ such that π_2 is hyperbolic over $E(\sqrt{d})$,
(iv) the form $(\phi_2)_E$ is isotropic.

Using the "symmetry," it suffices to prove (i) $\Longleftrightarrow$ (ii) $\Rightarrow$ (iii).

We start from the equivalence (i) $\Longleftrightarrow$ (ii). The form $(\phi_1)_E \sim (\pi_1')_E \perp \langle u, v\rangle$ is isotropic if and only if the forms $(-\pi_1')_E$ and $\langle u, v\rangle_E$ have a common value. This means that there exists an element $d \in D_E(-\pi_1') \cap D_E(\langle u, v\rangle)$. The condition $d \in D_E(-\pi_1')$ holds if and only if the form $(\pi_1)_{E(\sqrt{d})}$ is hyperbolic. This completes the proof of the equivalence (i) $\Longleftrightarrow$ (ii).

(ii) $\Rightarrow$ (iii). Let $d \in D_E(\langle u, v\rangle)$ be such that π_1 is hyperbolic over $E(\sqrt{d})$. We need to prove that π_2 is hyperbolic over $E(\sqrt{d})$. Since $d \in D_E(\langle u, v\rangle)$, it follows that $\langle\langle u, v\rangle\rangle$ is hyperbolic over $E(\sqrt{d})$. Hence, the form $\langle\langle a_1a_2, b, c\rangle\rangle = \langle\langle k, u, v\rangle\rangle$ is hyperbolic over $E(\sqrt{d})$. Since $\pi_1 = \langle\langle a_1, b, c\rangle\rangle$ and $\langle\langle a_1a_2, b, c\rangle\rangle$ are hyperbolic over $E(\sqrt{d})$, the form $\pi_2 = \langle\langle a_2, b, c\rangle\rangle$ is also hyperbolic over $E(\sqrt{d})$.

Thus, we have proved that all the conditions (i)–(iv) are equivalent.

Clearly, the equivalence (i) $\Longleftrightarrow$ (iv) completes the proof. □

Definition 3.5. Let ϕ_1 be a 9-dimensional form and ϕ_2 be some other form. We say that the pair ϕ_1, ϕ_2 is a *standard equivalence pair*, if it looks like in Examples 3.1–3.4 listed above.

The main result of this paper is the following theorem.

Theorem 3.6. *Let ϕ_1 be a 9-dimensional form and ϕ_2 be some other form. Then the following conditions are equivalent:*

- *ϕ_1 is stably equivalent to ϕ_2,*
- *the pair ϕ_1, ϕ_2 is a standard equivalence pair in the sense of Definition 3.5.*

Corollary 3.7. *Let ϕ_1 be an anisotropic 9-dimensional quadratic form and ϕ_2 be a form of dimension ≥ 9. Then the following conditions are equivalent:*

- *ϕ_1 is isotropic over the function field of ϕ_2,*
- *ϕ_1 is stably equivalent to ϕ_2,*
- *the pair ϕ_1, ϕ_2 is a standard equivalence pair in the sense of Definition 3.5.*

Proof. The equivalence of the last two statements is given by Theorem 3.6. The equivalence of the first two statements follows readily from [I3, cor. 2.12]. □

Corollary 3.8. *Let ϕ be a 9-dimensional anisotropic form which is not a Pfister neighbor. Let ψ be a form of dimension ≥ 10. Then the following conditions are equivalent:*

- *$\phi_{F(\psi)}$ is isotropic;*
- *there exist a, $b \in F^*$ and two 5-dimensional forms τ and ρ with the following properties:*
  - *ϕ is similar to a subform of $\langle\langle a\rangle\rangle \otimes \tau$,*
  - *ψ is similar to $\langle\langle b\rangle\rangle \otimes \rho$,*
  - *the forms $\langle\langle a\rangle\rangle \otimes \tau$ and $\langle\langle b\rangle\rangle \otimes \rho$ contain a common subform of dimension 9.*

Proof. If $\phi_{F(\psi)}$ is isotropic, then ψ has maximal splitting (cf. [H3, prop. 5]). This implies that $\phi \overset{st}{\sim} \psi$ by [I3, th. 0.2], and that $\psi \cong \langle\langle b\rangle\rangle \otimes \rho$ for suitable $b \in F^*$ and 5-dimensional τ by [I4], which shows that the first statement implies the second one by Theorem 3.6. The inverse implication follows from the definition of standard equivalence. □

4 Isotropy of Some 10- and 12-dimensional Forms

Theorem 4.1. *Let $\phi \in I^2(F)$ be an anisotropic 10-dimensional form with $\operatorname{ind} C(\phi) = 2$. Let ψ be a form of dimension ≥ 9. Then the following conditions are equivalent:*

- *$\phi_{F(\psi)}$ is isotropic,*
- *ψ is similar to a subform of ϕ.*

Corollary 4.2. *Let $\phi \in I^2(F)$ be an anisotropic 10-dimensional form with $\operatorname{ind} C(\phi) = 2$, and let ψ be any form. Then $\psi \overset{st}{\sim} \phi$ if and only if $\phi \sim \psi$.*

Proof. The "if" part being trivial, assume that $\phi \overset{st}{\sim} \psi$. Then ψ is similar to a subform of dimension 9 or 10 of ϕ by Theorem 4.1 and $\dim \phi - i_W(\phi_{F(\phi)}) = \dim \psi - i_W(\psi_{F(\psi)})$ by a result of Vishik [V2]. Since $i_W(\phi_{F(\phi)}) = 1$, it follows readily that $\dim \psi = 10$ and thus $\phi \sim \psi$. □

Theorem 4.3. *Let ϕ be an anisotropic 10-dimensional form. Let ψ be a form of dimension > 10. Suppose that ψ is not a 4-fold Pfister neighbor. Then $\phi_{F(\psi)}$ is anisotropic.*

Theorem 4.4. *Let $\phi \in I^3(F)$ be an anisotropic 12-dimensional form. Let ψ be a form of dimension ≥ 9. Then the following conditions are equivalent:*

- *$\phi_{F(\psi)}$ is isotropic,*
- *ψ is similar to a subform of ϕ.*

Corollary 4.5. *Let $\phi \in I^3(F)$ be an anisotropic 12-dimensional form. Let ψ be any other form. Then $\phi \overset{st}{\sim} \psi$ if and only if $\dim \psi \geq 11$ and ψ is similar to a subform of ϕ.*

Proof. The proof mimics that of Corollary 4.2, again invoking Vishik's result and noting that $i_W(\phi_{F(\phi)}) = 2$. □

References

[H1] Hoffmann, D.W.: Isotropy of 5-dimensional quadratic forms over the function field of a quadric. Proc. Symp. Pure Math. **58.2**, 217–225 (1995)

[H2] Hoffmann, D.W.: On 6-dimensional quadratic forms isotropic over the function field of a quadric. Comm. Alg. **22**, 1999–2014 (1994)

[H3] Hoffmann D.W.: Isotropy of quadratic forms over the function field of a quadric. Math. Z. **220**, 461–476 (1995)

[H4] Hoffmann D.W.: Twisted Pfister forms. Doc. Math. **1**, 67–102 (1996)

[H5] Hoffmann, D.W.: On the dimensions of anisotropic quadratic forms in I^4. Invent. Math. **131**, 185–198 (1998)

[I1] Izhboldin, O.T.: On the nonexcellence of field extensions $F(\pi)/F$. Doc. Math. **1**, 127–136 (1996)

[I2] Izhboldin, O.T.: On the isotropy of low dimensional forms over the function of a quadratic. Max-Planck-Institut für Mathematik in Bonn, preprint **MPI-1997-1**.

[I3] Izhboldin, O.T.: Motivic equivalence of quadratic forms II. Manuscripta Math. **102**, 41–52 (2000)

[I4] Izhboldin, O.T.: Fields of u-invariant 9. Ann. Math. **154**, 529–587 (2001)

[IK1] Izhboldin, O.T., Karpenko, N.A.: Isotropy of virtual Albert forms over function fields of quadrics. Math. Nachr. **206**, 111–122 (1999)

[IK2] Izhboldin, O.T., Karpenko N.A.: Isotropy of six-dimensional quadratic forms over function fields of quadrics. J. Algebra **209**, 65–93 (1998)

[IK3] Izhboldin, O.T., Karpenko, N.A.: On the group $H^3(F(\psi, D)/F)$. Doc. Math. **2**, 297–311 (1997)

[IK4] Izhboldin, O.T., Karpenko, N.A.: Isotropy of 8-dimensional quadratic forms over function fields of quadrics. Comm. Algebra **27**, 1823–1841 (1999)

[K1] Karpenko, N.A.: Criteria of motivic equivalence for quadratic forms and central simple algebras. Math. Ann. **317**, 585–611 (2000)

[K2] Karpenko, N.A.: Characterization of minimal Pfister neighbors via Rost Projectors. J. Pure Appl. Algebra **160**, 195–227 (2001)

[L1] Laghribi, A.: Isotropie de certaines formes quadratiques de dimensions 7 et 8 sur le corps des fonctions d'une quadrique. Duke Math. J. **85**, 397–410 (1996)

[L2] Laghribi, A.: Formes quadratiques en 8 variables dont l'algèbre de Clifford est d'indice 8. K-Theory **12**, 371–383 (1997)

[L3] Laghribi, A.: Formes quadratiques de dimension 6. Math Nachr. **204**, 125–135 (1999)

[L4] Laghribi, A.: Isotropie d'une forme quadratique de dimension ≤ 8 sur le corps des fonctions d'une quadrique. C. R. Acad. Sci. Paris, Série I, **323**, 495–499 (1996)

[Sh] Shapiro, D.B.: Similarities, quadratic forms, and Clifford algebra. Doctoral Dissertation, University of California, Berkeley, California (1974)

[V1] Vishik, A.: Integral motives of quadrics. Max-Planck-Institut für Mathematik in Bonn, preprint **MPI-1998-13**, 1–82.

[V2] Vishik, A.: Direct summands in the motives of quadrics. Talk at the workshop on Homotopy theory and K-theory of schemes, Münster, 31.5.1999 – 3.6.1999.

[W] Wadsworth, A.R.: Similarity of quadratic forms and isomorphism of their function fields. Trans. Amer. Math. Soc. **208**, 352–358 (1975)

Izhboldin's Results on Stably Birational Equivalence of Quadrics

Nikita A. Karpenko

Laboratoire Géométrie–Algèbre
Université d'Artois
Rue Jean Souvraz SP 18
62307 Lens Cedex, France
karpenko@euler.univ-artois.fr

Summary. Our main goal is to give proofs of all results announced by Oleg Izhboldin in [13]. In particular, we establish Izhboldin's criterion for stable equivalence of 9-dimensional forms. Several other related results, some of them due to the author, are also included.

All the fields we work with are of characteristic different from 2. In these notes we consider the following problem: for a given quadratic form ϕ defined over some field F, describe all the quadratic forms ψ/F which are stably birational equivalent to ϕ.

By saying "stably birational equivalent" we simply mean that the projective hypersurfaces $\phi = 0$ and $\psi = 0$ are stably birational equivalent varieties. In this case we also say "ϕ is *stably equivalent* to ψ"(for short) and write $\phi \overset{st}{\sim} \psi$.

Let us denote by $F(\phi)$ the function field of the projective quadric $\phi = 0$ (if the quadric has no function field, one sets $F(\phi) = F$). Note that $\phi \overset{st}{\sim} \psi$ simply means that the quadratic forms $\phi_{F(\psi)}$ and $\psi_{F(\phi)}$ are isotropic (that is, the corresponding quadrics have rational points).

For an isotropic quadratic form ϕ, the answer to the question raised is easily seen to be as follows: $\phi \overset{st}{\sim} \psi$ if and only if the quadratic form ψ is also isotropic. Therefore, we may assume that ϕ is anisotropic.

One more class of quadratic forms for which the answer is easily obtained is given by the Pfister neighbors. Namely, for a Pfister neighbor ϕ one has $\phi \overset{st}{\sim} \psi$ if and only if ψ is a neighbor of the same Pfister form as ϕ. Therefore, we may assume that ϕ is not a Pfister neighbor.

Let ϕ be an anisotropic quadratic form which is not a Pfister neighbor (in particular, $\dim\phi \geq 4$ since any quadratic form of dimension up to 3 is a Pfister neighbor) and assume that $\dim\phi \leq 6$. Then $\phi \overset{st}{\sim} \psi$ (with an arbitrary quadratic form ψ) if and only if ϕ is similar to ψ (in dimension 4 this is due to Wadsworth, [41]; 5 is done by Hoffmann, [4, main theorem]; 6 in the case of the trivial discriminant is served by Merkurjev's index reduction formula [33], see also [34, Theorem 3]; the case of non-trivial discriminant is due to Laghribi, [32, Theorem 1.4(2)]).

In this text we give a complete answer for the dimensions 7 and 9 (see Sect. 3 and Sect. 5). In dimension 8 the answer is almost complete (see Sect. 4). The only case where the criterion for $\phi \overset{st}{\sim} \psi$ with $\dim\phi = 8$ is not established is the case where the determinant of ϕ is non-trivial and the even Clifford algebra of ϕ (which is a central simple algebra of degree 8 over the quadratic extension of the base field given by the square root of the determinant of ϕ) is Brauer-equivalent to a biquaternion algebra not defined over the base field. In this exceptional case we only show that $\phi \overset{st}{\sim} \psi$ if and only if ϕ is motivic equivalent to ψ. This is not a final answer: it should be understood what the motivic equivalence means in this particular case.

The results on the 9-dimensional forms are due to Oleg Izhboldin and announced by himself (without proofs) in [13]. Here we also provide proofs for all other results announced in [13]. In particular, we prove the following two theorems (see Theorem 7.1 for the proof and Sect. 1 for the definition of the Schur index i_S):

Theorem 0.1 (Izhboldin [13, Theorem 5.1]). *Let ϕ be an anisotropic 10-dimensional quadratic form with $\operatorname{disc}\phi = 1$ and $i_S(\phi) = 2$. Let ψ be a quadratic form of dimension ≥ 9. Then $\phi_{F(\psi)}$ is isotropic if and only if ψ is similar to a subform of ϕ.*

Theorem 0.2 (Izhboldin [13, Theorem 5.4]). *Let ϕ be an anisotropic 12-dimensional quadratic form from $I^3(F)$. Let ψ be a quadratic form of dimension ≥ 9. Then $\phi_{F(\psi)}$ is isotropic if and only if ψ is similar to a subform of ϕ.*

Also the theorem on the anisotropy of an arbitrary 10-dimensional form over the function of a non Pfister neighbor of dimension > 10 announced in [13] is proved here (see Theorem 7.9).

Acknowledgement. I am grateful to the Universität Münster for the hospitality during two weeks in November 2001: most of the proofs where found during this stay. Also I am grateful to the Max-Planck-Institut für Mathematik in Bonn for the hospitality during two weeks in December 2001: most of the text was written down during that stay.

Contents

1 Notation and Results We Are Using

If the field of definition of a quadratic form is not explicitly given, we mean that this is a field F.

We use the following more or less standard notation concerning quadratic forms: $\det(\phi) \in F^*/F^{*2}$ is the determinant of the quadratic form ϕ, $\operatorname{disc}(\phi) = (-1)^{n(n-1)/2}\det(\phi)$ with $n = \dim\phi$ is its discriminant (or signed determinant); $i_W(\phi)$ is the Witt index of ϕ; $i_S(\phi)$ is the Schur index of ϕ, that is, the Schur index of the simple algebra $C_0(\phi)$ for $\phi \notin I^2(F)$ and the Schur index of the central simple algebra $C(\phi)$ for $\phi \in I^2(F)$. Here $I(F)$ is the ideal of the even-dimensional quadratic forms in the Witt ring $W(F)$. In the case where $\phi \in I^2(F)$, we also write $c(\phi)$ for the class of $C(\phi)$ in the Brauer group $\mathrm{Br}(F)$; this is the Clifford invariant of ϕ.

We write $\phi \sim \psi$ to indicate that two quadratic forms ϕ and ψ are similar, i.e., $\phi \simeq c\psi$ for some $c \in F^*$; $\phi \overset{st}{\sim} \psi$ stays for the stable equivalence (meaning that for any field extension E/F one has $i_W(\phi_E) \geq 1$ if and only if one has $i_W(\psi_E) \geq 1$); and $\phi \overset{m}{\sim} \psi$ denotes the motivic equivalence of ϕ and ψ meaning that for any field extension E/F and any integer n one has $i_W(\phi_E) \geq n$ if and only if one has $i_W(\psi_E) \geq n$.

Theorem 1.1 (Izhboldin [12, Corollary 2.9]). *Let ϕ and ψ be odd-dimensional quadratic forms over F. Then $\phi \overset{m}{\sim} \psi$ if and only if $\phi \sim \psi$.*

Theorem 1.2 (Hoffmann [5, Theorem 1]). *Let ϕ and ψ be two anisotropic quadratic forms over F with $\dim\phi \leq \dim\psi$. If the form $\phi_{F(\psi)}$ is isotropic, then $\dim\phi$ and $\dim\psi$ are in the same interval $]2^{n-1}, 2^n]$ (for some n). In particular, the integer $n = n(\phi)$ such that $\dim\phi \in]2^{n-1}, 2^n]$ is a stably birational invariant of an anisotropic quadratic form ϕ.*

For an anisotropic ϕ, the *first Witt index* $i_1(\phi)$ is defined as $i_W(\phi_{F(\phi)})$.

Theorem 1.3 (Vishik [22, Theorem 8.1]). *The integer $\dim\phi - i_1(\phi)$ is a stably birational invariant of an anisotropic form ϕ.*

1.1 Pfister Forms and Neighbors

A quadratic form isomorphic to a tensor product of several (say, n) binary forms representing 1 is called an (n-fold) Pfister form. Having a Pfister form π, we write π' for a pure subform of π, that is, for for a subform $\pi' \subset \pi$ (determined by π up to isomorphism) such that $\pi = \langle 1\rangle \perp \pi'$. A quadratic form is called a *Pfister neighbor*, if it is similar to a subform of an n-fold Pfister form and has dimension bigger that 2^{n-1} (the half of the dimension of the Pfister form) for some n. Two quadratic forms ϕ and ψ with $\dim\phi = \dim\psi$ are called *half-neighbors*, if the orthogonal sum $a\phi \perp b\psi$ is a Pfister form for some $a, b \in F^*$.

1.2 Similarity of 1-codimensional Subforms

We write $G(\phi) \subset F^*$ for the multiplicative group of similarity factors of a quadratic form ϕ; $D(\phi) \subset F^*$ stays for the set of non-zero values of ϕ. The following observations are due to B. Kahn:

Lemma 1.4. *Let ϕ be an arbitrary quadratic form of even dimension. For every $a \in D(\phi)$, let ψ_a be a 1-codimensional subform of ϕ such that $\phi \simeq \langle a\rangle \perp \psi_a$. Then for every a, $b \in D(\phi)$, the forms ψ_a and ψ_b are similar if and only if $ab \in G(\phi)$.*

Proof. Comparing the determinants of the odd-dimensional quadratic forms ψ_a and ψ_b, we see that $\psi_a \sim \psi_b$ if and only if $b\psi_a \simeq a\psi_b$. By adding $\langle ab\rangle$ to both sides, the latter condition is transformed in $b\phi \simeq a\phi$, that is, to $ab \in G(\phi)$. □

Corollary 1.5. *Let ψ be a 1-codimensional subform of an even-dimensional anisotropic form $\phi = \langle a_0, a_1, \dots, a_n\rangle/F$. Let $\tilde{F} = F(x_0, x_1, \dots, x_n)/F$ be a purely transcendental field extension and let $\tilde{\psi}/\tilde{F}$ be a subform of $\phi_{\tilde{F}}$ complementary to the "generic value" $\tilde{a} = a_0x_0^2 + a_1x_1^2 + \dots + a_nx_n^2 \in \tilde{F}$ of ϕ (so that $\phi_{\tilde{F}} = \tilde{\psi} \perp \langle\tilde{a}\rangle$). Then $\psi_{\tilde{F}} \sim \tilde{\psi}$ if and only if ϕ is similar to a Pfister form.*

Proof. We may assume that $a_0 = 1$ and $\psi = \langle a_1, \dots, a_n\rangle$. Then

$$\psi_{\tilde{F}} \sim \tilde{\psi} \overset{\text{(i)}}{\iff} \tilde{a} \in G(\phi_{\tilde{F}}) \overset{\text{(ii)}}{\iff}$$
$$\phi_{\tilde{F}} \text{ is a Pfister form} \overset{\text{(iii)}}{\iff} \phi \text{ is a Pfister form},$$

where (i) is by Lemma 1.4, (ii) by [35, Theorem 4.4 of Chap. 4], and (iii) by [5, Proposition 7]. □

We will refer to the subform $\tilde{\psi}$ appearing in Corollary 1.5 as the *generic 1-codimensional subform* of ϕ (although $\tilde{\psi}$ is a subform of $\phi_{\tilde{F}}$ and not of ϕ itself).

1.3 Linkage of Pfister Forms

We need a result concerning the linkage of two n-fold Pfister forms. This result is an easy consequence of the results obtained in [2]. However, it is neither proved nor formulated in the article cited and we do not know any other reference for it. It deals with the *graded Witt ring* $GW(F)$ of a field F which is the graded ring associated with the filtration of the ordinary Witt ring $W(F)$ by the powers of the fundamental ideal $I(F) \subset W(F)$. It will be applied in Sect. 5 to the case with $n = 3$ and $i = 2$.

Lemma 1.6 (cf. [37, Theorem 2.4.8]). *Let $a_1, \dots, a_n, b_1, \dots, b_n \in F^*$. We consider the elements α and β of the graded Witt ring $GW(F)$ given by the Pfister forms $\langle\langle a_1, \dots, a_n\rangle\rangle$ and $\langle\langle b_1, \dots, b_n\rangle\rangle$, and assume that they are non-zero (i.e., the Pfister forms are anisotropic). If there exist some $i < n$ and $c_1, \dots, c_i \in F^*$ such that the difference $\alpha - \beta$ is divisible by $\langle\langle c_1, \dots, c_i\rangle\rangle$ in $GW(F)$, then there exist some $d_1, \dots, d_i \in F^*$ such that $\langle\langle d_1, \dots, d_i\rangle\rangle$ divides both α and β in $GW(F)$.*

Proof. Let us make a proof using induction on i. The case $i = 0$ is without contents.

If $\langle\langle c_1, \dots, c_i\rangle\rangle$ with some $i \geq 1$ divides the difference $\alpha - \beta$, then $\langle\langle c_1, \dots, c_{i-1}\rangle\rangle$ also divides it. By the induction hypothesis we can find some $\langle\langle d_1, \dots, d_{i-1}\rangle\rangle$ dividing both α and β. Therefore for some $a_i', \dots, a_n', b_i',$

..., $b'_n \in F^*$ we have isomorphisms of quadratic forms $\langle\langle a_1, \dots, a_n\rangle\rangle \simeq \langle\langle d_1, \dots, d_{i-1}, a'_i, \dots, a'_n\rangle\rangle$ and $\langle\langle b_1, \dots, b_n\rangle\rangle \simeq \langle\langle d_1, \dots, d_{i-1}, b'_i, \dots, b'_n\rangle\rangle$, hence the difference $\alpha - \beta$ turns out to be represented by the quadratic form

$$\langle\langle d_1, \dots, d_{i-1}\rangle\rangle \otimes \left(\langle\langle a'_i, \dots, a'_n\rangle\rangle' \perp -\langle\langle b'_i, \dots, b'_n\rangle\rangle'\right)$$

of dimension $2^i(2^{n-i+1}-1)$. We claim that this quadratic form is isotropic, and this gives what we need according to [2, Proposition 4.4]. Indeed, assuming that this quadratic form is anisotropic, we can decompose it as $\langle\langle c_1, \dots, c_i\rangle\rangle \otimes \delta$ with some quadratic form δ. Counting dimensions, we see that $\dim \delta = 2^{n-i+1}-1$ is odd. This is a contradiction with the facts that $\langle\langle c_1, \dots, c_i\rangle\rangle \otimes \delta \in I^n(F)$, $n > i$, and $\langle\langle c_1, \dots, c_i\rangle\rangle$ is anisotropic. □

1.4 Special Forms, Subforms, and Pairs

Here we recall (and slightly modify) some definitions given in [16, Sect. 8–9]. We will not work with the general notion of special pairs introduced in [16, Definition 8.3]. We will only work with the degree 4 special pairs (see [16, Examples 9.2 and 9.3]). Besides, it will be more convenient for us to call *special* also those pairs which are similar to the special pairs of [16, Definition 8.3]. So, we give the definitions as follows:

Definition 1.7. A 12-dimensional quadratic form is called *special* if it lies in $I^3(F)$. A 10-dimensional quadratic form is called *special* if it has trivial discriminant and Schur index ≤ 2. A quadratic form is called *special* if it is either a 12-dimensional or a 10-dimensional special form.

A 10-dimensional quadratic form is called a *special subform* if it is divisible by a binary form. A 9-dimensional quadratic form is called a *special subform* if it contains a 7-dimensional Pfister neighbor. A *special subform* is a quadratic form which is either a 10-dimensional or a 9-dimensional special subform.

A pair of quadratic forms ϕ_0, ϕ with $\phi_0 \subset \phi$ is called *special* if either ϕ is a 12-dimensional special form while ϕ_0 is a 10-dimensional special subform, or ϕ is a 10-dimensional special form while ϕ_0 is a 9-dimensional special subform.

A special pair ϕ_0, ϕ is called *anisotropic*, if the form ϕ is anisotropic (in this case ϕ_0 is of course anisotropic as well).

Proposition 1.8 ([16, Sect. 8–9]). *Special forms, subforms, and pairs have the following properties:*

(1) *for any special subform ϕ_0, there exists a special form ϕ such that ϕ_0, ϕ is a special pair;*
(2) *for any special form ϕ, there exists a special subform ϕ_0 such that ϕ_0, ϕ is a special pair;*
(3) *for a given special pair ϕ_0, ϕ, the form ϕ is isotropic if and only if the form ϕ_0 is a Pfister neighbor;*
(4) *for any anisotropic special pair ϕ_0, ϕ, the Pfister neighbor $(\phi_0)_{F(\phi)}$ is anisotropic.*

Items (3) and (4) give

Corollary 1.9 (cf. [16, Proposition 8.13]). *Let ϕ_0, ϕ and ψ_0, ψ be two special pairs. If $\phi_0 \overset{st}{\sim} \psi_0$, then $\phi \overset{st}{\sim} \psi$.* □

1.5 Anisotropic 9-dimensional Forms of Schur Index 2

In this subsection, ϕ is an anisotropic 9-dimensional quadratic form with $i_S(\phi) = 2$.

Lemma 1.10. *There exists one and unique (up to isomorphism) 10-dimensional special form μ containing ϕ. There exists one and unique (up to isomorphism) 12-dimensional special form λ containing ϕ. Moreover,*

(i) *μ is isotropic if and only if ϕ contains an 8-dimensional subform divisible by a binary form;*
(ii) *λ is isotropic if and only if ϕ contains a 7-dimensional Pfister neighbor;*
(iii) *if μ and λ are both isotropic, then ϕ is a Pfister neighbor.*

Proof. The form μ is constructed as $\mu = \phi \perp \langle -\operatorname{disc}(\phi)\rangle$. The uniqueness of μ is evident.

The form λ is constructed as $\lambda = \phi \perp \operatorname{disc}(\phi)\beta'$, where β is a 2-fold Pfister form with $c(\beta) = c(\phi)$. If λ' is one more 12-dimensional special form containing ϕ, then the difference $\lambda - \lambda' \in W(F)$ is represented by a form of dimension 6. Since this difference lies in $I^3(F)$, it should be 0 by the Arason–Pfister Hauptsatz.

Clearly, the form μ is isotropic if and only if ϕ represents its determinant, that is, if and only if ϕ contains an 8-dimensional subform ϕ' of trivial determinant. Since $i_S(\phi') = i_S(\phi) = 2$, the form ϕ' is divisible by some binary form ([29, Example 9.12]).

The form λ is isotropic if and only if $\lambda - \pi$ for some form π similar to a 3-fold Pfister form. The latter condition holds if and only if ϕ and π contain a common 7-dimensional subform.

Note that the isotropy of λ implies that ϕ is a 9-dimensional special subform and ϕ, μ is a special pair. So, μ is isotropic if and only if ϕ is a Pfister neighbor in this case (Proposition 1.8). □

2 Correspondences on Odd-dimensional Quadrics

In this section we give some formal rules concerning the game with the correspondences on odd-dimensional quadrics.

2.1 Types of Correspondences

Let ϕ be a completely split quadratic form of an odd dimension and write $n = 2r + 1$ for the dimension of the projective quadric X_ϕ given by ϕ. We recall (see, e.g., [20, Sect. 2.1]), that there exists a filtration

$$X = X^{(0)} \supset X^{(1)} \supset \cdots \supset X^{(n)} \supset X^{(n+1)} = \emptyset$$

of the variety $X = X_\phi$ by closed subsets $X^{(i)}$ such that every successive difference $X^{(i)} \setminus X^{(i+1)}$ is an affine space (so that X is cellular) and $\operatorname{codim}_X X^{(i)} = i$ for all $i = 0, 1, \ldots, n$. It follows (see [3]) that for every $i = 0, 1, \ldots, n$, the group $\mathrm{CH}^i(X)$ is infinite cyclic and is generated by the class of $X^{(i)}$. Note that for the class of a hyperplane section $h \in \mathrm{CH}^1(X)$ one has $[X^{(i)}] = h^i$ for $i < \dim X/2$ and $2 \cdot [X^{(i)}] = h^i$ for $i > \dim X/2$. In particular, the generators $[X^{(i)}]$ are canonical.

Since the product of two cellular varieties is also cellular, the group $\mathrm{CH}^*(X \times X)$ is also easily computed. Namely, this is the free abelian group on $[X^{(i)} \times X^{(j)}]$ for $i, j = 0, 1, \ldots, n$. In particular, $\mathrm{CH}^n(X \times X)$ is generated by $[X^{(i)} \times X^{(n-i)}]$, $i = 0, 1, \ldots, n$.

For any correspondence $\alpha \in \mathrm{CH}^n(X \times X)$, we define its *pretype* (cf. [23, Sect. 9]) as the sequence of the integer coefficients in the representation of α as a linear combination of the generators. (See also [24, Sect. 2.2].)

Moreover, refusing to assume that ϕ is split, we may still define the pretype of an $\alpha \in \mathrm{CH}^n(X_\phi \times X_\phi)$ as the pretype of $\alpha_{\overline{F}}$, where $\overline{F}$ is an algebraic closure of F. Note that the entries of the pretype of α can be also calculated as the half of the degrees of the 0-cycles $h^{n-i} \cdot \alpha \cdot h^i \in \mathrm{CH}_0(X_\phi \times X_\phi)$. This is an invariant definition of the pretype. In particular, the pretype of α does not depend on the choice of $\overline{F}$ (what can be also easily seen in the direct way).

Finally, we define the *type* as the pretype modulo 2.

2.2 Formal Notion of Type

We start with some quite formal (however convenient) definitions.

A *type* is an arbitrary sequence of elements of $\mathbf{Z}/2\mathbf{Z}$ of a finite length. For two types of the same length n, we define their *sum* and *product* as for the elements of $(\mathbf{Z}/2\mathbf{Z})^n$. We may also look at a type as the diagram of a subset of the set $\{1, 2, \ldots, n\}$ (1 is on the i-th position if and only if the element i is in the subset). Using this interpretation of types, we may define the *union* and the *intersection* in the evident way (the intersection coincides with the product). We may also speak of the inclusion of types. In particular, we have the notion of a subtype of a given type (all these are defined for types of the same length).

The *reduction* (or 1-reduction) of a type of length ≥ 2 is the type obtained by erasing the two border entries. The *n-reduction* of a type is the result of n reductions successively applied to the type.

The *diagonal type* is the type with all the entries being 1. The *zero type* is the type with all the entries being 0.

We have two different notions of *weight* of a type: the sum of its entries (this is an element of $\mathbf{Z}/2$) and the number of 1-entries (this is an integer). To distinguish between them, we call the second number *cardinality*. So, the weight is the same as the cardinality modulo 2.

2.3 Possible and Minimal Types

Let ϕ be an odd-dimensional quadratic form. A type is called *possible* (for ϕ), if this is the type (in the sense of Sect. 2.1) of some correspondence on the quadric X_ϕ. Note that the possible types are of length $\dim\phi - 1$. A possible non-zero type is called *minimal* (for ϕ), if no proper subtype is possible.

We have the following rules (see [23, Sect. 9]): the diagonal and zero types are possible (the diagonal type is realized by the diagonal, [23, Lemma 9.4]); moreover, sums, products, unions, and intersections of possible types are possible.

It follows that two different minimal types have no intersection. Moreover, a type is possible if and only if it is a union of minimal ones.

Therefore, in order to describe all possible types for a given quadratic form ϕ, it suffices to list the minimal types (see Sect. 2.7 as well as Propositions 3.6, 3.7, 3.9 or 5.3 for examples of such lists).

2.4 Properties of Possible Types

Here are some rules which help to detect the impossibility of certain types.

Assume that the quadratic form ϕ is anisotropic. Then the weight of every possible type is 0, [23, Lemma 9.7].

And now we assume the contrary: ϕ is isotropic, say $\phi \sim \psi \perp \mathbb{H}$ ($\mathbb{H}$ is the hyperbolic plane). Then the reduction of a type possible for ϕ is a type possible for ψ, [23, Lemma 9.6].

These two rules (together with the trivial observation that a type possible for a ϕ is also possible for ϕ_E where E is an arbitrary field extension of the base field) have a useful consequence (cf. [22, Theorem 6.4]): if ϕ is an anisotropic form with first Witt index n, then for any type possible for ϕ we have: the sum of the first n entries coincides with the sum of the last n entries.

Let us note that a type possible for ϕ_E is also possible for ϕ/F if the field extension E/F is unirational (this is easily seen by the homotopy invariance of the Chow group).

2.5 Possible Types and the Witt Index

Here is a way to determine the Witt index of a quadratic form ϕ by looking at its possible types: for any integer $n \leq (\dim\phi)/2$, one has $i_W(\phi) \geq n$ if and only if the type with the only one 1 entry staying on the n-th position is possible. Note that the "only if" part is trivial while the "if" part follows from 2.4.

2.6 The Rost Type

The *Rost type* of a given length is the type with 1 on both border places and with 0 on all inner places. By definition, the Rost type is possible for a given odd-dimensional quadratic form ϕ if and only if there exists a correspondence $\rho \in \mathrm{CH}^n(X_\phi \times X_\phi)$ such that over an algebraic closure of the base field one has $\rho = a[X \times \mathrm{pt}] + b[\mathrm{pt} \times X]$ with some odd integers a, b, where $n = \dim X_\phi = \dim \phi - 2$ and where pt is a rational point. We will use this reformulation as definition for the expression "Rost type is possible" in the case of an even-dimensional quadratic form ϕ even though we do not have a definition of types possible for an even-dimensional quadratic form yet (cf. Sect. 2.10).

As shown in [23, Proposition 5.2], the Rost type is possible for any Pfister neighbor of dimension $2^n + 1$ (for any $n \geq 1$). The converse statement for the anisotropic forms is an extremely useful conjecture (cf. [23, Conjecture 1.6]) proved by A. Vishik in all dimensions $\neq 2^n + 1$: if $\dim \phi \neq 2^n + 1$ for all n, then the Rost type is not possible for ϕ (see [37] or [18, Theorem 6.1]). Vishik's proof uses the existence and certain properties of operations in motivic cohomology obtained by Voevodsky and involved in his proof of the Milnor conjecture. In the original [39], the operations were constructed (or claimed to be constructed) only in characteristic 0 (this was enough for the Milnor conjecture because the Milnor conjecture in positive characteristics is a formal consequence of the Milnor conjecture in characteristic 0, [39, Lemma 5.2]). This is the reason why Vishik's result is announced only in characteristic 0 in [18]. The new version [40] of [39] is more characteristic-independent. So, Vishik's result extends to any characteristic (cf. [38, Theorem 4.20]).

We also note that the conjecture on Rost types is proved by simple and characteristic-independent methods which do not use any unpublished result, in the following particular cases:

- $i_S(\phi)$ is maximal ([23, Corollary 6.6], cf. Lemma 3.5); note that this covers the cases of dimension 4 (because $i_S(\phi)$ of a 4-dimensional anisotropic form is always maximal) and 5 (because an anisotropic quadratic form ϕ with $\dim \phi = 5$ is not a Pfister neighbor if and only if $i_S(\phi)$ is maximal);
- $\dim \phi = 7, 8$ and ϕ does not contain an Albert subform (see [23, Proposition 9.10] for dimension 7; the same method works for dimension 8);
- $\dim \phi = 9$, ϕ is arbitrary (this is the main result of [23]).

Finally, a simple and characteristic-independent proof of the conjecture in all dimensions $\neq 2^n + 1$, using only the Steenrod operations on Chow groups (constructed in an elementary way in [1]) is recently given in [26].

2.7 Minimal Types for 5-dimensional Forms

To give an example, we find the minimal types for a 5-dimensional anisotropic quadratic form ϕ (cf. [38, Proposition 6.9]). Note that $i_S(\phi) = 2$ if and only if ϕ is a Pfister neighbor; otherwise $i_S(\phi) = 4$. Also note that $i_1(\phi)$ is always 1. Therefore, the diagonal type (1111) is minimal for ϕ which is not a Pfister neighbor. For a Pfister neighbor ϕ, the minimal types are given by the Rost type (1001) and its complement (0110).

2.8 Possible Types for Pairs of Quadratic Forms

Let (ϕ, ψ) be a pair of quadratic forms (the order is important) having the same odd dimension n. A type is called *possible* for the pair (ϕ, ψ) if it is the type of a correspondence lying in the Chow group $\mathrm{CH}^n(X_\phi \times X_\psi)$. Here are some rules.

The product of a type possible for (ϕ, ψ) by a type possible for (ψ, τ) is a type possible for (ϕ, τ). In particular, the product of a type possible for (ϕ, ψ) by a type possible for ψ (that is, possible for (ψ, ψ)) is still a type possible for (ϕ, ψ).

Therefore (see Sect. 2.5), one may compare the Witt indices of two quadratic forms ϕ and ψ (with $\dim\phi = \dim\psi$ being odd) over extensions E/F as follows: let n be an integer such that a type with 1 on the n-th place (the other entries can be arbitrary) is possible for (ϕ, ψ) as well as for (ψ, ϕ), let E/F be any field extension of the base field F; then $i_W(\phi_E) \geq n$ if and only if $i_W(\psi_E) \geq n$.

In particular, we get one part of Vishik's criterion of motivic equivalence of quadratic forms (cf. [21, Criterion 0.1]): $\phi \overset{m}{\sim} \psi$ if the diagonal type is possible for the pair (ϕ, ψ).

2.9 Rational Morphisms and Possible Types

Given some different ϕ and ψ, how can one construct at least one non-zero type possible for (ϕ, ψ)? In this article we use essentially only one method which works only if the form $\psi_{F(\phi)}$ is isotropic: we take the correspondence given by the closure of the graph of a rational morphism $X_\phi \dashrightarrow X_\psi$. Its type is non-zero because its first entry is 1.

Let us give an application. We assume that the diagonal type is minimal for an odd-dimensional ϕ and we show that $\phi \overset{st}{\sim} \psi$ (for some ψ with $\dim\psi = \dim\phi$) means $\phi \sim \psi$ in this case as follows: taking the product of the possible types for (ϕ, ψ) and (ψ, ϕ) given by the rational morphisms $X_\phi \dashrightarrow X_\psi$ and $X_\psi \dashrightarrow X_\phi$, we get a possible type for ϕ, starting with 1; therefore this is the diagonal type; therefore the types we have multiplied are diagonal as well; therefore the diagonal type is possible for (ϕ, ψ); therefore $\phi \overset{m}{\sim} \psi$ whereby $\phi \sim \psi$ by Theorem 1.1.

2.10 Even-dimensional Quadrics

Even though this contradicts to the title of the current section, we briefly discuss the notion of a type possible for an even-dimensional quadratic form here. We need it in order to prove Proposition 4.1 on 8-dimensional quadratic forms (and only for this). So, let ϕ be an even-dimensional quadratic form and $X = X_\phi$. If ϕ is completely split (i.e., is hyperbolic), the variety X is also cellular (as it was the case with the odd-dimensional forms). So, $\mathrm{CH}^*(X)$ is a free abelian group, and one may choose the generators as follows: h^i for $\mathrm{CH}^i(X)$ with $i \leq \dim X/2$ and l_{n-i} for $\mathrm{CH}^i(X)$ with $i \geq \dim X/2$, where $h \in \mathrm{CH}^1(X)$ is the class of a hyperplane section while $l_i \in \mathrm{CH}^{n-i}(X)$ is the class of an i-dimensional linear subspace lying on X. Note that the "intermediate" group $\mathrm{CH}^r(X)$, where $r = \dim X/2$, has rang two (the other groups have rank 1). Moreover, the generator l_r is not canonical (the other generators are canonical).

It follows that $\mathrm{CH}^*(X \times X)$ is the free abelian group on the pairwise products of the elements listed above. In particular, $\mathrm{CH}^n(X \times X)$ with $n = \dim X$ is freely generated by the elements $h^i \times l_i$ ($i = 0, \ldots, r$), $l_i \times h^i$ ($i = r, \ldots, 0$), $h^r \times h^r$, and $l_r \times l_r$. We define the type of some $\alpha \in \mathrm{CH}^n(X \times X)$ as the sequence of the coefficients modulo 2 in the representation of α as a linear combination of the generators (in the order given) where the last two coefficients are erased (in other words, we do not care for the coefficients of $h^r \times h^r$ and $l_r \times l_r$).

Now, if the even-dimensional quadratic form ϕ is arbitrary (i.e., not necessarily split), we define the type of $\alpha \in \mathrm{CH}^n(X \times X)$ as the type of $\alpha_{\overline{F}}$, where $\overline{F}$ is an algebraic closure of F. As easily seen, the type does not depend on the choice neither of $\overline{F}$ nor of l_r. To justify our decision to forget the last two coefficients, let us notice that the generator $h^r \times h^r$ is always defined over F, while the coefficient of $l_r \times l_r$ is necessarily even in the case of non-hyperbolic ϕ. It is also important that the diagonal class is the sum of all the generators (with coefficients 1) but the last two ones.

Now it is clear that one may define the notion of a type possible for some even-dimensional ϕ in exactly the same way as it was done in Sect. 2.3 for odd-dimensional forms (note that the length of a possible type equals now $\dim \phi$, in particular, it is still even). Moreover, all properties of possible types given above remain true.

Since the Rost type is not possible for an even dimensional form, we get the following

Proposition 2.1. *Let ϕ be an anisotropic even-dimensional form. Assume that the splitting pattern of ϕ "has no jumps" (i.e., $i_W(\phi_E)$ takes all values between 0 and $\dim \phi/2$ when E varies). Then the diagonal type is minimal for ϕ. In particular, if $\phi \overset{st}{\sim} \psi$, where ψ is some other quadratic form of the same dimension as ϕ, then $\phi \overset{m}{\sim} \psi$.* □

Remark. Since $i_1(\phi) = 1$ for ϕ as in Proposition 2.1, such a form ϕ cannot be stably equivalent to a form of dimension $< \dim \phi$ (Theorem 1.3). One can also show that ϕ cannot be stably equivalent to a form of dimension $> \dim \phi$. We do not give a proof for this fact, because we apply Proposition 2.1 to the 8-dimensional forms where this fact can be explained by Theorem 1.2.

3 Forms of Dimension 7

Let ϕ be an anisotropic 7-dimensional quadratic form. In this section we give a complete answer to the problem of determining quadratic forms ψ such that $\phi \overset{st}{\sim} \psi$.

To begin, let us consider the even Clifford algebra $C_0(\phi)$ of the form ϕ. Since this is a central simple algebra of degree 8, the possible values of $i_S(\phi)$ are among 1, 2, 4, and 8. The condition $i_S(\phi) = 1$ is equivalent to the condition that ϕ is a Pfister neighbor; this is a case we do not consider.

Assume that $i_S(\phi) = 2$ and consider the quadratic form $\tau = \phi \perp \langle -\operatorname{disc}(\phi)\rangle$ which is a (unique up to isomorphism) 8-dimensional quadratic form of trivial discriminant containing ϕ (as a subform). Since the Clifford algebra $C(\tau)$ is Brauer-equivalent to $C_0(\phi)$, we have $i_S(\tau) = i_S(\phi) = 2$. It is now easy to show that τ is anisotropic and $i_1(\tau) = 2$ (see, e.g., [8, Theorem 4.1] for the second statement). Therefore $\phi \overset{st}{\sim} \tau$, and, taking into account [30], we get

Theorem 3.1. *Let ϕ be an anisotropic 7-dimensional quadratic form with $i_S(\phi) = 2$, defined over a field F; let ψ be another quadratic form over F. The relation $\phi \overset{st}{\sim} \psi$ can hold only if* $\dim \psi$ *is* 7 *or* 8. *Moreover,*

- *for* $\dim \psi = 7$, $\phi \overset{st}{\sim} \psi$ *if and only if* $\phi \perp \langle -\operatorname{disc} \phi\rangle \sim \psi \perp \langle -\operatorname{disc} \psi\rangle$;
- *for* $\dim \psi = 8$, $\phi \overset{st}{\sim} \psi$ *if and only if* $\phi \perp \langle -\operatorname{disc} \phi\rangle \sim \psi$.

□

Example 3.2. For any given anisotropic 7-dimensional form ϕ/F with $i_S(\phi) = 2$, one may find a purely transcendental field extension $\tilde{F}/F$ and some 7-dimensional $\psi/\tilde{F}$ such that $\phi_{\tilde{F}} \overset{st}{\sim} \psi$ but $\phi_{\tilde{F}} \not\sim \psi$. Indeed, we may take as $\psi_{\tilde{F}}$ the "generic 1-codimensional subform" (Sect. 1.2) of the 8-dimensional form $\phi \perp \langle -\operatorname{disc}(\phi)\rangle$. Since this 8-dimensional form is not a Pfister neighbor (because its Schur index is 2 and not 1), we have $\phi_{\tilde{F}} \not\sim \psi$ according to Corollary 1.5.

It remains to handle the forms ϕ with $i_S(\phi)$ being 4 or 8. The main tool here is the following

Proposition 3.3 ([23, Corollary 9.11], cf. [38, Proposition 6.10(iii)]). *The diagonal type is minimal (see Sect. 2.3) for any 7-dimensional anisotropic quadratic form ϕ with $i_S(\phi) \geq 4$.*

Remark. The formulation of [23, Corollary 9.11] includes one additional hypothesis: ϕ does not contain an Albert subform (that is, the form $\phi \perp \langle -\operatorname{disc}(\phi)\rangle$ is anisotropic). However this hypothesis is included only in order to avoid the use of the general theorem on Rost types in dimension 7 which was known only in characteristic 0 in that time (see Sect. 2.6). Moreover, the proofs of Propositions 3.6 and 3.7 (generalizing Proposition 3.3) we give here are essentially the same as the proof of Proposition 3.3 given in [23].

Corollary 3.4. *Let ϕ be a 7-dimensional anisotropic quadratic form such that $i_S(\phi) \geq 4$, ψ an arbitrary quadratic form. Then $\phi \overset{st}{\sim} \psi$ if and only if $\phi \sim \psi$.*

Proof. Let ψ be a quadratic form stably equivalent with ϕ, and let us look at the dimension of ψ. We cannot have $\dim \psi \leq 6$: one may either refer to the results on stable equivalence of forms of dimension ≤ 6 or to Theorem 1.3 and the fact that $i_1(\phi) = 1$.

If $\dim \psi = 7$, it follows from Sect. 2.9 and Proposition 3.3 that $\psi \sim \phi$.

Finally, if $\dim \psi = 8$, then all 1-codimensional subforms of ψ are similar (to ϕ). Moreover, this is still true over any purely transcendental extension of F. It follows by Corollary 1.5 that ψ is similar to a Pfister form, a contradiction. □

Proposition 3.3 and Corollary 3.4 can be generalized to any odd dimension as follows. We start with a statement concerning every (odd and even) dimension:

Lemma 3.5 ([23]). *If ϕ is a quadratic form with maximal $i_S(\phi)$ (i.e., such that the even Clifford algebra $C_0(\phi)$ is a division algebra or, in the case $\phi \in I^2$, a product of two copies of a division algebra), then the Rost type is not possible for ϕ.*

Proof. If the Rost type is possible for ϕ, then by [23, Corollary 6.6] the class of a rational point in $K(\overline{X})$ is in the subgroup $K(X) \subset K(\overline{X})$, where $\overline{X}$ is X over an algebraic closure of F, while $K(X)$ is the Grothendieck group (of classes of quasi-coherent X-modules) of X. By the computation of $K(X)$ given in [36], it follows that $i_S(\phi)$ is not maximal, a contradiction. □

Proposition 3.6. *Let ϕ be an anisotropic quadratic form of odd dimension $2n+1$. If $i_S(\phi) = 2^n$ (i.e., $i_S(\phi)$ is maximal), then the diagonal type is minimal for ϕ.*

Proof. First of all let us notice that $i_S(\phi_{F(\phi)}) = 2^{n-1}$. Consequently $i_1(\phi) = 1$, and the Schur index of the form $\big((\phi)_{F(\phi)}\big)_{\text{an}}$ is maximal. Therefore we can give a proof using induction on $\dim \phi$ as follows.

Let t be a minimal type (for ϕ) with 1 on the first position. By Sect. 2.4 we know that t has 1 on the last position as well. According to Lemma 3.5, the reduction (see Sect. 2.2) of t is a non-zero type. Moreover, this is a type possible for $(\phi_{F(\phi)})_{\text{an}}$. Therefore, by the induction hypothesis, the reduction of t is the diagonal type. It follows that the type t itself is diagonal. □

Proposition 3.7. *Let ϕ be an anisotropic quadratic form of odd dimension $2n+1$ and assume that n is not a power of 2. If $i_S(\phi) = 2^{n-1}$ (i.e., $i_S(\phi)$ is "almost maximal"), then the diagonal type is minimal for ϕ.*

Proof. According to the index reduction formula for odd-dimensional quadrics ([34]), we have $i_S(\phi_{F(\phi)}) = i_S(\phi) = 2^{n-1}$. It follows that $i_1(\phi) = 1$ and that the odd-dimensional quadratic form $(\phi_{F(\phi)})_{\text{an}}$ has the maximal Schur index (so that we may apply Proposition 3.6 to it).

Let t be a minimal type (for ϕ) with 1 on the first position. We have to show that t is the diagonal type. Since t has 1 on the last position as well, it suffices to show that the reduction of t is diagonal. Since the reduction of t is a type possible for $(\phi_{F(\phi)})_{\text{an}}$ it suffices to show that the reduction of t is non-zero, that is, that t itself is not the Rost type. We finish the proof applying the theorem stating that the Rost type is not possible for a quadratic form of dimension different from a power of 2 plus 1, see Sect. 2.6. □

Theorem 3.8. *Let ϕ be as in Proposition 3.6 or as in Proposition 3.7. We assume additionally that* $\dim \phi \geq 5$. *Then ϕ is stably equivalent only with the forms similar to ϕ.*

Proof. We almost copy the proof of Corollary 3.4.

Let ψ be a quadratic form stably equivalent with ϕ, and let us look at the dimension of ψ. We cannot have $\dim \psi < \dim \phi$ because of Theorem 1.3 and the fact that $i_1(\phi) = 1$.

If $\dim \psi = \dim \phi$, it follows by Sect. 2.9, Propositions 3.6, and 3.7 that $\psi \sim \phi$.

Finally, if $\dim \psi > \dim \phi$, then ψ is stably equivalent to any subform $\psi_0 \subset \psi$ of dimension $\dim \phi + 1$. Therefore it suffices to consider the case where $\dim \psi = \dim \phi + 1$. In this case all 1-codimensional subforms of ψ are similar (to ϕ). Moreover, this is still true over any purely transcendental extension of F. It follows by Corollary 1.5 that ψ is similar to a Pfister form. Therefore ϕ is a Pfister neighbor. However the Schur index $i_S(\phi)$ of a Pfister neighbor of dimension ≥ 5 is never maximal and it can be "almost maximal" only if $\dim \phi$ is a power of 2 plus 1. □

To complete the picture in dimension 7, we find the minimal types for 7-dimensional forms of Schur index 2:

Proposition 3.9 (cf. [38, Proposition 6.10(ii)]). *Let ϕ be an anisotropic 7-dimensional quadratic form with $i_S(\phi) = 2$. Then the minimal types for ϕ are* (101101) *and its complement* (010010).

Proof. Let $t = (t_1t_2t_3t_4t_5t_6)$ be the minimal type with $t_1 = 1$. Since $i_1(\phi) = 1$ (see e.g. [8, Theorem 4.1]), $t_6 = 1$ as well (Sect. 2.4). Since the Rost type is not possible for ϕ (see Sect. 2.6; note that ϕ cannot contain an Albert form because of $i_S(\phi) = 2$, therefore the Rost type is impossible by a simple reason, see Sect. 2.6), the reduction $t_2t_3t_4t_5$ of t is a non-zero type. Moreover, this reduction is a type which is possible for the 5-dimensional quadratic form $(\phi_{F(\phi)})_{\mathrm{an}}$. Since $i_S(\phi_{F(\phi)})$ is still 2 ([34]), $t_2t_3t_4t_5$ is either 1111, or 1001, or 0110 (Sect. 2.7). So, there are three possibilities for t we have to consider:

(1) $t = (111111)$
(2) $t = (110011)$
(3) $t = (101101)$

In the first case we would be able to prove the following "theorem": for any purely transcendental field extension $\tilde{F}/F$ and for any 7-dimensional quadratic form $\psi/\tilde{F}$ such that $\psi \overset{st}{\sim} \phi_{\tilde{F}}$, one has $\psi \sim \phi_{\tilde{F}}$. This contradicts Example 3.2. Therefore the diagonal type is not minimal for ϕ.

In the second case we would be able to prove the following "theorem": for any purely transcendental field extension $\tilde{F}/F$ and for any 7-dimensional quadratic form $\psi/\tilde{F}$ such that $\psi \overset{st}{\sim} \phi_{\tilde{F}}$, one has $i_W(\psi_E) \geq 2$ for some $E/\tilde{F}$ if and only if $i_S(\phi_{\tilde{F}}) \geq 2$. However for $\tilde{F}$ and $\psi/\tilde{F}$ as in Example 3.2, we additionally have

$$i_S(\psi_E) = 3 \Leftrightarrow i_S(\phi \perp \langle -\operatorname{disc}(\phi)\rangle)_E = 4 \Leftrightarrow i_S(\phi_E) = 3.$$

It follows that $\phi_{\tilde{F}} \overset{m}{\sim} \psi$, whereby $\phi_{\tilde{F}} \sim \psi$ (Theorem 1.1), a contradiction. Therefore, the second case is not possible either.

It follows that the only possible case is the third one, i.e., (101101) is a minimal type. Since its complement is evidently minimal as well (having cardinality 2), we are done. □

The rest of the announcements of [13] concerning the 7-dimensional forms given in [13, Theorem 3.1] is covered by the following proposition. Note that we use [27] in the proof which is a tool that Izhboldin did not have.

Proposition 3.10. *Let ϕ be an anisotropic quadratic form of dimension 7 such that $i_S(\phi) \geq 4$. Let ψ be a form such that $\phi_{F(\psi)}$ is isotropic. Then*

(1) *if ψ is not a 3-fold Pfister neighbor, then $\dim\psi \leq 7$;*
(2) *if $\dim\psi = 7$ and ψ is not a 3-fold Pfister neighbor, then $\psi \sim \phi$;*
(3) *if $\dim\psi = 7$ and $i_S(\phi) = 8$, then $\psi \sim \phi$.*

Proof. (1) First of all, $\dim\psi \leq 8$ by Theorem 1.2. Furthermore, if $\dim\psi = 8$ then, since ψ is not a Pfister neighbor, we have $i_1(\psi) \leq 2$. It follows by [27] that $\psi \overset{st}{\sim} \phi$, a contradiction with Corollary 3.4.
(2) Since $\dim\psi = 7$ and ψ is not a Pfister neighbor, one has $i_1(\psi) = 1$. Therefore $\psi \overset{st}{\sim} \phi$ by [27]. Applying Corollary 3.4, we get that $\psi \sim \phi$.
(3) Since the form $\phi_{F(\psi)}$ is isotropic, one has $i_S(\phi_{F(\psi)}) < 8 = i_S(\phi)$. By the index reduction formula [34] it follows that $i_S(\psi) = 8$; in particular, ψ cannot be a Pfister neighbor and we can apply (2). □

4 Forms of Dimension 8

We do not have a complete answer for the 8-dimensional forms, but the answer we give is almost complete. First we recall what is known.

Let ϕ be an anisotropic 8-dimensional quadratic form. We assume first that $\mathrm{disc}(\phi) = 1$ and we consider the Schur index of ϕ. Since $i_S(\phi) = 1$ if and only if ϕ is a Pfister neighbor (that is, a form similar to a 3-fold Pfister form), we start with the case $i_S(\phi) = 2$. In this case we have $\phi \overset{st}{\sim} \psi$ for some ψ with $\dim\psi \geq 8$ if and only if $\phi \sim \psi$, [30].

For $i_S(\phi) = 4, 8$ one has $\phi \overset{st}{\sim} \psi$ if and only if ϕ and ψ are half-neighbors: the case $i_S(\phi) = 4$ is done in [30] while the case $i_S(\phi) = 8$ is done in [31]. Note that ϕ and ψ can be non-similar in each of these two cases, [7, Sect. 4].

Now we assume that $\mathrm{disc}(\phi) \neq 1$ and $i_S(\phi) = 1$. Let $d \in F^* \setminus F^{*2}$ be a representative of $\mathrm{disc}(\phi)$. As shown in [6], ϕ is similar to $\pi' \perp \langle d \rangle$ for some 3-fold Pfister form π. Clearly, the form $\pi_{F(\sqrt{d})} \simeq \phi_{F(\sqrt{d})}$ is anisotropic. By [10, Lemma 3.5] one has $\phi \overset{st}{\sim} \psi$ if and only if $\mathrm{disc}\,\psi = \mathrm{disc}\,\phi$, $i_S(\psi) = 1$, and the difference $\phi \perp -\psi$ is divisible by $\langle\langle d \rangle\rangle$ (that is, $\phi_{F(\sqrt{d})} \simeq \psi_{F(\sqrt{d})}$).

It follows that the open cases are the cases where $\det\phi \neq 1$ and (at the same time) $i_S(\phi) \geq 2$. In this case, the splitting pattern of ϕ is $\{0, 1, 2, 3, 4\}$ ([8, Theorem 4.1]), i.e., the splitting pattern of ϕ "has no jumps." Therefore we may apply Proposition 2.1 which gives us the following

Proposition 4.1. *Let ϕ be an anisotropic 8-dimensional quadratic forms of non-trivial discriminant and of Schur index ≥ 2. Then $\phi \overset{st}{\sim} \psi$ for some ψ if and only if $\phi \overset{m}{\sim} \psi$.*

Proof. If $\dim\psi = 8$, then the statement announced is a particular case of Proposition 2.1. If $\dim\psi \leq 7$, then the relation $\phi \overset{st}{\sim} \psi$ is not possible by Theorem 1.3 (because $i_1(\phi) = 1$; of course one may also refer to the results of previous sections on the stable equivalence of quadratic forms of dimensions ≤ 7). Finally, $\dim\psi > 8$ is not possible by Theorem 1.2. □

Since the condition $\phi \overset{m}{\sim} \psi$ for two 8-dimensional forms ϕ and ψ "almost always" implies that the forms are half-neighbors ([15, Theorem 11.1]), we get the following

Theorem 4.2. *Let ϕ be an anisotropic 8-dimensional quadratic form of non-trivial discriminant d and of Schur index ≥ 2. In the case where $i_S(\phi) = 4$ we assume additionally that the biquaternion division $F(\sqrt{d})$-algebra which is Brauer equivalent to $C_0(\phi)$ is defined over F. Then $\phi \overset{st}{\sim} \psi$ for some ψ if and only if ϕ and ψ are half-neighbors.* □

Remark. In the case excluded (i.e., in the case where $\det\phi \neq 1$, $i_S(\phi) = 4$, and the underlying division algebra of $C_0(\phi)$ is not defined over F), we can only prove that $\phi \overset{st}{\sim} \psi \Leftrightarrow \phi \overset{m}{\sim} \psi$. We do not consider this as a final result. A further investigation should be undertaken in order to understand what the condition $\phi \overset{m}{\sim} \psi$ means in this case. Note that $\det \phi = \det \psi$ and $C_0(\phi) \simeq C_0(\psi)$ if $\phi \overset{m}{\sim} \psi$ ([21, Lemma 2.6 and Remark 2.7]).

The rest of the announcements of [13] concerning the 8-dimensional forms which are given in [13, Theorem 3.3] is covered by the following proposition which is an immediate consequence of [27] (note that this is a tool that Izhboldin did not have).

Proposition 4.3. *Let ϕ be an anisotropic quadratic form of dimension 8. Let ψ be a form of dimension 8 such that the form $\phi_{F(\psi)}$ is isotropic. Suppose also that $i_1(\psi) = 1$ (i.e., $\psi \notin I^2$ or $i_S(\psi) \geq 4$). Then the form $\psi_{F(\phi)}$ is isotropic (and hence $\psi \overset{st}{\sim} \phi$).* □

5 Forms of Dimension 9

In this section ϕ is a 9-dimensional quadratic form over F. We describe all quadratic forms ψ/F such that $\phi \overset{st}{\sim} \psi$.

We are going to use the following subdivision of anisotropic 9-dimensional forms ϕ:

kind 1: the forms ϕ which contain a 7-dimensional Pfister neighbor;
kind 2: the forms ϕ containing an 8-dimensional form divisible by a binary form;
kind 3: the rest.

Remark. A form of kind 1 is a 9-dimensional special subform (in the sense of Sect. 1.4) while a form of kind 2 is contained in a certain 10-dimensional special subform (and is stably equivalent with it).

A form which is simultaneously of kind 1 and of kind 2 (this happens) is a Pfister neighbor (see Proposition 1.8(3) or Lemma 1.10 (iii)).

Theorem 5.1 (Izhboldin, cf. [13, Theorem 4.6]). *Let ϕ_1 and ϕ_2 be anisotropic 9-dimensional quadratic forms each of which is not a Pfister neighbor. The relation $\phi_1 \overset{st}{\sim} \phi_2$ can hold only if ϕ_1 and ϕ_2 are of the same kind. Moreover,*

(3) *For ϕ_1 and ϕ_2 of kind 3, $\phi_1 \overset{st}{\sim} \phi_2$ if and only if $\phi_1 \sim \phi_2$.*
(1) *For ϕ_1 and ϕ_2 of kind 1, $\phi_1 \overset{st}{\sim} \phi_2$ if and only if $\phi_i \sim \pi_i' \perp \langle u, v\rangle$ for $i = 1$, 2 with some 3-fold Pfister forms π_i and some u, $v \in F^*$ such that the Pfister form $\langle\langle u, v\rangle\rangle$ divides the difference $\pi_1 - \pi_2$ in $W(F)$.*
(2) *For ϕ_1 and ϕ_2 of kind 2, let τ_i, $i = 1$, 2, be some 10-dimensional special subform containing ϕ_i. Then $\phi_1 \overset{st}{\sim} \phi_2$ if and only if some 9-dimensional subform of τ_1 is similar to some 9-dimensional subform of τ_2.*

Corollary 5.2 (Izhboldin). *Let ϕ be an anisotropic 9-dimensional quadratic form which is not a Pfister neighbor. Let ψ be a quadratic form of dimension $\neq 9$. Then $\phi \overset{st}{\sim} \psi$ is possible only for ϕ of kind 2 and for ψ being a 10-dimensional special subform. Moreover, if τ is a special 10-dimensional subform containing ϕ while ψ is a 10-dimensional special subform as well, then $\phi \overset{st}{\sim} \psi$ if and only if some 9-dimensional subform of τ is similar to some 9-dimensional subform of ψ.*

Proof. The condition $\phi \overset{st}{\sim} \psi$ implies that $9 \leq \dim \psi \leq 16$ (Theorem 1.2) and that $i_1(\psi) = \dim \psi - 8$ (Theorem 1.3), i.e., the form ψ has the maximal splitting (meaning that the first Witt index has the maximal possible value among the quadratic forms of the same dimension as ψ). In particular, if $\dim \psi \geq 11$, then ψ is a Pfister neighbor, because there are no forms with maximal splitting but Pfister neighbors in dimensions from 11 up to 16, [19] (for a more elementary proof of this statement see [11]). Since ϕ is not a Pfister neighbor, the relation $\phi \overset{st}{\sim} \psi$ therefore implies that $\dim \psi = 10$.

If a 10-dimensional quadratic form ψ has maximal splitting and is not a Pfister neighbor, then ψ is divisible by a binary form, [16, Conjecture 0.10]. In this case ψ is also stably equivalent to any 9-dimensional subform $\psi' \subset \psi$. Having $\phi \overset{st}{\sim} \psi'$ and applying Theorem 5.1 we get the required result. □

Remark. Let ϕ be an anisotropic 9-dimensional quadratic form. Let ψ be a quadratic form of a dimension ≥ 9. According to [14, Theorem 0.2], the form $\phi_{F(\psi)}$ is isotropic if and only if $\phi \overset{st}{\sim} \psi$. Therefore Theorem 5.1 with Corollary 5.2 gives a criterion of isotropy of $\phi_{F(\psi)}$.

Proof of Theorem 5.1. The proof of the theorem takes the rest of the section. We refer to [13] for the proof that the conditions given in the theorem guarantee that $\phi \overset{st}{\sim} \psi$ (only the case where ϕ and ψ are of kind 1 requires some work; the rest is clear).

The proof that the conditions are necessary starts with the following

Proposition 5.3 (Izhboldin, cf. [38, Proposition 6.7]). *Let ϕ be an anisotropic 9-dimensional quadratic form, and assume that ϕ is not a Pfister neighbor. Here are the minimal types for ϕ depending on the kind (for kind 3 see Proposition 5.5):*

kind 1: (11011011) *and its complement;*
kind 2: (10100101) *and its complement.*

Proof. Let t be the minimal type with $t_1 = 1$. Since $i_1(\phi) = 1$, $t_8 = 1$ as well. Since ϕ is not a Pfister neighbor, the reduction t' of t is a non-zero type (Sect. 2.6). Moreover, t' is a type possible for the 7-dimensional form $\phi' = (\phi_{F(\phi)})_{\text{an}}$. Since $i_S(\phi') = i_S(\phi) = 2$ ([34]), we may apply Proposition 3.9

to ϕ' and conclude that t' is ether (101101), or (010010), or (111111). According to this, t is one of the following three types: (11011011), (10100101), or (11111111).

Let us assume that ϕ is of kind 1. By the reason of Corollary 6.3, the diagonal type cannot be minimal for such ϕ. Assume that the second possibility for t takes place. Then we get the following "theorem": for any unirational field extension L/F and any 9-dimensional ψ/L with $\phi_L \overset{st}{\sim} \psi$ one has $i_W(\phi_E) \geq 3$ for some field extension E/L if and only if $i_W(\psi_E) \geq 3$. This contradicts however Lemma 6.2. Therefore $t = (11011011)$ for ϕ of kind 1.

Now we assume that ϕ is of the second kind. By the reason of Proposition 6.1, the diagonal type cannot be minimal for such ϕ. Assume that the first possibility for t takes place. Then we get the following "theorem": for purely transcendental field extension $\tilde{F}/F$, any 9-dimensional $\psi/\tilde{F}$ with $\phi_{\tilde{F}} \overset{st}{\sim} \psi$ and for $n = 2$, 4, one has $i_W(\phi_E) \geq n$ for some field extension $E/\tilde{F}$ if and only if $i_W(\psi_E) \geq n$. However for $\tilde{F}$ and ψ as in Proposition 6.1 we evidently have as well

$$i_W(\phi_E) \geq 3 \iff i_W(\tau_E) \geq 3 \iff i_W(\tau_E) \geq 4 \iff i_W(\psi_E) \geq 3.$$

It follows that $\phi_{\tilde{F}} \overset{m}{\sim} \psi$, whereby $\phi_{\tilde{F}} \sim \psi$, a contradiction. Therefore $t = (10100101)$ for ϕ of kind 2. □

Corollary 5.4. *A 9-dimensional and a 10-dimensional anisotropic special subforms are never stably equivalent.* □

Proposition 5.5. *Let ϕ be a 9-dimensional anisotropic form of kind 3, not a Pfister neighbor. Then the diagonal type is minimal for ϕ.*

Proof. Since ϕ is not a Pfister neighbor, we have $i_S(\phi) \geq 2$. If $i_S(\phi) \geq 4$, then the diagonal type is minimal for ϕ by [23, Corollary 9.14]. So, we assume that $i_S(\phi) = 2$ in the rest of the proof.

Let t be the minimal type with $t_1 = 1$. As in the proof of Proposition 5.3, we show that t is either (11011011), or (10100101), or (11111111).

Let μ and λ be respectively the 10-dimensional and the 12-dimensional special forms containing ϕ (see Sect. 1.5). Over the function field $F(\lambda)$, the form $\mu_{F(\lambda)}$ is anisotropic ([16, Theorem 10.6]). Besides $\phi_{F(\lambda)}$ is a special subform of the special form $\mu_{F(\lambda)}$ (Lemma 1.10). It follows that the form $\phi_{F(\lambda)}$ is an anisotropic 9-dimensional form of kind 1 and is not a Pfister neighbor. We conclude that the type (10100101) is not possible for ϕ.

On the other hand, over the function field $F(\mu)$, the form $\lambda_{F(\mu)}$ is anisotropic (Proposition 7.3). Let τ be any 10-dimensional subform of λ containing ϕ. Besides $\tau_{F(\mu)}$ is a special subform of the special form $\lambda_{F(\mu)}$ (Lemma 1.10). ϕ is of kind 2 and still not a Pfister neighbor

So, we conclude that the type (11011011) is also not possible. The only remaining possibility is $t = (11111111)$. □

Corollary 5.6. *Let ϕ and ψ be anisotropic 9-dimensional quadratic forms, not Pfister neighbors. If $\phi \overset{st}{\sim} \psi$, then ϕ and ψ are of the same kind. Moreover, if the kind is 3, then $\phi \overset{st}{\sim} \psi$ is possible only if $\phi \sim \psi$.* □

5.1 Stable Equivalence for Forms of Kind 1

For a 9-dimensional form ϕ of kind 1, we write μ_ϕ for the 10-dimensional special form $\phi \perp \langle -\operatorname{disc}(\phi)\rangle$ (so that ϕ, μ_ϕ is a special pair).

Let ϕ and ψ be 9-dimensional quadratic forms of kind 1 each of which is not a Pfister neighbor. We first prove

Proposition 5.7. *If $\phi \overset{st}{\sim} \psi$, then $\mu_\phi \sim \mu_\psi$.*

To prove this, we need

Lemma 5.8. *Let n be 2 or 4. If $\phi \overset{st}{\sim} \psi$, then for any field extension E/F one has*

$$i_W(\phi_E) \geq n \;\Leftrightarrow\; i_W(\psi_E) \geq n.$$

Proof. Follows from the fact that the type 11011011 is minimal for ϕ (Proposition 5.3) as explained in Sect. 2.8. □

Proof of Proposition 5.7. Assuming that $\phi \overset{st}{\sim} \psi$, let us check that $\mu_\phi \overset{m}{\sim} \mu_\psi$, i.e., $i_W(\mu_\phi)_E \geq n \Leftrightarrow i_W(\mu_\psi)_E \geq n$ for any E/F and any $n \in \mathbf{Z}$. Since the possible values of $i_W(\mu_\phi)_E$ and $i_W(\mu_\psi)$ are 1, 3, and 5 (see, e.g., [8, Theorem 5.1]), it is enough to check the equivalence desired only for $n = 1$, 3, 5. The case $n = 1$ is served since $\phi \overset{st}{\sim} \psi \Rightarrow \mu_\phi \overset{st}{\sim} \mu_\psi$ by Corollary 1.9.

For $n = 3$, 5, one has

$$i_W(\mu_\phi)_E \geq n \;\Rightarrow\; i_W(\phi_E) \geq n-1 \;\overset{\text{Lemma 5.8}}{\Longrightarrow}$$
$$i_W(\psi_E) \geq n-1 \;\Rightarrow\; i_W(\mu_\psi)_E \geq n-1 \;\Rightarrow\; i_W(\mu_\psi)_E \geq n\,.$$

By symmetry, the converse holds as well.

We have shown that $\mu_\phi \overset{m}{\sim} \mu_\psi$. It follows that $\mu_\phi \sim \mu_\psi$ according to

Lemma 5.9. *Let π_1, π_2 be some 3-fold Pfister forms, and let τ_1, τ_2 be some 2-fold Pfister forms such that the 10-dimensional special forms $\mu_1 = \pi_1' \perp -\tau_1'$ and $\mu_2 = \pi_2' \perp -\tau_2'$ are anisotropic. The statements (1)–(5) are equivalent:*

(1) $\mu_1 \overset{m}{\sim} \mu_2$;

(2) (i) $\mu_1 \overset{st}{\sim} \mu_2$,
   (ii) $c(\mu_1) = c(\mu_2) \in \operatorname{Br}(F)$, *that is,* $\mu_1 \equiv \mu_2 \mod I^3(F)$ *in* $W(F)$;
   (iii) $(\mu_1)_{F(C)} \equiv (\mu_2)_{F(C)} \mod I^4(F)$ *in* $W(F(C))$, *where* C/F *is a Severi–Brauer variety corresponding to the element of* (2-ii);

(3) *the elements* τ_1 *and* τ_2 *of* $W(F)$ *coincide and divide the difference* $\pi_1 - \pi_2$;

(4) *for some* u, v, a_1, a_2, b, c , $k \in F^*$ *there are isomorphisms*

(i) $\tau_1 \simeq \langle\langle u, v\rangle\rangle \simeq \tau_2$,
(ii) $\pi_1 \simeq \langle\langle a_1, b, c\rangle\rangle$, $\pi_2 \simeq \langle\langle a_2, b, c\rangle\rangle$,
(iii) $\langle\langle a_1a_2, b, c\rangle\rangle \simeq \langle\langle k, u, v\rangle\rangle$;

(5) $\mu_1 \sim \mu_2$.

Remark. A statement stronger than Lemma 5.9 on 10-dimensional special forms will be given in Proposition 7.3: $\mu_1 \sim \mu_2$ already if $\mu_1 \overset{st}{\sim} \mu_2$.

Proof of Lemma 5.9. We prove the implications (1) $\Rightarrow$ (2) $\Rightarrow$ (3) $\Rightarrow$ (4) $\Rightarrow$ (5) $\Rightarrow$ (1).

(1) $\Rightarrow$ (2). The property (2-i) constitutes a part of the definition of the property (1); (2-ii) follows from (1) by [21, Remark 2.7]. As to (2-iii), in the Witt ring of $F(C)$ we have $(\mu_1)_{F(C)} = (\pi_1)_{F(C)}$ and $(\mu_2)_{F(C)} = (\pi_2)_{F(C)}$. Therefore the Pfister forms $(\pi_1)_{F(C)}$ and $(\pi_2)_{F(C)}$ are stably equivalent, whereby $(\pi_1)_{F(C)} = (\pi_2)_{F(C)} \in W(F(C))$.

(2) $\Rightarrow$ (3). Since $c(\mu_i) = c(\tau_i)$ for $i = 1, 2$, (2-ii) gives $c(\tau_1) = c(\tau_2)$ whereby $\tau_1 = \tau_2$ (because τ_i are 2-fold Pfister forms). Let τ be a quadratic form isomorphic to τ_1 and τ_2. Since $F(C) \simeq_F F(\tau')$ for C as in (2-iii), $(\pi_1)_{F(\tau)} \equiv (\pi_2)_{F(\tau)} \mod I^4(F)$ in $W(F(\tau))$. It follows that $(\pi_1)_{F(\tau)} = (\pi_2)_{F(\tau)} \in W(F(\tau))$ and therefore the difference $\pi_1 - \pi_2$ is divisible by τ in $W(F)$ ([28, Lemma 4.4]).

(3) $\Rightarrow$ (4). Since τ_1 and τ_2 are isomorphic 2-fold Pfister forms, we may find u, $v \in F^*$ satisfying (4-i).

Since the Witt class of $\langle\langle u, v\rangle\rangle$ divides the difference $\pi_1 - \pi_2$, the 3-fold Pfister forms π_1 and π_2 are 2-*linked* (or, simply, *linked*), that is, divisible by a common 2-fold Pfister forms (Lemma 1.6). So, we may find a_1, a_2, b, c satisfying condition (4-ii). Now, the difference $\pi_1 - \pi_2$ is represented by a quadratic form similar to the 3-fold Pfister form $\langle\langle a_1a_2, b, c\rangle\rangle$. Since this 3-fold Pfister form is divisible by $\langle\langle u, v\rangle\rangle$, we may find $k \in F^*$ satisfying (4-iii).

(4) $\Rightarrow$ (5).[1] We write τ for $\langle\langle u, v\rangle\rangle$. Let us consider the difference $\gamma = \phi_1 - k\phi_2 \in W(F)$ with k from (4-iii). If $\gamma = 0$ then $\phi_1 \simeq k\phi_2$ and we are done. So, we assume that $\gamma \neq 0$. We have

$$\gamma = (\pi_1 - \tau) - k(\pi_2 - \tau) = (\pi_1 - k\pi_2) - \langle\langle k\rangle\rangle\tau \equiv (\pi_1 - \pi_2) - \langle\langle k\rangle\rangle\tau \equiv 0 \mod I^4(F).$$

So, $\gamma \in I^4(F)$. Since the element $\gamma_{F(\pi_1)}$ can be evidently represented by a quadratic form of dimension < 16, the Arason–Pfister Hauptsatz tells that

[1] A proof of this implication was found in the hand-written private notes of Oleg Izhboldin; we reproduce it here almost word for word.

$\gamma_{F(\pi_1)} = 0$, whereby π_1 divides γ in $W(F)$ ([28, Lemma 4.4]). In particular, $\gamma \equiv \langle\langle s\rangle\rangle\pi_1 \mod I^5(F)$ for some $s \in F^*$. Having

$$\langle\langle s\rangle\rangle\pi_1 \equiv \gamma = (\pi_1 - \tau) - k\phi_2 \mod I^5(F),$$

we get

$$0 \equiv (s\pi_1 - \tau) - k\phi_2 \mod I^5(F).$$

By the Arason–Pfister Hauptsatz, this congruence turns out to be an equality, i.e., $(s\pi_1 - \tau) = k\phi_2$. In particular, the quadratic form $s\pi_1 \perp -\tau$ is isotropic. It follows (Elman–Lam, see [16, Theorem 8.1(1)]) that the anisotropic part of the form $s\pi_1 \perp -\tau$ is similar to $(\pi_1 \perp -\tau)_{an} = \phi_1$. Therefore $\phi_1 \sim \phi_2$.

(5) $\Rightarrow$ (1). This implication is trivial. □

We have checked the implication $\phi \overset{st}{\sim} \psi \Rightarrow \mu_\phi \sim \mu_\psi$. The proof of Proposition 5.7 is therefore finished. □

Lemma 5.10. *Let ϕ_1 and ϕ_2 be 9-dimensional quadratic forms of kind 1 each of which contains the pure subform of some (common) 3-fold Pfister form π. If $\phi_1 \overset{st}{\sim} \phi_2$, then $\phi_1 \sim \phi_2$.*

Proof. Using the hypothesis, we write ϕ_i (for $i = 1, 2$) as $\phi_i \simeq \pi' \perp \beta_i$, where β_1 and β_2 are some binary forms. Since the forms

$$\beta_1 \perp \langle -\det(\beta_1)\rangle \qquad \text{and} \qquad \beta_2 \perp \langle -\det(\beta_2)\rangle$$

are isomorphic (Proposition 5.7 with Lemma 5.9(3)), we can find some u, v_1, $v_2 \in F^*$ such that $\beta_i \simeq \langle u, v_i\rangle$.

Let μ be a 10-dimensional form isomorphic to $\phi_i \perp \langle -\operatorname{disc}(\phi_i)\rangle$ and let τ be a 2-fold Pfister form isomorphic to $\langle\langle u, v_i\rangle\rangle$. Since the form $\mu \simeq \pi' \perp -\tau'$ becomes isotropic over the function field $F(\mu)$, the forms π' and μ' over $F(\mu)$ have a common value d. Therefore, $\langle\langle d\rangle\rangle$ is a common divisor of π and μ over $F(\mu)$. Let $k \in F(\mu)^*$ be such that $\tau \simeq \langle\langle d, k\rangle\rangle$ over $F(\mu)$. Then $(\phi_i)_{F(\mu)}$ is a neighbor of the 4-fold Pfister form $\pi\langle\langle -uv_ik\rangle\rangle$. Since $(\phi_1)_{F(\mu)} \overset{st}{\sim} (\phi_2)_{F(\mu)}$, the Pfister forms $\pi\langle\langle -uv_1k\rangle\rangle$ and $\pi\langle\langle -uv_2k\rangle\rangle$ are isomorphic, i.e., $\pi\langle\langle v_1v_2\rangle\rangle = 0 \in W(F(\mu))$. Since μ is not a Pfister neighbor, it follows that $\pi\langle\langle v_1v_2\rangle\rangle = 0$ already in $W(F)$, that is, $v_1v_2 \in G(\pi)$. We note additionally that the relation $\langle\langle u, v_1\rangle\rangle = \langle\langle u, v_2\rangle\rangle$ implies that $v_1v_2 \in G(\langle\langle u\rangle\rangle)$. Now we get

$$v_1v_2\phi_1 = v_1v_2(\pi - \langle\langle u\rangle\rangle + \langle v_1\rangle) = \pi - \langle\langle u\rangle\rangle + \langle v_2\rangle = \phi_2 \in W(F),$$

therefore, ϕ_1 is similar to ϕ_2. □

Corollary 5.11. *Let ϕ_1 and ϕ_2 be 9-dimensional quadratic forms of kind 1 and assume that $\phi_1 \overset{st}{\sim} \phi_2$. Then there exist some linked 3-fold Pfister forms π_1 and π_2 and a binary form $\langle u, v\rangle$ such that $\phi_1 \sim \pi_1' \perp \langle u, v\rangle$, $\phi_2 \sim \pi_2' \perp \langle u, v\rangle$, and the difference $\pi_1 - \pi_2 \in W(F)$ is divisible by the 2-fold Pfister form $\langle\langle u, v\rangle\rangle$.*

Proof. By the definition of the first kind, up to similarity, we can write ϕ_1 and ϕ_2 as $\phi_i = \pi_i' \perp \langle u_i, v_i\rangle$ with some 3-fold Pfister forms π and some u_i, $v_i \in F^*$. We assume that $\phi_1 \overset{st}{\sim} \phi_2$. Then the difference $\pi_1 - \pi_2$ is divisible by $\langle\langle u_1, v_1\rangle\rangle$ according to Proposition 5.7 and Lemma 5.9. Let us consider the quadratic form $\phi_3 = \pi_2' \perp \langle u_1, v_1\rangle$. By [13, Example 4.4] we have $\phi_1 \overset{st}{\sim} \phi_3$. It follows that $\phi_2 \overset{st}{\sim} \phi_3$. Applying Lemma 5.10 to the forms ϕ_2 and ϕ_3, we get that $\phi_2 \sim \phi_3$. Therefore, we may take $u = u_1$ and $v = v_1$. □

We have finished the proof of Theorem 5.1 for the 9-dimensional quadratic forms of kind 1.

5.2 Stable Equivalence for Forms of Kind 2

The only thing to check here is the following

Proposition 5.12. *Let τ_1 and τ_2 be anisotropic 10-dimensional quadratic special subforms (see Sect. 1.4). We assume that neither τ_1 nor τ_2 are Pfister neighbors. Then $\tau_1 \overset{st}{\sim} \tau_2$ if and only if some 9-dimensional subform of τ_1 is similar with some 9-dimensional subform of τ_2.*

Proof. The "if" part of the statement is evident. We are going to prove the "only if" part.

For $i = 1, 2$, let ρ_i be a 12-dimensional special form containing τ_i. Let us choose some 11-dimensional form δ_i such that $\tau_i \subset \delta_i \subset \rho_i$. It is enough to show that $\delta_1 \sim \delta_2$ and we are going to do this.

According to [12], it suffices to check that $\delta_1 \overset{m}{\sim} \delta_2$, that is,

$$i_W(\delta_1)_E \geq n \iff i_W(\delta_2)_E \geq n \qquad (*)$$

for any E/F and any integer n. Since the possible positive values of $i_W(\delta_i)_E$ are 1, 2, and 5 (see, e.g., [8, Theorem 5.4(ii)]), the relation $(*)$ has to be checked only for $n = 1, 2, 5$.

First of all, to handle the case of $n = 1$, let us check that $\delta_1 \overset{st}{\sim} \delta_2$. The condition $\tau_1 \overset{st}{\sim} \tau_2$ implies $\rho_1 \overset{st}{\sim} \rho_2$ by Corollary 1.9. Besides, since $i_1(\rho_i) = 2$, we have $\delta_i \overset{st}{\sim} \rho_i$ whereby the forms δ_1 and δ_2 are stably equivalent, indeed.

For $n = 2$ we have

$$i_W(\delta_1)_E \geq 2 \Rightarrow i_W(\tau_1)_E \geq 1 \overset{\tau_1 \overset{st}{\sim} \tau_2}{\Longrightarrow} i_W(\tau_2)_E \geq 1 \overset{i_1(\tau_2)=2}{\Longrightarrow} i_W(\tau_2)_E \geq 2 \Rightarrow i_W(\delta_2)_E \geq 2.$$

By symmetry, $i_W(\delta_2)_E \geq 2 \Rightarrow i_W(\delta_1)_E \geq 2$ as well.

Finally, to handle the case $n = 5$, let us choose some 9-dimensional subforms $\phi_1 \subset \tau_1$ and $\phi_2 \subset \tau_2$. Since the quadratic forms ϕ_1 and ϕ_2 are of the second kind and stably equivalent, it follows from Proposition 5.3 that $i_W(\phi_1)_E \geq 3$ if and only if $i_W(\phi_2)_E \geq 3$. Now we have

$$i_W(\delta_1)_E = 5 \Rightarrow i_W(\phi_1)_E \geq 3 \Rightarrow$$
$$i_W(\phi_2)_E \geq 3 \Rightarrow i_W(\delta_2)_E \geq 3 \Rightarrow i_W(\delta_2)_E = 5$$

and $i_W(\delta_2)_E = 5 \Rightarrow i_W(\delta_1)_E = 5$ by symmetry. □

The proof of Theorem 5.1 is finished. □

The following corollary will be used in the proof of Theorem 0.2.

Corollary 5.13. *Let τ_1, ρ_1 and τ_2, ρ_2 be anisotropic special pairs with* $\dim\tau_1 = \dim\tau_2 = 10$ *(and* $\dim\rho_1 = \dim\rho_2 = 12$*). Let δ_1 and δ_2 be some* 11*-dimensional "intermediate" forms: $\tau_1 \subset \delta_1 \subset \rho_1$ and $\tau_2 \subset \delta_2 \subset \rho_2$. If $\tau_1 \overset{st}{\sim} \tau_2$, then $\delta_1 \sim \delta_2$ and $\rho_1 \sim \rho_2$.*

Proof. The relation $\delta_1 \sim \delta_2$ is checked in the proof of Proposition 5.12. It implies the relation $\rho_1 \sim \rho_2$ because $\rho_i \simeq \delta_i \perp \langle -\operatorname{disc}(\delta_i)\rangle$. □

6 Examples of Non-similar Stably Equivalent Forms of Dimension 9

The examples constructed in this section are good not only on their own: they also work in the proof of Proposition 5.3.

6.1 Forms of Kind 2

For any given anisotropic 9-dimensional quadratic form ϕ of kind 2, we get another 9-dimensional form ψ (over a purely transcendental extension of the base field) such that $\psi \not\sim \phi$ while $\psi \overset{st}{\sim} \phi$ as follows:

Proposition 6.1. *Let ϕ be a* 9*-dimensional anisotropic form of kind* 2*. Let τ be a* 10*-dimensional special subform containing ϕ. Then there exists a purely transcendental field extension $\tilde{F}/F$ and a* 9*-dimensional subform $\psi \subset \tau_{\tilde{F}}$ such that $\phi_{\tilde{F}} \overset{st}{\sim} \psi$ while $\phi_{\tilde{F}} \not\sim \psi$.*

Proof. Since $\phi \overset{st}{\sim} \tau$, the form τ is anisotropic. Since the dimension of τ is not a power of 2, τ is not a Pfister form. To finish, we apply Corollary 1.5 and use the fact that any two 1-codimensional subform of τ (or of $\tau_{\tilde{F}}$) are stably equivalent. □

6.2 Forms of Kind 1

Let ϕ/F be an arbitrary 9-dimensional anisotropic quadratic form of the first kind, say, $\phi \simeq \langle\langle a,b,c\rangle\rangle' \perp \langle u,v\rangle$ with some a, b, c, u, $v \in F^*$. We assume that the 10-dimensional special form $\langle\langle a,b,c\rangle\rangle' \perp -\langle\langle u,v\rangle\rangle'$ is anisotropic (i.e., that ϕ is not a Pfister neighbor). Let us construct a new quadratic form over a certain field extension of F as follows.

We consider a degree 2 purely transcendental extension $F(t,z)/F$ and the quadratic form $\psi = \langle\langle t,b,c\rangle\rangle' \perp \langle u,v\rangle$ over $F(t,z)$. Let $L/F(t,z)$ be the top of the generic splitting tower of the quadratic $F(t,z)$-form $\langle\langle at,b,c\rangle\rangle \perp -\langle\langle z,u,v\rangle\rangle$. We state that the data obtained this way have the following properties:

Lemma 6.2.

(1) *The field extension L/F is unirational;*
(2) *the forms ϕ_L and ψ_L are stably equivalent;*
(3) *the forms ϕ_L and ψ_L are not similar;*
(4) *there exists a field extension E/L such that $i_W(\psi_E) \geq 3$ while $i_W(\phi_E) \leq 2$.*

Proof. (1) Over the field $F(\sqrt{at},\sqrt{z})$, the Pfister forms $\langle\langle at,b,c\rangle\rangle$ and $\langle\langle z,u,v\rangle\rangle$ are split. Therefore the field extension $L(\sqrt{at},\sqrt{z})/F(\sqrt{at},\sqrt{z})$ is purely transcendental. Since the extension $F(\sqrt{at},\sqrt{z})/F$ is also purely transcendental, it follows that the extension $L(\sqrt{at},\sqrt{z})/F$ is purely transcendental and thereafter L/F is unirational.
(2) According to the definition of L, the form $\langle\langle at,b,c\rangle\rangle_L$ is divisible by $\langle\langle u,v\rangle\rangle_L$. So, $\phi_L \overset{st}{\sim} \psi_L$ by [13, Example 4.4].
(3) follows from (4).
(4) We take $E = L(\langle\langle t,b,c\rangle\rangle)$. Since the form $\langle\langle t,b,c\rangle\rangle$ splits over E, the Witt index of $(\langle\langle t,b,c\rangle\rangle')_E$ is 3. Therefore $i_W(\psi_E) \geq 3$.

To see that $i_W(\phi_E) \leq 2$, it suffices to check that the form $\langle\langle a,b,c\rangle\rangle_E$ is anisotropic. We will check that this form is still anisotropic over a bigger extension, namely, over the field $E(\sqrt{t})$. For this we decompose the field extension $E(\sqrt{t})/F$ in a tower as follows:

$$F \subset F(\sqrt{t},z) \subset K \subset L' \cdot_F K \subset L \cdot_F K$$

where $K = F(\sqrt{t},z)(\langle\langle t,b,c\rangle\rangle)$ and where the field L', sitting between $F(t,z)$ and L, is the next-to-biggest field in the generic splitting tower of $\langle\langle at,b,c\rangle\rangle \perp -\langle\langle z,u,v\rangle\rangle$. Recall that L is the top of this tower and therefore $L = L'(\pi)$ where π/L' is a Pfister form similar to $\big((\langle\langle at,b,c\rangle\rangle \perp -\langle\langle z,u,v\rangle\rangle)_{L'}\big)_{\mathrm{an}}$.

Since the extension K/F is purely transcendental (note that $\langle\langle t,b,c\rangle\rangle_{F(\sqrt{t},z)}$ is hyperbolic), the form $\langle\langle a,b,c\rangle\rangle_K$ is anisotropic. Since the extension $(L' \cdot K)/K$ is a tower of function fields of some quadratic forms of dimension > 8, the form $\langle\langle a,b,c\rangle\rangle_{L'\cdot K}$ is still anisotropic (Theorem 1.2). In this situation the hyperbolicity of this form over $L \cdot K$ would mean that $\langle\langle a,b,c\rangle\rangle_{L'\cdot K} = \pi \in W(L' \cdot K)$. Since $\pi = \langle\langle at,b,c\rangle\rangle - \langle\langle z,u,v\rangle\rangle = \langle\langle a,b,c\rangle\rangle - \langle\langle z,u,v\rangle\rangle$, this would give hyperbolicity of $\langle\langle z, u, v\rangle\rangle_{L' \cdot K}$. However, the latter form is anisotropic by the reasons similar to those we have given already: the field extension $K/F(z)$ is purely transcendental (note that $\langle\langle z, u, v\rangle\rangle$ is defined over $F(z)$ and is of course anisotropic over $F(z)$ because $\langle\langle u, v\rangle\rangle$ is anisotropic over F) while the field extension $L' \cdot K/K$ is a tower of the function fields of some forms of dimensions > 8. □

In particular, we get

Corollary 6.3. *Let ϕ/F be an anisotropic 9-dimensional quadratic form of the first kind. Then there exists a unirational field extension L/F and a 9-dimensional quadratic form ψ/L which is at the same time stably equivalent and non-similar to ϕ_L.* □

7 Other Related Results

7.1 Isotropy of Special Forms

Theorem 7.1 (Izhboldin). *Let ϕ be an anisotropic special quadratic form and let ψ be a quadratic form of dimension ≥ 9. Then $\phi_{F(\psi)}$ is isotropic if and only if ψ is similar to a subform of ϕ.*

The proof will be given after certain preliminary observations.

Lemma 7.2. *If ϕ_0 is an anisotropic special subform while ψ is a special form, then the form $(\phi_0)_{F(\psi)}$ is anisotropic.*

Proof. We assume that the form $(\phi_0)_{F(\psi)}$ is isotropic (in particular, the form ψ is anisotropic). We have $\dim \phi_0 = 9$ or 10. Let $\phi_1 \subset \phi_0$ be a 9-dimensional subform of ϕ_0 (in the case $\dim \phi_0 = 9$ we set $\phi_1 = \phi_0$). We have $\phi_0 \overset{st}{\sim} \phi_1$ and therefore the form $(\phi_1)_{F(\psi)}$ is isotropic. Consequently $\phi_1 \overset{st}{\sim} \psi$ by [14, Theorem 0.2]. It follows that the form ψ has the maximal splitting. However this is not possible because ψ is special (and therefore $i_1(\psi) = 1$ for a 10-dimensional ψ while $i_1(\psi) = 2$ for a 12-dimensional ψ). □

Proposition 7.3. *Let ϕ and ψ be special anisotropic quadratic forms. If the form $\phi_{F(\psi)}$ is isotropic, then the forms ϕ and ψ are similar.*

Proof. We can choose some subforms $\phi_0 \subset \phi$ and $\psi_0 \subset \psi$ such that ϕ_0, ϕ and ψ_0, ψ are anisotropic special pairs. Let E/F be the extension constructed in [16, Proposition 6.10]. We recall that this extension is obtained as the union of an infinite tower of fields where each step is either an odd extension or the function field of some 4-fold Pfister form. By [16, Lemma 10.1(1)] the special pairs $(\phi_0)_E$, ϕ_E and $(\psi_0)_E$, ψ_E are still anisotropic. Since the form $\phi_{E(\psi)}$ is isotropic, the form $(\phi_0)_{E(\psi)}$ is a 4-fold Pfister neighbor (Proposition 1.8 (3)). Moreover, in view of Lemma 7.2 this 4-fold Pfister neighbor is anisotropic.

By the same reason or by Proposition 1.8 (4), the form $(\psi_0)_{E(\psi)}$ is also an anisotropic 4-fold Pfister neighbor. By [16, Lemma 6.7] we have $(\psi_0)_{E(\psi)} \overset{st}{\sim} (\phi_0)_{E(\psi)}$. Hence $(\phi_0)_{E(\psi,\psi_0)}$ is isotropic. Since $\psi_0 \subset \psi$, the form $(\phi_0)_{E(\psi_0)}$ is already isotropic. By [16, Proposition 8.13], it follows that $(\phi_0)_E \overset{st}{\sim} (\psi_0)_E$. By Corollary 5.4, it follows that $\dim \phi_0 = \dim \psi_0$ and $\dim \phi = \dim \psi$. In the case where $\dim \phi_0 = \dim \psi_0 = 10$, that is, $\dim \phi = \dim \psi = 12$, we get that $\phi_E \sim \psi_E$ applying Corollary 5.13. In particular, $\phi_E \equiv \psi_E \mod I^4(E)$. It follows by [16, Proposition 6.10, $n = 4$] that $\phi \equiv \psi \mod I^4(F)$. Therefore $\phi \sim \psi$ by [9, corollary].

In the case where $\dim \phi_0 = \dim \psi_0 = 9$, that is, $\dim \phi = \dim \psi = 10$, we get that $\phi_E \sim \psi_E$ by Proposition 5.7. In particular, $\phi_E \overset{st}{\sim} \psi_E$, $c(\phi_E) = c(\psi_E)$, and $\phi_{E(C)} = \psi_{E(C)} \in W(E(C))$ for C as in (2-iii) of Lemma 5.9. These three relations can be descended to F: the first one implies $\phi \overset{st}{\sim} \psi$ according to [16, Lemma 10.1(2)]; the second one implies $c(\phi) = c(\psi)$ by [16, Proposition 6.10(v), $n = 3$], while the third one gives $\phi_{F(C)} = \psi_{F(C)} \in W(F(C))$ according to the construction of E/F and [16, Corollary 4.5, $n = 4$] with [16, Lemma 1.2, odd extensions]. We have got condition (2) of Lemma 5.9. Hence $\phi \sim \psi$. □

Lemma 7.4. *Let ϕ_0, ϕ be an anisotropic special pair and let ψ be a quadratic form with $\dim \psi \geq 9$. Let E/F be the field extension constructed in [16, Proposition 6.10]. If the form $(\phi_0)_{E(\psi)}$ is isotropic, then ψ is similar to a subform of ϕ.*

Proof. Note that the forms $(\phi_0)_E$, ϕ_E are anisotropic by [16, Lemma 10.1(1)]. We have $\dim \phi_0 = 9$ or 10. We consider first the case with $\dim \phi_0 = 9$. The isotropy of $(\phi_0)_{E(\psi)}$ implies the condition $(\phi_0)_E \overset{st}{\sim} \psi_E$ ([14, Theorem 0.2]). Moreover, since $(\phi_0)_E$ is a 9-dimensional form of the first kind, ψ_E is 9-dimensional of the first kind as well (Theorem 5.1) and the forms $\phi_E = (\phi_0 \perp \langle -\operatorname{disc}(\phi_0)\rangle)_E$ and $(\psi \perp \langle -\operatorname{disc}(\psi)\rangle)_E$ are similar (Proposition 5.7). It follows by [16, Lemma 10.1(2)] that the special forms ϕ and $\psi \perp \langle -\operatorname{disc}(\psi)\rangle$ are stably equivalent. Therefore these two forms are similar (Proposition 7.3), and we see that ψ is similar to a subform of ϕ in this case.

It remains to consider the case where $\dim \phi_0 = 10$. Note that any 9-dimensional subform $\phi_1 \subset (\phi_0)_E$ is of the second kind and stably equivalent to $(\phi_0)_E$. Therefore, by Theorem 5.1 and Corollary 5.2, ψ_E is contained in a 10-dimensional special subform. It follows that ψ considered over F is also contained in a 10-dimensional special subform τ (in the case $\dim \psi = 10$ we simply take $\tau = \psi_E$). Moreover, τ_E is stably equivalent with $(\phi_0)_E$ (Corollary 5.2). Applying Corollary 5.13, we get that $\phi_E \sim \rho_E$ where ρ is the 12-dimensional special F-form containing τ. It follows by [16, Lemma 10.1(2)] that the special forms ϕ and ρ are stably equivalent. Therefore these two forms are similar (Proposition 7.3), and we see that ψ is similar to a subform of ϕ in this case as well. □

Lemma 7.5. *Let F be a field such that $H^4(F) = 0$ (the degree 4 Galois cohomology group of F with coefficients $\mathbf{Z}/2$ is 0). Let ϕ_0, ϕ be a degree 4 anisotropic special pair over F and let ψ/F be a quadratic form of dimension ≥ 9. If the form $\phi_{F(\psi)}$ is isotropic while the form $(\phi_0)_{F(\psi)}$ is anisotropic, then* $\operatorname{Tors}\operatorname{CH}^3(X_\psi) \neq 0$, *where* $\operatorname{Tors}\operatorname{CH}^3(X_\psi)$ *stays for the torsion subgroup of the Chow group* $\operatorname{CH}^3(X_\psi)$.

Proof. Since the form $\phi_{F(\psi)}$ is isotropic, $(\phi_0)_{F(\psi)}$ is a neighbor of a 4-fold Pfister form $\pi/F(\psi)$ ([16, Theorem 8.6(2)]). Since the form $(\phi_0)_{F(\psi)}$ is anisotropic, the Pfister form π is anisotropic and so the cohomological invariant $e^4(\pi)$ gives a non-zero element of $H^4(F(\psi))$. Since π contains a 9-dimensional subform defined over F, the element $e^4(\pi)$ is unramified over F ([16, Lemma 6.2]). We conclude that the unramified cohomology group $H^4_{\mathrm{nr}}(F(\psi)/F)$ is non-zero. Since $H^4(F) = 0$, we even get that the cokernel of the restriction homomorphism $H^4(F) \to H^4_{\mathrm{nr}}(F(\psi)/F)$ is non-zero. Since this cokernel is isomorphic to $\operatorname{Tors}\operatorname{CH}^3(X_\psi)$ ([16, Theorem 0.6]), the proof is finished (note that the hypothesis of [16, Theorem 0.6] saying that ψ is not a 4-fold Pfister neighbor is satisfied because otherwise the form ψ would be isotropic and $\phi_{F(\psi)}$ would not). □

Lemma 7.6. *Let ψ/F be a quadratic form of dimension ≥ 9 and let E/F be the extension constructed in [16, Proposition 6.10]. If* $\operatorname{Tors}\operatorname{CH}^3(X_{\psi_E}) \neq 0$, *then* $\operatorname{Tors}\operatorname{CH}^3(X_\psi) \neq 0$.

Proof. If $\operatorname{Tors}\operatorname{CH}^3(X_{\psi_E}) \neq 0$, then the form ψ_E is a form of one of the types (9-a), (9-b), (10-a), (10-b), (10-c), (11-a), (12-a) of forms listed in [16, Theorem 0.5]. Consider these types case by case.

$\psi_E \in$ (9-a). In this case, $(\psi \perp \langle -\operatorname{disc}(\psi)\rangle)_E$ is an element of $I^3(E)$ (represented by an anisotropic 3-fold Pfister form) which does not lie in $I^4(F)$. Therefore, the 10-dimensional F-form $\psi \perp \langle -\operatorname{disc}(\psi)\rangle$ gives an element of $I^3(F) \setminus I^4(F)$ ([16, Proposition 6.10(v)]). It follows that this element is represented by an anisotropic 3-fold Pfister F-form, whereby $\psi \in$ (9-a).

$\psi_E \in$ (9-b). This type is characterized as follows: $\psi \in$ (9-b) for a 9-dimensional ψ if and only if $i_S(\psi) = 2$ and both the 10- and 12-dimensional special forms containing ψ (see Sect. 1.5) are anisotropic. Since $i_S(\psi_E) = i_S(\psi)$ ([16, Proposition 6.10(ii)]), and a special F-form is anisotropic if and only if it is anisotropic over E ([16, Lemma 10.1(2)]), it follows that $\psi \in$ (9-b) if $\psi_E \in$ (9-b).

$\psi_E \in$ (10-a). This condition means that the class of the 10-dimensional form ψ_E in $W(E)$ is represented by an anisotropic 3-fold Pfister form. As explained in part (9-a), this is equivalent to the fact that the element $\psi \in W(F)$ is represented by an anisotropic 3-fold Pfister form, i.e., to the fact that $\psi \in$ (10-a).

$\psi_E \in$ (10-b) means that ψ_E is a 10-dimensional anisotropic special form. As explained above, this implies that ψ over F is a 10-dimensional anisotropic special form.

$\psi_E \in$ (10-c). Here ψ is an anisotropic 10-dimensional form with $\operatorname{disc}(\psi) \neq 1$ and $i_S(\psi) = 1$, because the form ψ_E has these properties (to see that $\operatorname{disc}(\psi) \neq 1$ one may use the binary form $\langle\langle \operatorname{disc}(\psi) \rangle\rangle$ and [16, Proposition 6.10(v), $n = 2$]). Therefore, there exists a 12-dimensional special form ρ containing ψ (see, e.g., [16, Lemma 1.19(i)]). Note that such ρ is also unique: if ρ' is another one, then the difference $\rho - \rho' \in I^3(F)$ is represented by a form of dimension 4 and hence is 0 by the Arason–Pfister Hauptsatz. Since the special form ρ is anisotropic over E, is is anisotropic over F as well. Finally, the condition that $\psi_{F(\sqrt{d})}$ is not hyperbolic for a representative $d \in F^*$ of the discriminant of ψ is given by [16, Proposition 6.10(vi)].

$\psi_E \in$ (11-a) means that $\psi_E \perp \langle -\operatorname{disc}(\psi) \rangle$ is a 12-dimensional anisotropic special form. In this case the 12-dimensional F-form $\psi \perp \langle -\operatorname{disc}(\psi) \rangle$ is also anisotropic and special.

$\psi_E \in$ (12-a). Here ψ is a 12-dimensional anisotropic special form because ψ_E is so. □

Lemma 7.7. *Let ψ/F be a quadratic form of one of the seven types* (9-a)–(12-a) *listed in [16, Theorem 0.5]. Then at least one of the following conditions holds:*

(i) *ϕ is isotropic or contains a 4-fold Pfister neighbor;*
(ii) *there exists a special form ρ containing ϕ and such that the form $\phi_{F(\rho)}$ is isotropic or contains a 4-fold Pfister neighbor;*
(iii) *there exist two special forms ρ and ρ' of different dimensions which (both) contain ϕ and such that the form $\phi_{F(\rho,\rho')}$ is isotropic or contains a 4-fold Pfister neighbor.*

Remark 7.8. Since every isotropic 9-dimensional quadratic form is a 4-fold Pfister neighbor, one may simplify the formulation of Lemma 7.7 by saying "contains a 4-fold Pfister neighbor" instead of "isotropic or contains a 4-fold Pfister neighbor" in (i), in (ii), and in (iii).

Proof of Lemma 7.7. We consider all the seven types (9-a)–(12-a) case by case.

If $\phi \in$ (9-a), then ϕ is a 4-fold Pfister neighbor; condition (i) is satisfied.

If $\phi \in$ (10-a), then ϕ is isotropic; condition (i) is satisfied as well.

If $\phi \in$ (9-b), then, by Lemma 1.10, there exists a (unique) 12-dimensional special form ρ containing a subform similar to ϕ and there exists a (unique) 10-dimensional special form ρ' containing ϕ. Moreover, both ρ and ρ' are anisotropic. Over the function field $F(\rho, \rho')$ the form ϕ becomes a 4-fold Pfister neighbor (Lemma 1.10).

If $\phi \in$ (10-b), then ϕ is a 10-dimensional special form.

If $\phi \in$ (12-a), then ϕ is a 12-dimensional special form.

If $\phi \in$ (11-a), then ϕ becomes isotropic over the function field of the quadratic form $\phi \perp \langle -\operatorname{disc}(\phi)\rangle$, which is a 12-dimensional special form.

Finally, if $\phi \in$ (10-c), then ϕ is contained in some 12-dimensional special form ρ (mentioned in the definition of this type). Let us write $\rho = \phi + \beta \in W(F)$ with some binary quadratic form β. Since $\rho_{F(\rho)} = \pi$ in the Witt ring of the function field $F(\rho)$, where $\pi/F(\rho)$ is some 3-fold Pfister form, we have $\phi_{F(\rho)} = \pi - \beta_{F(\rho)}$. It follows that the form $\phi_{F(\rho)}$ contains a 3-fold Pfister form as a subform. Consequently, $\phi_{F(\rho)}$ contains a 9-dimensional 4-fold Pfister neighbor (one may take any 9-dimensional subform containing π). □

Proof of Theorem 7.1. Let us choose a special subform $\phi_0 \subset \phi$. So, we have an anisotropic special pair ϕ_0, ϕ. We assume that $\phi_{F(\psi)}$ is isotropic, where ψ is some quadratic form over F of dimension ≥ 9. We write E/F for the field extension constructed in [16, Proposition 6.10].

If the form $(\phi_0)_{E(\psi)}$ is isotropic, then ψ is similar to a subform of ϕ (Lemma 7.4) and the proof is finished. Otherwise, we have $\operatorname{Tors}\operatorname{CH}^3(X_{\psi_E}) \neq 0$ (Lemma 7.5, note that the special pair ϕ_0, ϕ remains anisotropic over E according to [16, Lemma 10.1(1)]). Therefore one has $\operatorname{Tors}\operatorname{CH}^3(X_\psi) \neq 0$ already over F (Lemma 7.6). It follows that ψ is a quadratic form of one of the seven types listed in [16, Theorem 0.5], and we may apply Lemma 7.7.

Assume that condition (i) of Lemma 7.7 is fulfilled, i.e., ψ contains a 4-fold Pfister neighbor $\psi_0 \subset \psi$ (see Remark 7.8). Then the form ϕ becomes isotropic over the function field $F(\psi_0)$ which is a contradiction (cf. [16, Lemma 10.1(1)].

Assume that condition (ii) of Lemma 7.7 is fulfilled, i.e., ψ is a subform of a special form ρ and the form $\psi_{F(\rho)}$ contains a 4-fold Pfister neighbor. Then the form ϕ becomes isotropic over the function field $F(\rho)$. Therefore $\phi \sim \rho$ (Proposition 7.3), whereby ψ is similar to a subform of ϕ.

Finally, assuming that condition (iii) of Lemma 7.7 is fulfilled, we get that ψ is contained in two special forms ρ and ρ' of different dimensions while the form $\psi_{F(\rho,\rho')}$ contains a 4-fold Pfister neighbor. Then the form ϕ becomes isotropic over the function field $F(\rho, \rho')$. Since the dimensions of ρ and ρ' are different, one of these two forms, say ρ, has the same dimension as the special form ϕ. If the form $\phi_{F(\rho)}$ were anisotropic, the form $F(\rho, \rho')$ would be anisotropic as well, because $\rho'_{F(\rho)} \not\sim \phi_{F(\rho)}$ (the dimensions are different). Therefore $\phi_{F(\rho)}$ is isotropic, whereby $\phi \sim \rho$ (Proposition 7.3). Consequently ψ is similar to a subform of ϕ in this case too. □

7.2 Anisotropy of 10-dimensional Forms

The following theorem will be proved with the help of [27]. The original proof is not known.

Theorem 7.9 (Izhboldin [13, Theorem 5.3]). *Let ϕ be an anisotropic* 10-*dimensional quadratic form. Let ψ be a quadratic form of dimension* > 10 *and assume that ψ is not a Pfister neighbor. Then the form $\phi_{F(\psi)}$ is anisotropic.*

Proof. It suffices to consider the case with $\dim \psi = 11$. In this case we have $i_1(\psi) \leq 3$ by Theorem 1.2. Since ψ is not a Pfister neighbor, $i_1(\psi) \neq 3$ ([19] or [11]). Besides, $i_1(\psi) \neq 2$ by [17, Corollary 5.13] (see also [24, Theorem 1.1], [38, Sect. 7.2], or [25]). It follows that $i_1(\psi) = 1$; consequently, $\phi_{F(\psi)}$ is anisotropic by [27]. □

References

1. Brosnan, P.: Steenrod operations in Chow theory. K-Theory Preprint Archives **370**, 1–19 (1999) (see `www.math.uiuc.edu/K-theory`)
2. Elman, R., Lam, T.Y.: Pfister forms and K-theory of fields. J. Algebra **23**, 181–213 (1972)
3. Fulton, W.: Intersection Theory. Springer-Verlag, (1984)
4. Hoffmann, D.W.: Isotropy of 5-dimensional quadratic forms over the function field of a quadric. Proc. Symp. Pure Math. **58.2**, 217–225 (1995)
5. Hoffmann, D.W.: Isotropy of quadratic forms over the function field of a quadric. Math. Z. **220**, 461–476 (1995)
6. Hoffmann, D.W.: Twisted Pfister forms. Doc. Math. **1**, 67–102 (1996)
7. Hoffmann, D.W.: Similarity of quadratic form and half-neighbors. J. Algebra **204**, 255–280 (1998)
8. Hoffmann, D.W.: Splitting patterns and invariants of quadratic forms. Math. Nachr. **190**, 149–168 (1998)
9. Hoffmann, D.W.: On a conjecture of Izhboldin on similarity of quadratic forms. Doc. Math. **4**, 61–64 (1999)
10. Izhboldin, O.T.: On the nonexcellence of field extensions $F(\pi)/F$. Doc. Math. **1**, 127–136 (1996)
11. Izhboldin, O.T.: Quadratic forms with maximal splitting. Algebra i Analiz **9**, 51–57 (1997) (in Russian) Engl. transl.: St. Petersburg Math. J. **9**, 219–224 (1998)
12. Izhboldin, O.T.: Motivic equivalence of quadratic forms. Doc. Math. **3**, 341–351 (1998)
13. Izhboldin, O.T.: Some new results concerning isotropy of low-dimensional forms (list of examples and results (without proofs)). This volume.
14. Izhboldin, O.T.: Motivic equivalence of quadratic forms II. Manuscripta Math. **102**, 41–52 (2000)
15. Izhboldin, O.T.: The groups $H^3(F(X)/F)$ and $CH^2(X)$ for generic splitting varieties of quadratic forms. K-Theory **22**, 199–229 (2001)
16. Izhboldin, O.T.: Fields of u-invariant 9. Ann. Math. **154**, 529–587 (2001)
17. Izhboldin, O.T.: Virtual Pfister neighbors and first Witt index. (Edited by N. A. Karpenko) This volume.
18. Izhboldin, O.T., Vishik, A.: Quadratic forms with absolutely maximal splitting. Contemp. Math. **272**, 103–125 (2000)
19. Kahn, B.: A descent problem for quadratic forms. Duke Math. J. **80**, 139–155 (1995)

20. Karpenko, N.A.: Algebro-geometric invariants of quadratic forms. Algebra i Analiz **2**, 141–162 (1990) (in Russian) Engl. transl.: Leningrad (St. Petersburg) Math. J. **2**, 119–138 (1991)
21. Karpenko, N.A.: Criteria of motivic equivalence for quadratic forms and central simple algebras. Math. Ann. **317**, 585–611 (2000)
22. Karpenko, N.A.: On anisotropy of orthogonal involutions. J. Ramanujan Math. Soc. **15**, 1–22 (2000)
23. Karpenko, N.A.: Characterization of minimal Pfister neighbors via Rost projectors. J. Pure Appl. Algebra, **160**, 195–227 (2001)
24. Karpenko, N.A.: Motives and Chow groups of quadrics with application to the u-invariant (after Oleg Izhboldin). This volume.
25. Karpenko, N.A.: On the first Witt index of quadratic forms. Linear Algebraic Groups and Related Structures (Preprint Server) **91**, 1–7 (2002) (see `www.mathematik.uni-bielefeld.de/LAG/`)
26. Karpenko, N.A., Merkurjev., A.S.: Rost projectors and Steenrod operations. Documenta Math. **7**, 481–493 (2002)
27. Karpenko, N.A., Merkurjev., A.S.: Essential dimension of quadrics. Invent. Math. **153**, 361–372 (2003)
28. Knebusch, M.: Generic splitting of quadratic forms I. Proc. London Math. Soc. **33**, 65–93 (1976)
29. Knebusch, M.: Generic splitting of quadratic forms II. Proc. London Math. Soc. **34**, 1–31 (1977)
30. Laghribi, A.: Isotropie de certaines formes quadratiques de dimension 7 et 8 sur le corps des fonctions d'une quadrique. Duke Math. J. **85**, 397–410 (1996)
31. Laghribi, A.: Formes quadratiques en 8 variables dont l'algèbre de Clifford est d'indice 8. K-Theory **12**, 371–383 (1997)
32. Laghribi, A.: Formes quadratiques de dimension 6. Math. Nachr. **204**, 125–135 (1999)
33. Merkurjev, A.S.: Kaplansky conjecture in the theory of quadratic forms. Zap. Nauchn. Semin. Leningr. Otd. Mat. Inst. Steklova **175**, 75–89 (1989) (in Russian) Engl. transl.: J. Sov. Math. **57**, 3489–3497 (1991)
34. Merkurjev, A.S.: Simple algebras and quadratic forms. Izv. Akad. Nauk SSSR Ser. Mat. **55**, 218–224 (1991) (in Russian) English transl.: Math. USSR Izv. **38**, 215–221 (1992)
35. Scharlau, W.: Quadratic and Hermitian Forms. Springer, Berlin Heidelberg New York Tokyo (1985)
36. Swan, R.: K-theory of quadric hypersurfaces. Ann. Math. **122**, 113–154 (1985)
37. Vishik, A.: Integral motives of quadrics. Max-Planck-Institut für Mathematik in Bonn, Preprint MPI-1998-13, 1–82 (1998) (see `www.mpim-bonn.mpg.de`)
38. Vishik, A.: Motives of quadrics with applications to the theory of quadratic forms. This volume.
39. Voevodsky, V.: The Milnor conjecture. Max-Planck-Institut für Mathematik in Bonn, Preprint MPI-1997-8, 1–51 (1997) (see `www.mpim-bonn.mpg.de`)
40. Voevodsky, V.: On 2-torsion in motivic cohomology. K-Theory Preprint Archives **502**, 1–49 (2001) (see `www.math.uiuc.edu/K-theory`)
41. Wadsworth, A.R.: Similarity of quadratic forms and isomorphism of their function fields. Trans. Amer. Math. Soc. **208**, 352–358 (1975)

Appendix: My Recollections About Oleg Izhboldin

Alexander S. Merkurjev

Department of Mathematics
University of California at Los Angeles
Los Angeles, California 90095–1555
merkurev@math.ucla.edu

I knew Oleg since he was a sixth-grade student. At that time I was on the jury of the Leningrad Mathematical Olympiad. Oleg won the first prize that year as he did each year that he competed. Upon entering the university, after some hesitation, Oleg decided to study algebra (if I am not mistaken he was also invited to study mathematical analysis). He began to work in an area that was very fashionable at that time: algebraic K-theory of fields. When Oleg asked me to suggest a topic for his annual paper, after some reservations, I gave him a problem connected with objects over fields of finite characteristic. Historically, this particular case has always developed more rapidly than the general theory and has served as a quite a good testing range for many conjectures in algebra. Soon, Oleg mastered a rather extensive amount of the theory. His annual paper could easily have served as his Master's dissertation. His work investigated the cohomologies of function fields over fields of finite characteristic and contained some original ideas; it was later published. My reservations about giving him this particular problem for his annual paper were due mostly to the fact that Oleg might easily find himself trapped in a relatively narrow area of study within fields of finite characteristic.

Soon it became clear that my concerns were unfounded. Oleg had a wonderful ability to learn and use new areas of mathematics. He loved to arrange knowledge according to his own system. His talks in various seminars dedicated to seemingly well-known theories were very original. They often revealed connections absolutely new to me and other participants. Instances of this were seminars in such areas of algebra as algebraic K-theory, algebraic theory of quadratic forms, and, recently, Voevodsky's theory of motives.

Since Oleg's master's paper was in fact already a worthy Ph.D. thesis, I only asked him to add some finishing touches of a formal technical nature. Simultaneously he began to work on Tate's conjecture in algebraic K-theory about the lack of p-torsion in Milnor K-groups over fields of characteristic p and soon solved it. Of course, we also had to include this result in his Ph.D. paper. (I must admit here that in many everyday issues Oleg was somewhat impractical but by no means would I want to add "alas" to this.) My contribution as his scientific advisor for his Ph.D. thesis was a mere formality after this – he worked mostly independently.

After graduating, Oleg became an assistant professor at the Department of General Mathematics that I then chaired. He took teaching very seriously. Despite the fact that he had to teach mathematics to students from departments where mathematics was certainly not the most popular subject (for instance, to students in the Department of Philosophy), he never lowered standards (which was rather common with some other lecturers). When the position of our Chair's secretary became available I recommended that Oleg take it. Although I knew this was not a good deal for him, since the position entailed struggling with a mountain of bureaucratic work, my own selfish desires won out. I was sure that Oleg could successfully do the secretary's job, and he proved me right. Only a secretary of the Chair of General Mathematics can fully understand what a tremendously difficult job it is to put the schedules for all the departments of St. Petersburg State University together as well as to distribute the teaching load for all the chair's staff. Luckily, Oleg had help: he was very good with computers which allowed him to partially computerize his workload.

At some point, it seemed to me that Oleg's infatuation with computers was getting the best of him. Fortunately for algebra, his friends were able to convince him not to leave mathematics behind. Perhaps that was a critical moment in his life. He had to make some crucial decisions about what to do next.

Oleg found his niche in algebra, namely, the algebraic theory of quadratic forms. I had worked in this area briefly and I knew how difficult it was for a novice to "enter" this field, but at the same time I understand why this field of algebra fit Oleg so well. To study in this unique area of algebra one must be able to navigate a vast ocean of minor lemmas and tiny facts and have the ability to grind through huge amounts of knowledge and data. Simultaneously, one must be well versed in quite a few different areas of mathematics, not only in algebra.

This needed knowledge in different areas of mathematics was especially important in light of the recently discovered interaction (by Oleg, among others) between the theory of quadratic forms and various branches of mathematics that had seemed absolutely unrelated before.

Oleg mastered the algebraic theory of quadratic forms very quickly and became one of the acknowledged experts in that field. I was extraordinarily pleased to see him work with Nikita Karpenko, who had also been my student. I am a lucky man to have seen both of them do research in algebra so successfully. During a fairly short period of time, together they wrote several very strong papers. The pinnacle of their cooperation led to Oleg's solution of a very old classical conjecture by Kaplansky. Oleg constructed an example of a field with u-invariant 9 – the very first example of a field with nontrivial odd u-invariant. From my point of view, the proof was as important as the fact itself. It shows us a wonderful pattern of interaction of a some very different techniques and the inner workings of the "algebraic machine" that Oleg discovered and revealed.

It is with great sorrow to realize that this remarkable achievement will be his last...

Index

Lecture Notes in Mathematics

For information about Vols. 1–1654
please contact your bookseller or Springer-Verlag

Vol. 1655: J. Azéma, M. Emery, M. Yor (Eds.), Séminaire de Probabilités XXXI. VIII, 329 pages. 1997.

Vol. 1656: B. Biais, T. Björk, J. Cvitanic, N. El Karoui, E. Jouini, J. C. Rochet, Financial Mathematics. Bressanone, 1996. Editor: W. J. Runggaldier. VII, 316 pages. 1997.

Vol. 1657: H. Reimann, The semi-simple zeta function of quaternionic Shimura varieties. IX, 143 pages. 1997.

Vol. 1658: A. Pumarino, J. A. Rodrýguez, Coexistence and Persistence of Strange Attractors. VIII, 195 pages. 1997.

Vol. 1659: V. Kozlov, V. Maz'ya, Theory of a Higher-Order Sturm-Liouville Equation. XI, 140 pages. 1997.

Vol. 1660: M. Bardi, M. G. Crandall, L. C. Evans, H. M. Soner, P. E. Souganidis, Viscosity Solutions and Applications. Montecatini Terme, 1995. Editors: I. Capuzzo Dolcetta, P. L. Lions. IX, 259 pages. 1997.

Vol. 1661: A. Tralle, J. Oprea, Symplectic Manifolds with no Kähler Structure. VIII, 207 pages. 1997.

Vol. 1662: J. W. Rutter, Spaces of Homotopy Self-Equivalences – A Survey. IX, 170 pages. 1997.

Vol. 1663: Y. E. Karpeshina; Perturbation Theory for the Schrödinger Operator with a Periodic Potential. VII, 352 pages. 1997.

Vol. 1664: M. Väth, Ideal Spaces. V, 146 pages. 1997.

Vol. 1665: E. Giné, G. R. Grimmett, L. Saloff-Coste, Lectures on Probability Theory and Statistics 1996. Editor: P. Bernard. X, 424 pages, 1997.

Vol. 1666: M. van der Put, M. F. Singer, Galois Theory of Difference Equations. VII, 179 pages. 1997.

Vol. 1667: J. M. F. Castillo, M. González, Three-space Problems in Banach Space Theory. XII, 267 pages. 1997.

Vol. 1668: D. B. Dix, Large-Time Behavior of Solutions of Linear Dispersive Equations. XIV, 203 pages. 1997.

Vol. 1669: U. Kaiser, Link Theory in Manifolds. XIV, 167 pages. 1997.

Vol. 1670: J. W. Neuberger, Sobolev Gradients and Differential Equations. VIII, 150 pages. 1997.

Vol. 1671: S. Bouc, Green Functors and *G*-sets. VII, 342 pages. 1997.

Vol. 1672: S. Mandal, Projective Modules and Complete Intersections. VIII, 114 pages. 1997.

Vol. 1673: F. D. Grosshans, Algebraic Homogeneous Spaces and Invariant Theory. VI, 148 pages. 1997.

Vol. 1674: G. Klaas, C. R. Leedham-Green, W. Plesken, Linear Pro-*p*-Groups of Finite Width. VIII, 115 pages. 1997.

Vol. 1675: J. E. Yukich, Probability Theory of Classical Euclidean Optimization Problems. X, 152 pages. 1998.

Vol. 1676: P. Cembranos, J. Mendoza, Banach Spaces of Vector-Valued Functions. VIII, 118 pages. 1997.

Vol. 1677: N. Proskurin, Cubic Metaplectic Forms and Theta Functions. VIII, 196 pages. 1998.

Vol. 1678: O. Krupková, The Geometry of Ordinary Variational Equations. X, 251 pages. 1997.

Vol. 1679: K.-G. Grosse-Erdmann, The Blocking Technique. Weighted Mean Operators and Hardy's Inequality. IX, 114 pages. 1998.

Vol. 1680: K.-Z. Li, F. Oort, Moduli of Supersingular Abelian Varieties. V, 116 pages. 1998.

Vol. 1681: G. J. Wirsching, The Dynamical System Generated by the 3n+1 Function. VII, 158 pages. 1998.

Vol. 1682: H.-D. Alber, Materials with Memory. X, 166 pages. 1998.

Vol. 1683: A. Pomp, The Boundary-Domain Integral Method for Elliptic Systems. XVI, 163 pages. 1998.

Vol. 1684: C. A. Berenstein, P. F. Ebenfelt, S. G. Gindikin, S. Helgason, A. E. Tumanov, Integral Geometry, Radon Transforms and Complex Analysis. Firenze, 1996. Editors: E. Casadio Tarabusi, M. A. Picardello, G. Zampieri. VII, 160 pages. 1998.

Vol. 1685: S. König, A. Zimmermann, Derived Equivalences for Group Rings. X, 146 pages. 1998.

Vol. 1686: J. Azéma, M. Émery, M. Ledoux, M. Yor (Eds.), Séminaire de Probabilités XXXII. VI, 440 pages. 1998.

Vol. 1687: F. Bornemann, Homogenization in Time of Singularly Perturbed Mechanical Systems. XII, 156 pages. 1998.

Vol. 1688: S. Assing, W. Schmidt, Continuous Strong Markov Processes in Dimension One. XII, 137 page. 1998.

Vol. 1689: W. Fulton, P. Pragacz, Schubert Varieties and Degeneracy Loci. XI, 148 pages. 1998.

Vol. 1690: M. T. Barlow, D. Nualart, Lectures on Probability Theory and Statistics. Editor: P. Bernard. VIII, 237 pages. 1998.

Vol. 1691: R. Bezrukavnikov, M. Finkelberg, V. Schechtman, Factorizable Sheaves and Quantum Groups. X, 282 pages. 1998.

Vol. 1692: T. M. W. Eyre, Quantum Stochastic Calculus and Representations of Lie Superalgebras. IX, 138 pages. 1998.

Vol. 1694: A. Braides, Approximation of Free-Discontinuity Problems. XI, 149 pages. 1998.

Vol. 1695: D. J. Hartfiel, Markov Set-Chains. VIII, 131 pages. 1998.

Vol. 1696: E. Bouscaren (Ed.): Model Theory and Algebraic Geometry. XV, 211 pages. 1998.

Vol. 1697: B. Cockburn, C. Johnson, C.-W. Shu, E. Tadmor, Advanced Numerical Approximation of Nonlinear Hyperbolic Equations. Cetraro, Italy, 1997. Editor: A. Quarteroni. VII, 390 pages. 1998.

Vol. 1698: M. Bhattacharjee, D. Macpherson, R. G. Möller, P. Neumann, Notes on Infinite Permutation Groups. XI, 202 pages. 1998.

Vol. 1699: A. Inoue,Tomita-Takesaki Theory in Algebras of Unbounded Operators. VIII, 241 pages. 1998.

Vol. 1700: W. A. Woyczyński, Burgers-KPZ Turbulence, XI, 318 pages. 1998.

Vol. 1701: Ti-Jun Xiao, J. Liang, The Cauchy Problem of Higher Order Abstract Differential Equations, XII, 302 pages. 1998.

Vol. 1702: J. Ma, J. Yong, Forward-Backward Stochastic Differential Equations and Their Applications. XIII, 270 pages. 1999.

Vol. 1703: R. M. Dudley, R. Norvaiša, Differentiability of Six Operators on Nonsmooth Functions and p-Variation. VIII, 272 pages. 1999.

Vol. 1704: H. Tamanoi, Elliptic Genera and Vertex Operator Super-Algebras. VI, 390 pages. 1999.

Vol. 1705: I. Nikolaev, E. Zhuzhoma, Flows in 2-dimensional Manifolds. XIX, 294 pages. 1999.

Vol. 1706: S. Yu. Pilyugin, Shadowing in Dynamical Systems. XVII, 271 pages. 1999.

Vol. 1707: R. Pytlak, Numerical Methods for Optimal Control Problems with State Constraints. XV, 215 pages. 1999.

Vol. 1708: K. Zuo, Representations of Fundamental Groups of Algebraic Varieties. VII, 139 pages. 1999.

Vol. 1709: J. Azéma, M. Émery, M. Ledoux, M. Yor (Eds.), Séminaire de Probabilités XXXIII. VIII, 418 pages. 1999.

Vol. 1710: M. Koecher, The Minnesota Notes on Jordan Algebras and Their Applications. IX, 173 pages. 1999.

Vol. 1711: W. Ricker, Operator Algebras Generated by Commuting Projećtions: A Vector Measure Approach. XVII, 159 pages. 1999.

Vol. 1712: N. Schwartz, J. J. Madden, Semi-algebraic Function Rings and Reflectors of Partially Ordered Rings. XI, 279 pages. 1999.

Vol. 1713: F. Bethuel, G. Huisken, S. Müller, K. Steffen, Calculus of Variations and Geometric Evolution Problems. Cetraro, 1996. Editors: S. Hildebrandt, M. Struwe. VII, 293 pages. 1999.

Vol. 1714: O. Diekmann, R. Durrett, K. P. Hadeler, P. K. Maini, H. L. Smith, Mathematics Inspired by Biology. Martina Franca, 1997. Editors: V. Capasso, O. Diekmann. VII, 268 pages. 1999.

Vol. 1715: N. V. Krylov, M. Röckner, J. Zabczyk, Stochastic PDE's and Kolmogorov Equations in Infinite Dimensions. Cetraro, 1998. Editor: G. Da Prato. VIII, 239 pages. 1999.

Vol. 1716: J. Coates, R. Greenberg, K. A. Ribet, K. Rubin, Arithmetic Theory of Elliptic Curves. Cetraro, 1997. Editor: C. Viola. VIII, 260 pages. 1999.

Vol. 1717: J. Bertoin, F. Martinelli, Y. Peres, Lectures on Probability Theory and Statistics. Saint-Flour, 1997. Editor: P. Bernard. IX, 291 pages. 1999.

Vol. 1718: A. Eberle, Uniqueness and Non-Uniqueness of Semigroups Generated by Singular Diffusion Operators. VIII, 262 pages. 1999.

Vol. 1719: K. R. Meyer, Periodic Solutions of the N-Body Problem. IX, 144 pages. 1999.

Vol. 1720: D. Elworthy, Y. Le Jan, X-M. Li, On the Geometry of Diffusion Operators and Stochastic Flows. IV, 118 pages. 1999.

Vol. 1721: A. Iarrobino, V. Kanev, Power Sums, Gorenstein Algebras, and Determinantal Loci. XXVII, 345 pages. 1999.

Vol. 1722: R. McCutcheon, Elemental Methods in Ergodic Ramsey Theory. VI, 160 pages. 1999.

Vol. 1723: J. P. Croisille, C. Lebeau, Diffraction by an Immersed Elastic Wedge. VI, 134 pages. 1999.

Vol. 1724: V. N. Kolokoltsov, Semiclassical Analysis for Diffusions and Stochastic Processes. VIII, 347 pages. 2000.

Vol. 1725: D. A. Wolf-Gladrow, Lattice-Gas Cellular Automata and Lattice Boltzmann Models. IX, 308 pages. 2000.

Vol. 1726: V. Marić, Regular Variation and Differential Equations. X, 127 pages. 2000.

Vol. 1727: P. Kravanja M. Van Barel, Computing the Zeros of Analytic Functions. VII, 111 pages. 2000.

Vol. 1728: K. Gatermann Computer Algebra Methods for Equivariant Dynamical Systems. XV, 153 pages. 2000.

Vol. 1729: J. Azéma, M. Émery, M. Ledoux, M. Yor (Eds.) Séminaire de Probabilités XXXIV. VI, 431 pages. 2000.

Vol. 1730: S. Graf, H. Luschgy, Foundations of Quantization for Probability Distributions. X, 230 pages. 2000.

Vol. 1731: T. Hsu, Quilts: Central Extensions, Braid Actions, and Finite Groups. XII, 185 pages. 2000.

Vol. 1732: K. Keller, Invariant Factors, Julia Equivalences and the (Abstract) Mandelbrot Set. X, 206 pages. 2000.

Vol. 1733: K. Ritter, Average-Case Analysis of Numerical Problems. IX, 254 pages. 2000.

Vol. 1734: M. Espedal, A. Fasano, A. Mikelić, Filtration in Porous Media and Industrial Applications. Cetraro 1998. Editor: A. Fasano. 2000.

Vol. 1735: D. Yafaev, Scattering Theory: Some Old and New Problems. XVI, 169 pages. 2000.

Vol. 1736: B. O. Turesson, Nonlinear Potential Theory and Weighted Sobolev Spaces. XIV, 173 pages. 2000.

Vol. 1737: S. Wakabayashi, Classical Microlocal Analysis in the Space of Hyperfunctions. VIII, 367 pages. 2000.

Vol. 1738: M. Émery, A. Nemirovski, D. Voiculescu, Lectures on Probability Theory and Statistics. XI, 356 pages. 2000.

Vol. 1739: R. Burkard, P. Deuflhard, A. Jameson, J.-L. Lions, G. Strang, Computational Mathematics Driven by Industrial Problems. Martina Franca, 1999. Editors: V. Capasso, H. Engl, J. Periaux. VII, 418 pages. 2000.

Vol. 1740: B. Kawohl, O. Pironneau, L. Tartar, J.-P. Zolesio, Optimal Shape Design. Tróia, Portugal 1999. Editors: A. Cellina, A. Ornelas. IX, 388 pages. 2000.

Vol. 1741: E. Lombardi, Oscillatory Integrals and Phenomena Beyond all Algebraic Orders. XV, 413 pages. 2000.

Vol. 1742: A. Unterberger, Quantization and Non-holomorphic Modular Forms.VIII, 253 pages. 2000.

Vol. 1743: L. Habermann, Riemannian Metrics of Constant Mass and Moduli Spaces of Conformal Structures. XII, 116 pages. 2000.

Vol. 1744: M. Kunze, Non-Smooth Dynamical Systems. X, 228 pages. 2000.

Vol. 1745: V. D. Milman, G. Schechtman, Geometric Aspects of Functional Analysis. Israel Seminar 1999-2000. VIII, 289 pages. 2000.

Vol. 1746: A. Degtyarev, I. Itenberg, V. Kharlamov, Real Enriques Surfaces. XVI, 259 pages. 2000.

Vol. 1747: L. W. Christensen, Gorenstein Dimensions. VIII, 204 pages. 2000.

Vol. 1748: M. Ruzicka, Electrorheological Fluids: Modeling and Mathematical Theory. XV, 176 pages. 2001.

Vol. 1749: M. Fuchs, G. Seregin, Variational Methods for Problems from Plasticity Theory and for Generalized Newtonian Fluids. VI, 269 pages. 2001.

Vol. 1750: B. Conrad, Grothendieck Duality and Base Change. X, 296 pages. 2001.

Vol. 1751: N. J. Cutland, Loeb Measures in Practice: Recent Advances. XI, 111 pages. 2001.

Vol. 1752: Y. V. Nesterenko, P. Philippon, Introduction to Algebraic Independence Theory. XIII, 256 pages. 2001.

Vol. 1753: A. I. Bobenko, U. Eitner, Painlevé Equations in the Differential Geometry of Surfaces. VI, 120 pages. 2001.

Vol. 1754: W. Bertram, The Geometry of Jordan and Lie Structures. XVI, 269 pages. 2001.

Vol. 1755: J. Azéma, M. Émery, M. Ledoux, M. Yor (Eds.), Séminaire de Probabilités XXXV. VI, 427 pages. 2001.

Vol. 1756: P. E. Zhidkov, Korteweg de Vries and Nonlinear Schrödinger Equations: Qualitative Theory. VII, 147 pages. 2001.

Vol. 1757: R. R. Phelps, Lectures on Choquet's Theorem. VII, 124 pages. 2001.

Vol. 1758: N. Monod, Continuous Bounded Cohomology of Locally Compact Groups. X, 214 pages. 2001.

Vol. 1759: Y. Abe, K. Kopfermann, Toroidal Groups. VIII, 133 pages. 2001.

Vol. 1760: D. Filipović, Consistency Problems for Heath-Jarrow-Morton Interest Rate Models. VIII, 134 pages. 2001.

Vol. 1761: C. Adelmann, The Decomposition of Primes in Torsion Point Fields. VI, 142 pages. 2001.

Vol. 1762: S. Cerrai, Second Order PDE's in Finite and Infinite Dimension. IX, 330 pages. 2001.

Vol. 1763: J.-L. Loday, A. Frabetti, F. Chapoton, F. Goichot, Dialgebras and Related Operads. IV, 132 pages. 2001.

Vol. 1764: A. Cannas da Silva, Lectures on Symplectic Geometry. XII, 217 pages. 2001.

Vol. 1765: T. Kerler, V. V. Lyubashenko, Non-Semisimple Topological Quantum Field Theories for 3-Manifolds with Corners. VI, 379 pages. 2001.

Vol. 1766: H. Hennion, L. Hervé, Limit Theorems for Markov Chains and Stochastic Properties of Dynamical Systems by Quasi-Compactness. VIII, 145 pages. 2001.

Vol. 1767: J. Xiao, Holomorphic Q Classes. VIII, 112 pages. 2001.

Vol. 1768: M.J. Pflaum, Analytic and Geometric Study of Stratified Spaces. VIII, 230 pages. 2001.

Vol. 1769: M. Alberich-Carramiñana, Geometry of the Plane Cremona Maps. XVI, 257 pages. 2002.

Vol. 1770: H. Gluesing-Luerssen, Linear Delay-Differential Systems with Commensurate Delays: An Algebraic Approach. VIII, 176 pages. 2002.

Vol. 1771: M. Émery, M. Yor (Eds.), Séminaire de Probabilités 1967-1980. A Selection in Martingale Theory. IX, 553 pages. 2002.

Vol. 1772: F. Burstall, D. Ferus, K. Leschke, F. Pedit, U. Pinkall, Conformal Geometry of Surfaces in S^4. VII, 89 pages. 2002.

Vol. 1773: Z. Arad, M. Muzychuk, Standard Integral Table Algebras Generated by a Non-real Element of Small Degree. X, 126 pages. 2002.

Vol. 1774: V. Runde, Lectures on Amenability. XIV, 296 pages. 2002.

Vol. 1775: W. H. Meeks, A. Ros, H. Rosenberg, The Global Theory of Minimal Surfaces in Flat Spaces. Martina Franca 1999. Editor: G. P. Pirola. X, 117 pages. 2002.

Vol. 1776: K. Behrend, C. Gomez, V. Tarasov, G. Tian, Quantum Comohology. Cetraro 1997. Editors: P. de Bartolomeis, B. Dubrovin, C. Reina. VIII, 319 pages. 2002.

Vol. 1777: E. García-Río, D. N. Kupeli, R. Vázquez-Lorenzo, Osserman Manifolds in Semi-Riemannian Geometry. XII, 166 pages. 2002.

Vol. 1778: H. Kiechle, Theory of K-Loops. X, 186 pages. 2002.

Vol. 1779: I. Chueshov, Monotone Random Systems. VIII, 234 pages. 2002.

Vol. 1780: J. H. Bruinier, Borcherds Products on O(2,1) and Chern Classes of Heegner Divisors. VIII, 152 pages. 2002.

Vol. 1781: E. Bolthausen, E. Perkins, A. van der Vaart, Lectures on Probability Theory and Statistics. Ecole d' Eté de Probabilités de Saint-Flour XXIX-1999. Editor: P. Bernard. VIII, 466 pages. 2002.

Vol. 1782: C.-H. Chu, A. T.-M. Lau, Harmonic Functions on Groups and Fourier Algebras. VII, 100 pages. 2002.

Vol. 1783: L. Grüne, Asymptotic Behavior of Dynamical and Control Systems under Perturbation and Discretization. IX, 231 pages. 2002.

Vol. 1784: L.H. Eliasson, S. B. Kuksin, S. Marmi, J.-C. Yoccoz, Dynamical Systems and Small Divisors. Cetraro, Italy 1998. Editors: S. Marmi, J.-C. Yoccoz. VIII, 199 pages. 2002.

Vol. 1785: J. Arias de Reyna, Pointwise Convergence of Fourier Series. XVIII, 175 pages. 2002.

Vol. 1786: S. D. Cutkosky, Monomialization of Morphisms from 3-Folds to Surfaces. V, 235 pages. 2002.

Vol. 1787: S. Caenepeel, G. Militaru, S. Zhu, Frobenius and Separable Functors for Generalized Module Categories and Nonlinear Equations. XIV, 354 pages. 2002.

Vol. 1788: A. Vasil'ev, Moduli of Families of Curves for Conformal and Quasiconformal Mappings.IX, 211 pages. 2002.

Vol. 1789: Y. Sommerhäuser, Yetter-Drinfel'd Hopf algebras over groups of prime order. V, 157 pages. 2002.

Vol. 1790: X. Zhan, Matrix Inequalities. VII, 116 pages. 2002.

Vol. 1791: M. Knebusch, D. Zhang, Manis Valuations and Prüfer Extensions I: A new Chapter in Commutative Algebra. VI, 267 pages. 2002.

Vol. 1792: D. D. Ang, R. Gorenflo, V. K. Le, D. D. Trong, Moment Theory and Some Inverse Problems in Potential Theory and Heat Conduction. VIII, 183 pages. 2002.

Vol. 1793: J. Cortés Monforte, Geometric, Control and Numerical Aspects of Nonholonomic Systems. XV, 219 pages. 2002.

Vol. 1794: N. Pytheas Fogg, Substitution in Dynamics, Arithmetics and Combinatorics. Editors: V. Berthé, S. Ferenczi, C. Mauduit, A. Siegel. XVII, 402 pages. 2002.

Vol. 1795: H. Li, Filtered-Graded Transfer in Using Noncommutative Gröbner Bases. IX, 197 pages. 2002.

Vol. 1796: J.M. Melenk, hp-Finite Element Methods for Singular Perturbations. XIV, 318 pages. 2002.

Vol. 1797: B. Schmidt, Characters and Cyclotomic Fields in Finite Geometry. VIII, 100 pages. 2002.

Vol. 1798: W.M. Oliva, Geometric Mechanics. XI, 270 pages. 2002.

Vol. 1799: H. Pajot, Analytic Capacity, Rectifiability, Menger Curvature and the Cauchy Integral. XII,119 pages. 2002.

Vol. 1800: O. Gabber, L. Ramero, Almost Ring Theory. VI, 307 pages. 2003.

Vol. 1801: J. Azéma, M. Émery, M. Ledoux, M. Yor (Eds.), Séminaire de Probabilités XXXVI. VIII, 499 pages. 2003.

Vol. 1802: V. Capasso, E. Merzbach, B.G. Ivanoff, M. Dozzi, R. Dalang, T. Mountford, Topics in Spatial Stochastic Processes. Martina Franca, Italy 2001. Editor: E. Merzbach. VIII, 253 pages. 2003.

Vol. 1803: G. Dolzmann, Variational Methods for Crystalline Microstructure - Analysis and Computation. VIII, 212 pages. 2003.

Vol. 1804: I. Cherednik, Ya. Markov, R. Howe, G. Lusztig, Iwahori-Hecke Algebras and their Representation Theory. Martina Franca, Italy 1999. Editors: V. Baldoni, D. Barbasch. X, 103 pages. 2003.

Vol. 1805: F. Cao, Geometric Curve Evolution and Image Processing. X, 187 pages. 2003.

Vol. 1806: H. Broer, I. Hoveijn. G. Lunther, G. Vegter, Bifurcations in Hamiltonian Systems. Computing Singularities by Gröbner Bases. XIV, 169 pages. 2003.

Vol. 1807: V. D. Milman, G. Schechtman, Geometric Aspects of Functional Analysis. Israel Seminar 2000-2002. VIII, 429 pages. 2003.

Vol. 1808: W. Schindler, Measures with Symmetry Properties.IX, 167 pages. 2003.

Vol. 1809: O. Steinbach, Stability Estimates for Hybrid Coupled Domain Decomposition Methods. VI, 120 pages. 2003.

Vol. 1810: J. Wengenroth, Derived Functors in Functional Analysis. VIII, 134 pages. 2003.

Vol. 1811: J. Stevens, Deformations of Singularities. VII, 157 pages. 2003.

Vol. 1812: L. Ambrosio, K. Deckelnick, G. Dziuk, M. Mimura, V. A. Solonnikov, H. M. Soner, Mathematical Aspects of Evolving Interfaces. Madeira, Funchal, Portugal 2000. Editors: P. Colli, J. F. Rodrigues. X, 237 pages. 2003.

Vol. 1813: L. Ambrosio, L. A. Caffarelli, Y. Brenier, G. Buttazzo, C. Villani, Optimal Transportation and its Applications. Martina Franca, Italy 2001. Editors: L. A. Caffarelli, S. Salsa. X, 164 pages. 2003.

Vol. 1814: P. Bank, F. Baudoin, H. Föllmer, L.C.G. Rogers, M. Soner, N. Touzi, Paris-Princeton Lectures on Mathematical Finance. X,172 pages. 2003.

Vol. 1815: A. M. Vershik (Ed.), Asymptotic Combinatorics with Applications to Mathematical Physics. St. Petersburg, Russia 2001. IX, 246 pages. 2003.

Vol. 1816: S. Albeverio, W. Schachermayer, M. Talagrand, Lectures on Probability Theory and Statistics. Ecole d'Eté de Probabilités de Saint-Flour XXX-2000. Editor: P. Bernard. VIII, 296 pages. 2003.

Vol. 1817: E. Koelink (Ed.), Orthogonal Polynomials and Special Functions. Leuven 2002. X, 249 pages. 2003.

Vol. 1818: M. Bildhauer, Convex Variational Problems with Linear, nearly Linear and/or Anisotropic Growth Conditions. X, 217 pages. 2003.

Vol. 1819: D. Masser, Yu. V. Nesterenko, H. P. Schlickewei, W. M. Schmidt, M. Waldschmidt, Diophantine Approximation. Cetraro, Italy 2000. Editors: F. Amoroso, U. Zannier. XI,353 pages. 2003.

Vol. 1820: F. Hiai, H. Kosaki, Means of Hilbert Space Operators. VIII, 148 pages. 2003.

Vol. 1821: S. Teufel, Adiabatic Perturbation Theory in Quantum Dynamics. VI, 236 pages. 2003.

Vol. 1822: S.-N. Chow, R. Conti, R. Johnson, J. Mallet-Paret, R. Nussbaum, Dynamical Systems. Cetraro, Italy 2000. Editors: J. W. Macki, P. Zecca. XIII, 353 pages. 2003.

Vol. 1823: A. M. Anile, W. Allegretto, C. Ringhofer, Mathematical Problems in Semiconductor Physics. Cetraro, Italy 1998. Editor: A. M. Anile. X, 143 pages. 2003.

Vol. 1824: J. A. Navarro González, J. B. Sancho de Salas, C^∞ - Differentiable Spaces. XIII, 188 pages. 2003.

Vol. 1825: J. H. Bramble, A. Cohen, W. Dahmen, Multiscale Problems and Methods in Numerical Simulations, Martina Franca, Italy 2001. Editor: C. Canuto. XIII, 163 pages. 2003.

Vol. 1826: K. Dohmen, Improved Bonferroni Inequalities via Abstract Tubes. Inequalities and Identities of Inclusion-Exclusion Type. VIII, 113 pages, 2003.

Vol. 1827: K. M. Pilgrim, Combinations of Complex Dynamical Systems. IX, 118 pages, 2003.

Vol. 1828: D. J. Green, Gröbner Bases and the Computation of Group Cohomology. XII, 138 pages, 2003.

Vol. 1829: E. Altman, B. Gaujal, A. Hordijk, Discrete-Event Control of Stochastic Networks: Multimodularity and Regularity. XIV, 313 pages, 2003.

Vol. 1830: M. I. Gil', Operator Functions and Localization of Spectra. XIV, 256 pages, 2003.

Vol. 1831: A. Connes, J. Cuntz, E. Guentner, N. Higson, J. E. Kaminker, Noncommutative Geometry, Martina Franca, Italy 2002. Editors: S. Doplicher, L. Longo. XIV, 349 pages. 2004.

Vol. 1832: J. Azéma, M. Émery, M. Ledoux, M. Yor (Eds.), Séminaire de Probabilités XXXVII. XIV, 448 pages. 2003.

Vol. 1833: D.-Q. Jiang, M. Qian, M.-P. Qian, Mathematical Theory of Nonequilibrium Steady States. On the Frontier of Probability and Dynamical Systems. IX, 280 pages, 2004.

Vol. 1834: Yo. Yomdin, G. Comte, Tame Geometry with Application in Smooth Analysis. VIII, 186 pages, 2004.

Vol. 1835: O.T. Izhboldin, B. Kahn, N.A. Karpenko, A. Vishik, Geometric Methods in the Algebraic Theory of Quadratic Forms. Summer School, Lens, 2000. Editor: J.-P. Tignol. XIV, 190 pages. 2004.

Vol. 1836: C. Năstăsescu, F. Van Oystaeyen, Methods of Graded Rings. XIII, 304 pages, 2004.

Recent Reprints and New Editions

Vol. 1200: V. D. Milman, G. Schechtman, Asymptotic Theory of Finite Dimensional Normed Spaces. 1986. – Corrected Second Printing. X, 156 pages. 2001.

Vol. 1471: M. Courtieu, A.A. Panchishkin, Non-Archimedean L-Functions and Arithmetical Siegel Modular Forms. – Second Edition. VII. 196 pages. 2003.

Vol. 1618: G. Pisier, Similarity Problems and Completely Bounded Maps. 1995 – Second, Expanded Edition VII, 198 pages. 2001.

Vol. 1629: J.D. Moore, Lectures on Seiberg-Witten Invariants. 1997 – Second Edition. VIII, 121 pages. 2001.

Vol. 1638: P. Vanhaecke, Integrable Systems in the realm of Algebraic Geometry. 1996 – Second Edition. X, 256 pages. 2001.

Vol. 1702: J. Ma, J. Yong, Forward-Backward Stochastic Differential Equations and Their Applications. 1999. – Corrected Second Printing. XIII, 270 pages. 2000.

GPSR Compliance
The European Union's (EU) General Product Safety Regulation (GPSR) is a set of rules that requires consumer products to be safe and our obligations to ensure this.

If you have any concerns about our products, you can contact us on

ProductSafety@springernature.com

In case Publisher is established outside the EU, the EU authorized representative is:

Springer Nature Customer Service Center GmbH
Europaplatz 3
69115 Heidelberg, Germany

www.ingramcontent.com/pod-product-compliance
Ingram Content Group UK Ltd.
Pitfield, Milton Keynes, MK11 3LW, UK
UKHW020636051126
16351UKWH00010B/48

9783662177747